JN441361

군인을 위한 일과 후 수업

리치군인 클래스

김민수 최원순 이성영
김용호 이서연 김지석
심재현 박순진 신대호
성지연 정재우

군인을 위한 일과 후 수업

부제 : 리치군인 클래스

초판 발행 : 2025년 2월 13일 초판 1쇄

지은이 : 김민수, 최원순, 이성영, 김용호, 이서연, 김지석, 심재현, 박순진,
신대호, 성지연, 정재우

펴낸 곳 : (주) 드림벙커

주소 : 인천광역시 서구 청라에메랄드로 102번길 8-22

홈페이지 : www.dreambunker.com

이메일 : dreambunker9@gmail.com

등록일자 : 2025년 01월 24일

등록번호 : 제356-2025-000005호

ISBN : 979-11-24130-09-4 (03390)

군인을 위한 일과 후 수업

리치군인 클래스

김민수 최원순 이성영
김용호 이서연 김지석
심재현 박순진 신대호
성지연 정재우

추천사

"진짜 스터디 할 군인을 모집합니다".

2023년 늦은 여름 어느날, 블로그에서 군인들을 모집하기 시작했습니다. 이렇게 모인 이 책의 작가들은 2년동안 2주마다 온라인으로 함께 공부하며 자신만의 강점을 다른 사람에게 나눌 수 있는 능력을 키워 왔습니다.

저는 군 복무동안 전문가란 사람들이 제게 알려준 것들이 인생에 결코 도움이 되지 않았으며, 오히려 비싼 수수료를 지불하며 그들만 돈을 벌게 해 주었다는 사실을 깨달았습니다. 원망과 분노에 찬 시절도 있었습니다. 우리 멘토들은 모두 그런 경험이 있는 군인들입니다. 다시는 군인들이 겉만 번지르한 전문가라는 사람들에게 당하지 않기 바라는 마음에 우리 멘토들은 자기의 경험과 지식을 군인과 가족에게 나누기로 했습니다.

이 책의 작가들은 모두 경험자입니다. 금융자격증을 보유한 사람, 증권사 직원, 보험사 영업원 등 뭔가 있어보이는 있는 사람들은 하지 못하는 자기 실제 경험을 증명할 수 있는 사람들입니다.

일반인에게 아무런 도움되지 않는 지식을 똑똑한 척하며 자신이 전문가라 표현하며 군인들을 금융상품에 가입시키는 양복 입은 사람들보다, 전투복을 입고 땀 흘려 훈련하고, 열심히 업무 하는 군인들의 성공한 경험이 훨씬 가치있다고 저는 믿습니다.

이 책은 월급을 모으고, 건강하게 주식에 투자하며, 똑똑하게 절세

혜택을 받고, 내 집 마련을 빨리 하도록 하는데 목적이 있습니다. 추가로 부동산 경매, 비트코인의 본질, 자녀교육법, 보고서 작성법, 단기임대 사업, 유튜브 크리에이터 등등 군인과 가족의 풍요로운 삶에 도움되는 실질적인 지식을 모두 담았습니다.

저는 확신합니다. 멘토들이 이 책에서 전하는 내용의 절반만 이해해도 돈에 관한 많은 문제를 해결할 수 있습니다. 책이 너무 두꺼워 무엇부터 시작해야 할 지 모르겠다면, 그저 순서대로 읽으면 됩니다. 그리고, 리치군인 클래스에서 멘토들이 재능을 기부하고 있는 스터디를 참여하면 됩니다.

멘토들은 모두 돈을 받을 생각이 없습니다. 믿지 않겠지만, 멘토들은 인생에서 돈 보다 타인에게 이로운 것을 나누는 것에 더 큰 가치를 느끼는 사람들입니다. 여러분은 이런 사람을 만난적이 있나요? 저는 지금껏 이런 사람들을 처음 만나봅니다.

아무런 댓가 없이 군인과 가족을 위해 자신의 시간과 노력을 헌신해주는 멘토분들에게 감사합니다.

이 책의 저자이자, 멘토분들을 만난 것은 제게 큰 행운입니다.

당신이 군인이거나 군인 가족이라면 당신에게도 큰 행운일 겁니다.

2026. 2월

출판사 드림벙커의 대표 겸, <군인은 어떻게 부자가 될 수 있을까>의 저자 리치비

목차

월급모아드림

드림주스

절세계좌

비트코인

쉬운 세금 상식

부동산스터디

경매의 기술

보고서 작성법

자녀 교육법

유튜브 챌린지

삼삼엠투 임대사업

월급 모아 드림

지은이 | 김민수
활동명 | 써밋73
현) 육군 대위
<월급 모아드림> 의 멘토

1강. 절약의 중요성과 본질

많은 사람들이 '절약을 해야 한다'는 말은 익숙하게 들어왔고 어느 정도 동의할 것입니다. 그렇게 절약이 필요하다는 사실 자체는 알고 있지만, 왜 절약을 해야 하는지, 그리고 절약의 본질적 목적이 무엇인지에 대해서는 깊이 생각하지 않은 채 실천하는 경우도 많습니다. 그래서 이 장에서는 절약이라는 행위의 중요성과 그 본질에 대해 차분히 살펴보고자 합니다.

| 복리공식에서 '원금'의 역할

우리가 재테크를 할 때 절대 놓치지 않고 계속 기억해야 하는 개념이 바로 복리 공식입니다. 복리 공식은 원금에 수익률이 붙고, 그 결과가 투자 기간만큼 계속해서 불어나는 구조를 가지고 있습니다. 이 과정이 반복되면서 자산이 성장하는 것이 복리 공식의 가장 큰 매력입니다. 그런데 이 복리 공식에서 반드시 짚고 넘어가야 할 핵심 요소가 있습니다. 바로 원금입니다. 복리 공식에서는 원금이 큰 것이 절대적으로 중요합니다.

복리 공식에서 원금이 왜 중요한 것일까요. 이를 쉽게 이해하기 위해 눈덩이의 비유를 들 수 있습니다. 주먹만 한 작은 눈덩이를 1천만 원, 바위만 한 큰 눈덩이를 1억 원이라고 가정해 보겠습니다.

이렇게 주먹만 한 눈덩이와 바위만 한 눈덩이를 똑같이 눈으로 쌓인 내리막길에 굴려 내려보낸다고 생각해 보면, 어떤 눈덩이가 더 빨리 불어날까요?

작은 눈덩이와 큰 눈덩이를 비교해 보면, 시작점부터 크기가 다르기 때문에 굴러가면서 불어나는 속도 역시 다를 수밖에 없습니다. 이를 수익률로 바꾸어 생각해 보면 더 분명해집니다. 작은 눈덩이가 수익률을 100%를 낼 때, 큰 눈덩이는 수익률을 20%만 낸다고 하더라도, 수익률이 다섯 배의 차이가 남에도 불구하고 실제 수익은 큰 눈덩이가 오히려 더 큽니다. 1천만 원에 수익률 100%를 적용해도 수익은 1천만 원이지만, 원금이 1억 원일 경우 수익률은 20%만 되어도 수익은 그 두 배인 2천만 원이 되기 때문입니다. 수익률만 가지고 자랑하는 것이 큰 의미가 없는 이유이기도 합니다. 오히려 적은 투자 원금에 빠르고 높은 수익률만을 추구하다가 뼈아픈 실패를 겪는 경우도 쉽게 볼 수 있습니다.

이를 통해 알 수 있는 것은 분명합니다. 복리 공식에서는 수익률만큼이나, 아니 그보다 더 중요하게 작용하는 요소가 바로 원금의 크기라는 점입니다. 따라서 복리의 효과를 최대로 누리기 위해서는 그 구조 속에 원금을 계속해서 탑승시켜야 합니다. 다시 말해, 복리 공식 안에서 원금을 늘리는 행위를 반복해야 한다는 의미입니다. 이는 결국 눈덩이를 키우는 과정과 같습니다. 눈덩이가 커질수록, 같은 조건에서도 더 빠르게 불어날 수 있습니다.

| 절약으로 원금 늘리기

그렇다면 원금을 늘리기 위해 우리는 무엇을 할 수 있을까요. 원금은 곧 투자에 사용될 수 있는 돈이며, 이는 수입에서 지출을 뺀 결과로 만들어집니다. 즉, 투자원금은 '수입 - 지출' 이라는 구조로 형성됩니다. 따라서 원금을 늘리는 방법은 크게 두 가지입니다. 하나는 수입을 늘리는 것이고, 다른 하나는 지출을 줄이는 것입니다.

하지만 겸직 및 영리행위가 금지되어 있는 현역 군인들의 경우, 수입을 획기적으로 늘리는 것은 현실적으로 매우 어렵습니다. 노력의 문제가 아니라 제도와 환경의 문제로 인해 수입 증가에는 한계가 있을 수밖에 없습니다. 이러한 상황에서는 선택지가 자연스럽게 하나로 좁혀집니다. 남는 방법은 지출을 줄이는 것입니다. 원금을 늘리기 위해서는 반드시 불필요한 지출을 줄여야 합니다. 지출을 줄이는 순간, 그만큼의 금액은 그대로 원금으로 전환될 수 있습니다. 이렇게 원금을 늘리기 위해 꼭 필요한 행위가 바로 절약입니다. 이 글에서 말하는 절약은 단순히 쓰지 않고 참고 견디는 행위가 아니라, 복리 공식에서 원금을 키우기 위한 가장 현실적인 출발점입니다. 절약은 복리 구조 안에서 원금을 만들어 가는 핵심적인 과정입니다.

| 절약은 수입의 또 다른 형태

이제 이렇게 한 번 생각해 보겠습니다. 만 원을 버는 것과 만 원을 아끼는 것 중에서 무엇이 더 어려운 일일까요. 많은 경우 우리는 돈을 버는 행위에만 집중하고, 아끼는 행위는 상대적으로 가볍게 여기는 경향이 있습니다. 하지만 만 원을 아낄 때마다 그것을 단순히 절약한다고 생각하지 않고, 만 원을 번다고 생각해 보면 어떨까요.

사람들은 당근마켓이나 앱테크를 통해 100원이나 1,000원을 버는 일에는 열심히 참여하고, 그 결과에 뿌듯해합니다. 그러나 정작 카페에 가서 5,000원짜리 음료는 큰 고민 없이 쉽게 소비해버리는 경우가 많습니다. 저 역시 그랬고, 주변에 열심히 '짠테크' 한다는 사람들을 둘러봐도 비슷한 사례를 자주 볼 수 있습니다. 하지만 이를 '투자 원금 = 수입 - 지출' 공식의 기준으로 바라보면, 1,000원의 부수입을 만드는 것과 1,000원을 아끼는 것은 사실상 동일한 효과를 가져옵니다. 만 원을 아낄 때마다 우리는 사실상 만 원을 벌고 있었던 것이죠.

벤자민 프랭클린은 '한 푼 아낀 것은 한 푼 번 것과 마찬가지'라고 이야기했습니다. 또한 고대 철학자 마르쿠스 키케로 역시 '절약은 큰 수입원이다'라고 말했습니다. 이 말들은 절약이 단순한 소비 억제가 아니라, 실질적인 수입의 또 다른 형태임을 보여줍니다.

「돈의 속성」을 쓴 김승호 회장님은 돈에도 '인격'이 있다고 이야기했습니다. 앞으로 우리에게 '원래 없던 돈'이나 '꽁돈, 푼돈'이라고 이름 붙일 수 있는 돈은 없습니다. 우리가 스스로 돈을 하찮게 여기고 멀리한다면, 돈 역시 우리에게 가까이 오지 않을 것입니다. 반대로 우리가 돈을 존중하고 아껴 준다면, 돈은 자연 우리에게 찾아오게 됩니다.

| 절약의 본질

그렇다면 절약의 궁극적인 목적은 무엇일까요. 절약 그 자체가 목적일까요. 그렇지 않습니다. 절약은 목적이 아니라 수단입니다. 절약을 통해 원금을 무한히 늘리기만 하고, 그 돈을 그저 은행에 넣어 두기만 한다면, 그 행위만으로 부자가 되기는 쉽지 않습니다.

절약의 진짜 의미는 그 다음 단계에 있습니다. 절약을 통해 만들어진 여유 자금은 복리 공식에 태워져야 합니다. 절약으로 인해 늘어난 잉여 현금을 저축하게 되면, 그 저축액은 그대로 투자 원금이 됩니다. 그리고 이 투자 원금을 본질적으로 장기 우상향하는 자산에 투자해야 합니다.

미국 종합 주가지수, ETF, 서울 아파트, 비트코인 등은 이러한 자산의 예가 될 수 있습니다. 물론 이러한 자산들에 대해서는 추가적인 공부가 반드시 필요합니다. 이 글에서 강조하고자 하는 핵심은 자산의 종류가 아니라, 원금을 늘려서 반드시 우상향할 수밖에 없는 자산에 투자해야 한다는 그 사실 자체입니다.

이처럼 절약은 단순히 돈을 쓰지 않는 데서 끝나는 것이 아니라, 더 나아가 자산 소득의 원천을 만드는 과정으로 이어져야 합니다.

여기서 말하는 자산 소득이란, 부동산 투자에서 나오는 월세나 주식에서 나오는 배당금과 같은 소득을 의미합니다.

군인이라는 직업의 특성을 보면, 우리는 매달 꾸준히 월급을 받고 있습니다. 이 안정적인 근로 소득을 아껴서 우상향하는 자산에 투자하는 행위, 그리고 그 과정을 반복하는 것이 중요합니다. 이 사이클을 계속 이어가다 보면, 언젠가는 자산에서도 소득이 발생하게 됩니다. 이 소득은 잠자는 순간에도 나오는 소득, 즉 불로 소득이 됩니다.

이 자산 소득이 월 평균 생활비보다 커지는 순간, 그때부터 인생은 사실상 공짜에 가까워질 것입니다. 선택의 자유가 생긴다는 의미입니다.

결국 여러분 앞에는 두 가지 선택지가 있습니다. 오늘, 이번 달에 받은 월급을 모두 소비해 버릴 것인지, 아니면 절약해서 자산 소득의 원천에 투자할 것인지 입니다. 선택은 각자의 몫입니다.

이번 장에서는 절약의 중요성과 그 본질적인 최종 목표에 대해 이야기해 보았습니다. 여러분이 올바른 선택을 통해 빠르게 원금을 늘리고, 그 원금을 우상향하는 자산에 투자하는 사이클을 즐겁게 반복하시기를 응원합니다.

2강. 절약은 인격을 갈고 닦는 수단.

마음먹고 절약하는 생활, 일명 '짠테크'를 하다 보면 누구나 한 번쯤은 '현타(현실자각타임)'가 오는 순간을 겪게 됩니다. '내가 그래도 이 정도 돈은 버는데 이렇게까지 아껴야 하나'라는 생각이 들기도 하고, '이렇게까지 아껴서 무엇을 하나'라는 회의가 들기도 합니다. 또 '티끌 모아 티끌 아닌가'하는 생각으로 스스로를 힘들게 하는 경우도 있을 것입니다. 이러한 고민을 하고 있는 분들에게 이 장이 도움이 되기를 바랍니다.

| 절약으로 평생 가져갈 삶의 태도를 만들자

제가 인상 깊게 읽었던 책 중에 『부의 공식』이라는 책이 있습니다. 스콧 갤러웨이 작가가 쓴 책인데, 이 책에서 제시하는 부의 공식은 '부 = 집중력 + 금융 x 시간 x 분산'입니다. 이를 풀어서 생각해 보면, 집중력은 근로 소득을 의미하고, 금융은 저축을 의미하며, 시간은 장기 투자를, 분산은 어느 한 자산에만 몰지 않는 분산 투자를 뜻합니다.

저는 특히 이 책이 저축에 대해 어떻게 이야기하고 있는지를 유심히 보았습니다. 그리고 저자는 저축과 절약을 단순히 돈을 모으는 행위로 보지 않고, 바람직한 행동과 인격을 갈고닦기 위한 수단으로 여겨야 한다고 말합니다. 이 부분에서 저는 많은 감명을 받았습니다.

결국 지출과 소비를 통제하는 것은 습관의 문제입니다. 그리고 이 습관은 쉽게 바뀌지 않습니다. 절약을 통해 우리가 가져가야 할 가장 중요한 것은 단순한 단기간의 성과가 아니라, 평생 가져갈 수 있는 건전한 습관을 만드는 일입니다.

절약과 저축은 1강에서 이야기했던 것처럼 실질적인 금전적 이익도 분명히 가져다주지만, 사실 그것보다 더 중요한 의미가 있습니다. 절약과 저축은 부로 가기 위한 과정에서 반드시 거쳐야 하는 필수적인 단계이며, 부자가 되기 위한 기본 소양이라는 것입니다.

저자는 고소득층으로 넘어가면 연습이 끝나고 진짜 게임이 시작된다고 말하며, 초기 단계에서 저축과 절약을 통해 습관을 만들어 두는 것이 얼마나 중요한지를 재차 강조합니다.

지출을 통제하는 것은 결국 욕망을 참는 일입니다. 당장 쓰고 싶은 것을 미루고, 지금의 만족보다 미래를 선택하는 과정입니다. 그렇기 때문에 앞에서 말한 것처럼 절약과 지출 통제 그 자체는 바람직한 인격과 행동을 수양하는 것과 맞닿아 있다고 볼 수 있습니다. 절약은 단순한 재테크 기술이 아니라, 바람직한 삶의 태도이자 부로 향하는 길에서 반드시 필요한 준비 과정입니다.

| 절약하는 사람은 반드시 성장한다

소비하는 사람은 성장하지 못하지만, 절약하는 사람은 반드시 성장합니다. 1억 원을 모은 사람은 1억 원을 모은 뒤에 무엇을 해야 하는지 주변에 묻지 않습니다. 왜냐하면 1억 원을 스스로 통제하며 모으는 그 과정에서 이미 많은 인사이트와 아이디어를 가지며 성장하기 때문입니다.

앞으로 다가올 수많은 욕망을 인내하는 연습을 지출 통제와 절약을 통해 하나씩 해 나가보는 것은 어떨까요. 그저 티끌 모아 티끌이라고 생각하지 말고, 티끌을 모으고 정말 짠하게 절약하는 그 행동 자체가 우리의 평생 가져갈 태도가 될 것이라 생각해 볼 수 있습니다.

이 내용은 1강에서 설명했던 내용과도 같습니다. 결국 앞으로 우리가 해야 할 행동은 분명합니다. 절약을 통해 만들어진 여유 자금을 자산 소득의 원천으로 옮기는 것입니다. 근로 소득이 꾸준히 나오는 우리는, 그 소득을 아껴서 우상향하는 자산에 투자하는 행위를 반복하면 됩니다. 그렇게 반복하다 보면, 언젠가는 그 자산에서도 소득이 나오게 됩니다.

그 자산 소득의 규모가 점점 커지다 보면, 월 평균 생활비보다 커지는 순간이 오게 됩니다. 그리고 그 순간부터 인생은 공짜와 다름 없습니다. 편의점은 그냥 길거리에 있는 나만의 창고가 되고, 식당은 다양한 메뉴를 제공하는 단순한 식사 제공 장소가 될 것입니다. 이렇게 상상해 보는 것만으로도 설레는 마음이 들 것입니다.

다른 한편으로 절약하는 삶에는 또 다른 장점이 있습니다. 바로 행복의 기준이 달라진다는 점입니다. 최소 필요 생활비 수준을 낮추게 되면, 그 목표 지점에 조금 더 빠르게 도착할 수 있습니다. 『월급의 절반을 재테크하라』의 김민식 작가는 절약하는 삶이 습관화되면, 부자가 된 이후에도 큰돈이 필요하지 않고, 그래서 더 많은 돈을 투자할 수 있어 선순환이 반복된다고 이야기합니다.

또한 절약으로 유명한 연예인 김종국 씨는 자신이 '절약을 잘하는 사람'이 아니라, '살면서 필요한 물건이 적을 뿐'이라고 이야기하기도 했습니다. 이 말은 절약이 억지로 참는 삶이 아니라, 삶의 기준이 정리된 상태라는 점을 보여줍니다.

결국 절약하는 삶을 통해 자산은 더 빠르게 불어나고, 그 과정에서 선순환이 만들어지며, 행복의 역치 또한 낮아져 작은 것에도 감사할 수 있는 삶으로 이어질 수 있습니다. 저를 포함한 모든 독자분들이 이러한 삶에 한 발짝씩 다가갈 수 있기를 바랍니다.

3강. 돈 모을 때의 고통과 돈 없을 때의 고통 중 무엇이 더 큰가

이번 장에서는 절약과 저축을 하다 보면 왜 이렇게 힘든지, 그리고 이 고통을 어떻게 바라보아야 하는지에 대해 차분히 짚어보고자 합니다.

| 절약과 저축은 현재의 고통

우리의 유전자는 본능적으로 시간 선호가 높습니다. 다시 말해, 미래보다 현재를 더 중요하게 여기도록 설계되어 있습니다. 당장의 만족과 즐거움을 우선시하려는 것이 우리 유전자의 본능입니다.

이러한 본능 때문에 미래를 준비하는 행위인 저축은 자연스럽게 고통스럽게 느껴집니다. 저축은 유전자가 요구하는 방향과 반대로 움직이는 행동이기 때문입니다. 그래서 절약과 저축은 현재의 고통입니다. 반대로 무절제한 소비는 현재의 고통을 외면하는 선택입니다. 미래는 모르겠고, 이 순간 원하는 것을 사겠다는 생각으로 현재의 불편함과 불안을 잠시 덮어두는 것입니다.

하지만 여기서 반드시 스스로 던져야 할 질문이 있습니다. 돈을 모을 때의 고통과 돈이 없을 때의 고통 중에서 과연 어떤 고통이 더 클까요. 조금만 생각해 보면 답은 어렵지 않게 떠오릅니다.

몇 년 전 우리 사회에서 유행처럼 퍼졌던 '욜로'를 기억하실 것입니다. 'You only live once'라는 말처럼, 언제 죽을지 모르는 인생이니 지금을 즐기자는 모토 아래 많은 사람들이 현재의 즐거움을 최우선으로 선택했습니다. 미래를 준비하기보다는 당장의 만족과 경험을 추구하는 선택이 자연스럽게 권장되던 분위기였습니다.

하지만 현실적으로 생각해 보면, 내일 죽을 확률보다 내일도 여전히 살아 있을 확률이 훨씬 더 큽니다. 그럼에도 불구하고 계속해서 현재의 고통을 외면하고 현재의 즐거움만을 추구하다 보면, 우리에게 미래의 즐거움이 찾아올 가능성은 점점 줄어들 수밖에 없습니다.

고진감래라는 사자성어가 있습니다. 지금의 고통을 견디면 언젠가는 달콤한 결과가 온다는 의미입니다. 절약과 저축을 통해 현재의 고통 속에서 돈이 모이기 시작하면, 그 돈은 이후 우리를 위해 평생 일하게 됩니다. 한 번 모인 돈은 사라져버리는 것이 아니라, 시간이 지날수록 나의 직원으로서 역할을 하게 됩니다.

| 부자가 '되는' 사람과 부자로 '남는' 사람 – 지분싸움

모건 하우절이 쓴 『돈의 심리학』이라는 책에서는 부자가 되는 것과 부자로 남는 것을 구분합니다. 이 책에서는 단순히 부자가 되는 것보다, 부자가 된 이후에도 부자로 남는 것이 더 중요하다고 강조합니다. 그리고 그 과정에서 필수적인 요소로 저축을 이야기합니다.

책에서는 저축하는 한 푼 한 푼이 다른 누군가가 가질 수도 있었던 미래의 포인트를 나에게 돌려주는 것과 같다고 설명합니다. 이는 일종의 지분 싸움과도 같습니다. 저축을 많이 할수록, 미래의 더 많은 지분을 나에게 가져오게 되는 것입니다. 말하자면 현재의 절약과 저축은 미래의 선택권과 안정성을 확보하는 과정이라고 볼 수 있습니다.

3장에서 말하고자 하는 핵심은 분명합니다. 절약과 저축이 주는 현재의 고통은 피해야 할 대상이 아니라, 반드시 감내해야 할 과정이라는 점입니다. 그리고 그 고통은 돈이 없을 때 겪게 되는 더 큰 고통을 피하기 위한 선택이라는 사실을 기억해야 합니다. 현재 잠깐의 불편함을 선택할 것인지, 미래의 보이지 않는 불안을 선택할 것인지는 결국 각자의 몫입니다.

이어서 책에서는 아무리 많은 돈을 번다고 해도, 지금 당장 그 돈으로 누릴 수 있는 즐거움을 덮어두지 못한다면 부는 절대로 쌓이지 않을 것이라고 단호하게 이야기합니다. 모든 것은 선택의 문제로 돌아옵니다. 현재의 즐거움을 선택할 것인지, 아니면 미래의 안정과 여유를 선택할 것인지에 대한 문제입니다. 이 선택은 단순히 한 번의 결정으로 끝나는 것이 아니라, 매달, 매일 반복되는 선택의 연속이라고 볼 수 있습니다.

다른 사람들과의 경쟁 속에서 더 많은 지분을 가져오고, 부자가 되는 것을 넘어 부자로 남기 위해 우리가 해야 할 일은 분명합니다. 복잡하게 생각할 필요 없이, 그저 저축하는 것입니다. 저축은 화려하지도 않고, 당장 눈에 띄는 성과를 보여주지도 않지만, 부자로 '남기' 위해 겪어야 하는필수적인 과정입니다. 지금의 고통을 감내하고 절약과 저축을 선택하는 사람이 결국 미래의 자유와 안정에 더 가까워질 수 있습니다.

4강. 군인 저축력 단련하기

군인은 매일 체력 단련과 지력 단련을 실시합니다. 그런데 이 두 가지 못지않게 중요한 것이 바로 저축력을 단련하는 일입니다. 4장에서는 저축력이 무엇이며, 왜 군인에게 저축력 단련이 중요한지에 대해 함께 살펴보고자 합니다.

| 부자 되는 데 편법은 없다.

운동을 평소에 전혀 하지 않던 사람이 하루에 10시간 운동을 한다고 해서, 턱걸이를 한 개 하던 사람이 하루아침에 30개를 할 수는 없습니다. 마찬가지로 영어공부를 전혀 하지 않던 사람이 하루에 10시간씩 영어 공부를 한다고 해서 갑자기 영어를 유창하게 할 수는 없습니다. 부자가 되는 과정도 이와 다르지 않습니다. 부자가 되는 데에는 한 방이 없습니다. 하루아침에 부자가 되는 것은 현실적으로 성립하기 어렵습니다.

시험에서 컨닝을 하는 것이 정당하지 않고, 스포츠 경기에서 약물을 사용하는 것이 부정행위이듯이, 부자가 되는 데에도 다른 편법이 있다고 생각하는 것 자체가 비정상입니다. 유일한 방법은 분명합니다. 수입을 높이고, 지출을 낮춰 돈을 많이 남기는 것입니다. 다시 말해 원금을 늘리고, 그 원금을 많이 저축하여, 그것을 투자로 불리는 이 세 단계를 반복하는 것이 유일하고도 정상적인 방법입니다.

이 과정을 벗어나 더 빠른 속도로 무언가를 하려고 하다 보면, 오히려 위기에 빠질 수 있습니다. 빠르게 가고 싶다는 마음이 오히려 가장 멀리 돌아가게 만들 수 있습니다.

| 돈을 너무도 싫어하는 군인들

제 주변을 보면 돈을 싫어하는 사람들이 생각보다 많습니다. 돈을 싫어한다니, 무슨 뜻일까요. 사람들은 돈을 너무도 싫어해서 돈을 제대로 관리하기도 전에 다 써버린다는 뜻입니다. 많은 사람들이 스스로는 돈을 좋아한다고 말하지만, 사실 엄밀히 따져 보면 돈 그 자체를 좋아하는 것이 아니라, 돈으로 살 수 있는 물건이나 경험을 좋아하는 경우가 많습니다. 다시 말해 소비를 좋아하는 것입니다. 소비를 좋아하는 행위는 결국 돈을 싫어하는 태도로도 볼 수 있습니다. 그렇다면 우리가 이렇게 돈을 싫어한다면, 과연 돈이 우리를 좋아할 수 있을까요. 과연 우리는 돈을 정말 좋아하고, 돈을 아껴 주고 있는지 스스로에게 질문해 볼 필요가 있습니다.

돈은 자신을 아끼고, 소비를 신중하게 하는 사람에게 계속해서 찾아옵니다. 반대로 들어오자마자 사라지는 곳에는 오래 머물지 않습니다.

| 소비력과 저축력

이제 소비력과 저축력에 대해 이야기해 보겠습니다. 매일 꾸준하게 운동을 지속하면 체력이 단련되듯이, 소비를 반복하면 소비력이 커집니다. 반대로 저축을 반복하면 저축력이 커집니다. 소비력이 커지면 커질수록 쉽게 소비하게 되고, 저축력이 커지면 커질수록 쉽게 저축할 수 있습니다. 지금 여러분은 소비력과 저축력 중 어떤 것을 단련하고 있나요. 그리고 앞으로는 어떤 능력을 단련해야 할까요. 함께 매일 저축력을 단련하며 늘어나는 저축력을 느껴보시죠.

| 군인은 봉급이 적어서 저축할 수 없다고?

의지는 충만하지만, 군인의 봉급이 너무 적어 모아 봐야 거기서 거기라고 말하는 분들이 있습니다. 하지만 정말 그럴까요? 예시를 하나 들어 보겠습니다. 월 800만 원의 수입을 올리지만 600만 원을 지출하는 의사 A가 있습니다. 그리고 월 500만 원의 수입을 올리지만 절약하는 태도로 250만 원만 지출하는 군인 B가 있다고 가정해 보죠.

이 두 사람을 비교해 보면, 실제로 저축액과 시드머니가 모이는 속도는 오히려 두 번째 사람, 즉 군인 B가 더 빠를 것입니다. 많이 버는 것보다 중요한 것은 얼마나 남기느냐입니다. 수입이 적다면, 오히려 돈을 더 소중히 여기고 더 절약하며 더 많이 저축해야 하는 이유가 여기에 있습니다.

군인이라는 직업은 결코 저축에 불리한 직업이 아닙니다. 오히려 꾸준한 근로 소득이 보장되어 있다는 점에서, 저축력을 단련하기에 충분한 조건을 갖추고 있습니다. 군인도 충분히 할 수 있습니다. 정당한 능력을 통해 높은 소득을 올리고 있는 고소득자들을 깎아내리거나, 그들과 비교하며 군인이 무조건 더 유리하다고 근거 없는 정신 승리를 하려는 것이 결코 아닙니다. 복리 공식에서의 원금은 결국 수입에서 지출을 뺀 결과이기 때문에, 수입이 높을수록 그 속도를 높이는 데 훨씬 유리한 것이 명백한 사실입니다. 그들 중에는 높은 소득을 바탕으로 하면서도 지출 수준을 적절히 통제하여, 훨씬 더 빠른 속도로 자산을 불려 가는 사람들도 분명히 존재합니다.

하지만 여기서 핵심은 우리가 그들과의 큰 소득 차이에만 매몰되어, 시작하기도 전에 포기하거나 손 놓고 부러워만 하고 있을 필요는 전혀 없다는 점입니다. 그렇게 해서 우리에게 도움이 되는 것은 아무것도 없습니다.

당장의 수입과 생활 수준이 고소득자들의 그것과 크게 다르다고 해서 좌절할 필요는 없다고 생각합니다. 그들 역시 자세히 들여다보면, 현재의 생활 수준을 유지하기 위해 불가피하게 감당해야 하는 지출을 계속해서 이어가고 있는 부분이 분명히 존재할 것입니다. 예를 들어 옆집 아이가 유학을 간다면, 우리 아이도 유학을 보내야 할 것 같은 압박을 느끼는 상황처럼, 고소득자에게도 그 수준에 맞는 필수 지출은 존재하기 마련입니다.

우리가 흔히 말하는 백만장자란, 백만 달러를 소비하는 사람이 아니라 백만 달러의 순자산을 가진 사람을 의미합니다. 소비의 크기가 아니라, 남겨진 자산의 크기가 그 사람의 위치를 결정합니다.

지금 우리는 국방의 사명을 다하며 시간을 보내고 있습니다. 하지만 이 시간은 결코 허공으로 사라지는 시간이 아닙니다. 안정적인 현금 흐름과 관사 혜택 등으로 지출을 비교적 적절히 통제할 수 있는 환경 속에서 성실하게 군 생활을 이어간다면, 그 보답으로 호봉과 함께 자연스럽게 늘어나는 수입의 증가도 함께 맞이하게 될 것입니다.

이러한 조건들을 잘 활용하여 저축력을 단련해 나가는 군인들이 앞으로 더 많아졌으면 좋겠습니다. 지금의 환경과 상황을 비관하기보다, 우리가 가진 조건 안에서 할 수 있는 최선의 선택을 반복하는 것이 중요합니다.

5강. 가계부 작성

들어가기에 앞서, 먼저 질문 하나를 드리겠습니다. 5초 안에 대답해 보시기 바랍니다. 여러분은 한 달에 얼마를 벌고, 얼마를 쓰고 계신가요. 세금은 얼마를 내고, 식비는 얼마를 쓰고 계신가요. 아마도 많은 분들이 바로 대답하지 못하셨을 것입니다.

| 현금흐름 파악을 도와주는 가계부 작성

자영업을 하며 가게를 운영하거나 사업을 진행하는 사람에게 수입과 비용을 계산하는 일은 선택이 아니라 필수입니다. 이것이 제대로 되지 않으면 흔히 말하는 '앞으로 벌고 뒤로 새는' 상황이 발생하게 됩니다. 이 원리는 개인에게도 동일하게 적용됩니다. 부자가 되기 위해서는 자신의 수입과 지출, 즉 현금 흐름을 정확히 파악하는 것이 필수적이며 가장 기본적인 과정입니다.

그리고 필수적인 현금 흐름 파악을 돕는 가장 기본적인 도구가 바로 가계부 작성입니다. 가계부는 내가 돈을 어떻게 쓰고 있는지를 숫자로 직면하게 만들어 주는 장치입니다. 아마 처음 가계부를 작성하면 대부분 깜짝 놀라실 것입니다. 생각보다 많은 식비 지출에, 나도 모르게 나가던 지출에, 또 어쩌면 생각보다 많은 수입에 놀라실 수도 있습니다. 누구에게나 처음 직면하는 것은 어렵고 귀찮고 또 두려운 일이지만, 이는 반드시 해야 하는 일입니다.

| 데이터가 감보다 정확하다.

커피를 좋아하는 사람이나 흡연자, 혹은 반려동물을 키우는 사람에게 한 달에 커피값이 얼마나 드는지, 담뱃값이 얼마나 드는지, 혹은 혼자 고양이를 키우는 데 비용이 얼마나 드는지를 물어보면, 정확한 숫자로 답하는 사람보다는 "생각보다 얼마 안 들어요"라고 말하는 경우가 훨씬 많습니다. 그리고 그런 대답을 하는 사람들 대부분은, 본인이 생각하는 금액보다 더 많은 돈을 지출하고 있을 가능성이 큽니다. 2강에서도 언급했던 『부의 공식』 책에서도 부를 구축하는 초기 단계, 즉 20대에서 30대에는 지출을 추적하는 것이 더 중요하다고 말합니다. 지출이 저축을 결정하며, 지출은 우리가 실제로 하는 행동이기 때문입니다. 생각하고 있는 지출 금액이나 계획 중인 지출이 아니라, 실제로 사용한 금액을 추적하는 것이 핵심이라고 강조합니다. 더불어 사람들은 미래의 지출을 과소평가하는 경향이 있으며, 의도보다 데이터가 훨씬 정확하다고 말합니다.

지금 당장 군인으로서 변화를 줄 수 있는 행동은 수입을 늘리는 것보다 지출을 줄이는 것입니다. 그리고 이처럼 실제로 할 수 있는 행동을 하나씩 누적해 나가는 것이 중요합니다. 절대 미래의 지출을 상상이나 예측에만 맡겨서는 안 됩니다. 과거 지출을 통해 확인된 데이터를 바탕으로, 실제 가능한 범위 안에서 예산을 설정해야 합니다. 다시 한번 강조하지만, 숫자가 감보다 정확하고 데이터가 의도보다 정확합니다.

| 가계부 작성의 진짜 목적

가계부 작성의 목적은 작성 그 자체에 있지 않습니다. 한 달이 끝난 뒤 과거 기록을 정리하고, "왜 이렇게 많이 썼지"라고 반성만 한 뒤, 다음 달에도 같은 행동을 반복하는 것만으로는 돈을 모으는 속도를 높이는 데 큰 도움이 되지 않습니다. 가계부 작성의 본질은 과거 데이터를 살펴보고, 그 데이터를 바탕으로 보완하고 예산을 세우는 데 있습니다. 예를 들어 과거 지출 데이터를 보니 식비 항목 안에서 카페 지출이 유난히 많다면, 이를 줄이기 위한 구체적인 계획을 세우고 실행해야 합니다. 적절한 월 카페 예산을 5만 원이면 5만 원, 10만 원이면 10만 원으로 정해 두고, 그 범위 안에서만 지출하도록 스스로 기준을 세우는 것입니다.

이렇게 예산을 정해 두면, 그 예산을 지키기 위해 자연스럽게 행동이 바뀌게 됩니다. 부대 내 커피를 더 활용하거나, 중고 기프티콘 앱을 활용하는 등의 노력이 뒤따를 수 있습니다. 이처럼 가계부 작성은 단순한 기록이 아니라, 행동을 바꾸기 위한 도구입니다.

다시 한번 말하지만, 가계부 작성은 작성 그 자체가 목적이 아닙니다. 가계부는 내가 돈을 어떻게 쓰고 있는지를 직면하게 하고, 그 데이터를 통해 더 나은 선택을 하도록 돕는 수단입니다. 이 과정을 통해 우리는 지출을 통제할 수 있는 힘을 기르게 되고, 그 힘이 곧 저축력으로 이어지게 됩니다. 가계부 작성간 이 본질을 잊지 않으시길 바랍니다.

6강. 소비 통제 도구

이번 장에서는 여러분의 소비를 통제하는 데 실질적 도움을 줄 두 가지 도구를 소개하고자 합니다. 첫 번째는 해빙 신호등이고, 두 번째는 결제 3심 제도입니다.

| 해빙 신호등

해빙 신호등은 『더 해빙』이라는 책에서 소개된 개념입니다. 이 도구는 어떤 소비를 하기 전에 잠시 멈추어 스스로에게 질문하게 만드는 장치입니다. 물건을 사기 직전에 해빙 신호등을 켜서, 지금 이 소비가 초록불인지 빨간불인지를 살펴보는 것입니다. 만약 빨간불이 켜진다면, 그 자리에서 잠시 멈추고 소비를 통제할 수 있습니다.

먼저 초록불이 켜지는 경우를 살펴보겠습니다. 물건을 구매한 뒤에 느껴질 감정이 편안하고, 뭔가 채워진 느낌이 들며, 이 물건을 살 수 있는 나 자신의 능력에 대해 감사함이 느껴지는 상태입니다. 전반적으로 마음이 안정되고 편안한 감정이 예상된다면, 해빙 신호등은 초록불이 켜진 상태라고 볼 수 있습니다.

반대로 빨간불이 켜지는 경우도 있습니다. 물건을 구매한 뒤에 괜히 샀다는 생각이 들 것 같거나, 나중에 후회하게 될 것 같은 긴장감이 예상되는 상황입니다. 구매 이후에 불편한 감정이 들 것 같다면, 그 소비는 해빙 신호등에서 빨간불이 켜진 상태입니다.

이 개념을 저의 실제 사례를 통해 살펴보겠습니다. 어느 주말, 저는 스터디 카페에 가는 길이었습니다. 아내는 이미 스터디 카페에서 기다리는 중이었고, 저는 주차 후 카페로 향하는 길이었죠. 이동하는 길에 지하철역 지하에서 제가 좋아하는 브랜드가 50% 할인 중이라는 문구를 보게 되었고, 그 매장에는 다양한 할인 상품들이 진열

되어 있었습니다. 저는 옷을 살 계획도 없었고 시간도 넉넉하지 않았지만, 50% 할인이라는 문구에 이끌려 약 30분 동안 옷을 살펴보고 있었고, 거의 결제 직전까지 갔습니다. 그러다 문득 정신을 차리고 해빙 신호등을 켜 보았습니다.

당시 저는 스터디 카페로 가는 중이었고, 아내는 이미 스터디 카페에서 저를 기다리고 있는 상황이었습니다. 즉, 사전에 계획되지 않은 소비였습니다. 또한 그 달의 예산에도 옷을 사기 위한 항목은 반영되어 있지 않았습니다.

색상이나 디자인도 제가 완전히 원하던 것은 아니었기 때문에, 구매 이후에 후회할 가능성도 높았습니다. 더 나아가, 해당 상품은 이벤트 상품이었기 때문에 교환과 환불이 제한되어 있었습니다. 만약 구매를 한다면 되돌릴 수 없는 선택이 되는 상황이었습니다. 후회할 가능성은 높으나, 되돌릴 수는 없는 진퇴양난의 상황에 처할 수 있었죠. 무엇보다 옷을 사고 나서의 기분을 생각해 보면 마음 한켠에 무언가 찝찝함이 남아 있을 것 같았습니다.

이 모든 요소를 종합해 보았을 때, 해빙 신호등은 분명 빨간불이 켜진 상태였습니다. 그 결과 저는 충동적인 지출의 위기를 넘기고, 가벼운 발걸음으로 다시 스터디 카페로 즐거이 향할 수 있었습니다.

자, 이제 여러분께 질문을 하나 드리고 싶습니다. 지금 여러분의 해빙 신호등은 어떤 색깔인가요. 초록불인가요, 아니면 빨간불인가요. 어떤 물건을 사기 전에 잠시 멈추어 이 신호등을 켜 보시기 바랍니다. 그 물건을 샀을 때 예상되는 감정이 무엇인지, 초록불인지 빨간불인지를 한 번 더 살펴본 후 소비하는 습관을 들이시기를 바랍니다. 이러한 작은 멈춤이 반복될수록 소비를 통제하는 힘은 점점 더 단단해질 것입니다.

| 결제 3심 제도

이번에는 결제 3심 제도를 소개합니다. 이는 머니 트레이너로 활동 중인 김경필 작가가 소개한 개념으로, 소비를 결정하기 전에 반드시 세 가지 질문을 통과해야만 결제를 하도록 만든 소비 통제 장치입니다. 이 제도는 까다로운 조건으로, 충동적인 소비를 줄이는 데 큰 도움을 줍니다.

결제 3심 제도의 첫 번째 심판은 "정말 필요한가?"입니다. 이 질문을 통과하기 위해서는 단순히 있으면 좋은 물건이 아니라, 없으면 안 되는 물건이어야 합니다. 갖고 있으면 편리하거나 기분이 좋아지는 수준의 소비는 1심을 통과할 수 없습니다. 반드시 지금 이 시점에서 꼭 필요한 소비인지 스스로에게 질문해 보고, 그렇지 않다면 결제는 보류해야 합니다.

두 번째 심판은 "이번 달 예산은 있는가?"입니다. 이 질문은 지난 강의에서 설명했던 월간 가계부 작성과 함께 카테고리별 예산 설정이 전제되어야만 의미를 가집니다. 아무리 필요한 물건이라고 생각되더라도, 이번 달 예산에 반영되어 있지 않다면 결제를 진행해서는 안 됩니다. 예산이 있다는 것은 이미 해당 소비를 위해 계획된 지출이라는 의미이며, 계획되지 않은 소비는 원금 증가의 속도를 늦추게 됩니다.

마지막 세 번째 심판은 "대체재는 없는가?"입니다. 구매하려는 물건이 이미 집에 있는 다른 물건으로 대체될 수 있는지 살펴보는 단계입니다. 또는 저희와 같이 군인의 경우 PX에서 동일한 제품을 더 싸게 팔거나, 오프라인이 아닌 온라인에서 동일한 모델을 하루나 이틀 더 늦게 받는 대신 저렴하게 살 수 있는지 없는지도 함께 고려해야 합니다. 이러한 대체 가능성을 모두 검토한 뒤에도 대체재가 없다면, 비로소 3심을 통과하게 됩니다.

이처럼 결제 3심 제도는 세 가지 질문을 모두 통과했을 때만 결제를 허용하는 구조입니다. 하나라도 통과하지 못한다면, 그 소비는 지금이 아닌 다른 시점으로 미루는 것이 바람직합니다. 이 제도를 반복적으로 적용하다 보면, 자연스럽게 소비 전 멈춰 서서 생각하는 습관이 만들어지게 됩니다.

결제 3심 제도는 소비를 완전히 막기 위한 장치가 아닙니다. 필요한 소비는 하되, 불필요한 소비를 걸러내기 위한 기준입니다. 이 기준을 꾸준히 적용하면서 감정에 휩쓸린 소비를 경계하고, 계획된 소비만을 이어간다면 원금이 차곡차곡 불어나는 과정을 분명히 체감할 수 있을 것입니다.

| 소비는 감정이다.

마지막으로 함께 기억하고 싶은 메시지가 있습니다. 바로 “소비는 감정이다”라는 말입니다. EBS 다큐프라임 「자본주의」 제2부 영상의 제목이기도 한데요. 우리는 합리적인 이성보다 감정에 휩쓸려 소비하는 경우가 많습니다. ‘솔직히 ~ 했으니 ~ 사야지’, ‘기분도 꿀꿀한데 쇼핑이나 하러 가볼까’처럼 말이죠. 감정에 의한 소비는 충동적인 경우가 많고, 감정에 의한 소비만 막아도 지출을 크게 줄일 수 있습니다. 소비는 감정이라는 이 사실을 인식하는 것만으로도 큰 도움이 될 것입니다.

앞서 소개한 해빙 신호등, 결제 3심 제도와 감정 소비에 대한 경계를 함께 실천해 나간다면, 소비를 통제하는 힘은 점점 강해질 것입니다. 그리고 그 결과로 원금이 불어나는 과정을 직접 체감하게 될 것입니다. 이러한 재미를 느끼며 꾸준히 실천해 나가시기를 응원합니다.

7강. 신용카드 할부는 현명한 선택일까

이번 장은 신용카드 할부에 대한 내용으로 준비했습니다. 이 내용을 끝까지 이해하고 나면, 100만 원 이상의 목돈이 들어가는 물건을 구매할 때 후회할 확률을 훨씬 낮출 수 있을 것입니다.

| 현금으로 살 수 없다면 사면 안 되는 물건이다.

종종 몇몇 분들이 이렇게 이야기합니다.

"부채는 최대한 뒤로 미루는 게 좋지 않나요?"

이 질문에 대해서는 저 역시 동의합니다. 지금의 100만 원은 물가 상승률을 고려했을 때 10년 뒤에는 약 79만 원의 가치를 갖게 됩니다. 그렇기에 부채를 뒤로 미루는 전략 자체는 분명 합리적인 선택입니다. 자동차를 구매할 때도 목돈을 한 번에 쓰기보다 쪼개서 구매하는 것이 유리하다고 말하는 이유 역시 동일합니다. 목돈이 한 번에 빠져나가면 복리 공식에서의 원금이 줄어들기 때문입니다. 저 역시 이 논리에 동의합니다. 그렇다면 이런 질문이 이어집니다.

"100만 원이 넘는 가전제품을 살 때도 할부로 구매해서 비용을 최대한 나중에 지불하는 것이 좋지 않을까요?"

결론부터 말씀드리면, 할부라는 기능 자체가 나쁜 것은 아니라고 생각합니다. 앞서 이야기한 화폐 가치 하락이라는 측면만 놓고 본다면 충분히 이해할 수 있는 선택이기 때문입니다. 그러나 절약을 하고 시드머니를 모아야 하는 단계에 있는 분들에게는 신용카드 할부는 장점보다 단점이 훨씬 큽니다. 그래서 저는 추천하지 않습니다. 『부의 추월차선』의 저자 MJ 드마코는 "현금으로 살 수 없다면 사면 안 되는 물건이다"라고 말했습니다. 신용카드 할부를 사용하고 계신 분들께 꼭 스스로 질문해 보시길 권합니다. 과연 정말 화폐 가치 하락을 고려해서 할부로 구매하는 것인지, 아니면 일시불로 살 수 없어서 할부를 선택하는 것인지 말입니다.

100만 원을 한 번에 결제하는 것은 부담스럽지만, 매달 10만 원씩 10개월 내는 것은 갑자기 쉽게 느껴집니다. 혹시 이 때문에 무감각하게 신용카드 할부 결제를 하고 있는 것은 아닌지 되돌아볼 필요가 있습니다.

우리 마음속에는 '사자파'와 '참자파'가 항상 싸움을 벌입니다. 이때 신용카드는 '사자파'의 든든한 지원군이 되어 균형을 무너뜨립니다. 이렇게 신용카드 할부를 통해 구매가 반복되면, 자신도 모르게 씀씀이는 커지고 결국 돈은 모이지 않습니다. 모두 제가 직접 경험해봤습니다. 신용카드를 계속 사용하다 보면 별로 쓴 것이 없는 것 같은데도 통장에는 돈이 남아 있지 않고 그 흐름 역시 파악하기 어렵습니다.

| 비싼 물건 구매 후 후회하지 않는 방법

가전제품이나 가구 등 비싼 물건을 구매한 후에 후회하지 않는 방법은 무엇일까요. 답은 명확합니다. 예산과 목표를 세워 돈을 모은 뒤, 현금으로 구매하는 방식을 선택하는 것입니다.

예를 들어 200만 원짜리 냉장고를 사야 한다고 가정해 보겠습니다. 가장 먼저 매달 이 냉장고를 위해 얼마를 모을 수 있는지 점검합니다. 과거의 지출과 앞으로의 지출을 고려하고 일상적인 생활과 저축, 투자 계획에 무리가 없는 범위에서 금액을 설정해야 합니다.

이 과정을 통해 월 40만 원의 저축이 가능하다고 판단되었다면, 40만 원씩 5개월을 모아 5개월 뒤에 200만 원을 결제하는 방식을 추천합니다. 이는 지금 당장 신용카드로 200만 원을 결제하고, 이후 5개월 동안 할부금을 갚아나가는 방식과는 정반대입니다. 이 방법을 선택하면 계획적인 소비와 건전한 지출 통제 습관을 만들 수 있습니다. 또한 5개월 간 돈을 모으는 사이, 해당 냉장고의 가격이 내려가거나 같은 금액으로 구매 가능한 더 좋은 옵션이 등장할 수도 있습니다. 이렇게 구매했을 때의 만족도는 높아지고 해빙 신호등은 초록불이 켜질 가능성이 높아집니다.

더불어 신용카드 할부를 사용할 때 흔히 발생하는 문제인 여러 개의 고액 소비를 동시에 돌리는 상황도 자연스럽게 방지할 수 있습니다. 또한 이 기간 동안 정말로 해당 물건이 필요한지 다시 한번 점검할 여유도 생깁니다. 소비 욕구가 줄어들거나, 재검토를 통해 구매를 미루는 선택을 할 수도 있습니다.

사례소개 1.(써밋73)

저희 부부는 지난 2년간 1~2주에 한 번씩 생수를 구매해 마셨습니다. 엘리베이터가 없는 관사 4층까지 생수를 매번 배달해 주시는 기사님께도 늘 죄송했고, 생수병 쓰레기도 부담이 되어 올 초 정수기 구매를 결정했습니다. 그러나 당시 정수기 구매를 위한 예산은 마련되어 있지 않았습니다. 그래서 저희는 매달 10만 원씩 10개월을 모아, 10개월 뒤에 구매하자는 계획을 세웠습니다. 1월에 계획을 세웠고, 10월에 구매하는 계획이었습니다. 처음에는 약 110만 원 정도의 쿠0 정수기 모델을 목표로 했습니다. 그 후 10개월 동안 정수기를 눈으로만 담아두며 불편함을 감수하고 계속 생수를 마셨습니다. 무거운 생수병을 들이거나 분리수거장에 버릴 때마다 당장이라도 정수기를 사고 싶은 순간이 많았지만, 아내와 저는 서로 레드팀 역할을 하며 유혹을 이겨냈습니다.

그리고 약속했던 10월이 되었습니다. 기존에 생각했던 쿠0 모델을 구매하려고 알아보던 중, 우연히 삼0전자 K히어로 페스타 소식을 접하게 되었습니다. 군인 · 소방 · 경찰 등 직종을 대상으로 임직원가로 제품을 판매하는 이벤트였습니다. 해당 전용 사이트에 접속 후 혹시나 하는 마음에 정수기를 검색해 보았고, 25년 8월에 출시된 신상 비스포크 AI 정수기가 행사 품목에 포함되어 있음을 알게 되었습니다. 출시가는 150만 원이었고, 인터넷 최저가는 약 125만 원 수준이었지만, 행사 혜택을 통해 95만 원에 구매할 수 있었습니다. 생각보다 알찬 할인 혜택이었습니다. 또한 집에 있는 대부분의 가전이 삼0 제품이었기 때문에 어플리케이션을 통한 연동 관리와 AI 기능 활용도 가능했습니다.

만약 그해 1월에 별 고민 없이 정수기를 구매했다면, 출시된 지 얼마 되지 않은 AI 정수기를 20만 원 이상 저렴하게 구매할 기회도 없었을 것이고, 추가적인 편의 기능 역시 누릴 수 없었을 것입니다.

물론 앞으로 계속 사용해 보아야겠지만, 무거운 생수병을 들던 생활에서 벗어나 정수기를 사용하는 것만으로도 삶이 훨씬 가벼워졌습니다. 사고 싶은 순간마다 바로 구매하지 않고, 계획을 세워 10개월 동안 모은 끝에 선택한 이 정수기에 대한 만족도는 현재까지 분명한 초록불입니다.

사례소개 2.(김민식 작가)

다음으로 한 가지 사례를 더 소개합니다. 이 사례는 김민식 작가님의 『월급의 절반을 재테크하라』에 등장하는 내용으로, 저자가 직접 겪은 경험입니다. 저자는 오랫동안 꿈꿔 왔던 5천만 원짜리 캠핑카를 구매하기로 마음먹습니다. 그러나 큰 금액이 들어가는 소비를 할 때는 즉시 구매하지 않고, 일정 기간을 두는 습관을 가지고 있었습니다. 그래서 저자는 5천만 원을 예금에 넣어두고, 6개월 뒤에 구매하기로 결정합니다. 5천만 원이 모였음에도 바로 구매하지 않으니, 한 술 더 뜨는 방법이죠. 그러나 이 6개월이라는 시간은 결과적으로 소비의 방향을 바꾸는 계기가 됩니다.

어느 날 저자는 제주 서귀포의 한 휴양지에서 캠핑카를 발견하게 됩니다. 반가운 마음에 캠핑카로 다가갔지만, 예상하지 못했던 악취에 크게 당황하게 됩니다. 알고 보니 캠핑카 내부 화장실의 용변 처리 문제가 생각보다 간단하지 않았던 것입니다. 이 때문에 캠핑카들이 주로 공중화장실 주변에 주차한다는 사실도 알게 됩니다. 냄새에 민감했던 저자는 공중화장실 주변에서 생활하는 것이 쉽지 않겠다는 생각이 들었다고 합니다. 이후 다시 한번 자신의 여행 방식을 차분히 돌아보게 됩니다. 혼자 여행을 할 때 숙박비는 하루 5만 원 정도면 충분했습니다. 캠핑카 가격인 5천만 원이면 1천 일을 숙박할 수 있는 금액이고, 1년에 100일씩 여행한다고 가정해도 무려 10년에 해당하는 비용이었습니다. 여기에 주차 문제, 운전의 부담, 청소와 관리에 드는 시간과 비용까지 고려하니, 캠핑카를 소유하는 것보다 숙소에 머무는 것이 오히려 더 편안한 선택이라는 결론에 이르게 됩니다. 결국 저자는 5천만 원짜리 캠핑카 구매를 깔끔하게 포기합니다.

만약 저자가 5천만 원이 생기자마자, 혹은 대출이나 할부를 통해 캠핑카를 바로 구매했다면 어땠을까요. 예상하지 못했던 단점들로 인해 제대로 활용하지도 못한 채, 감가는 감가대로 진행된 캠핑카를 울며 겨자 먹기로 매물로 내놓았을 가능성도 충분히 있었을 것입니다.

| '시간을 두는' 선택

앞서 소개한 두 가지 사례를 통해 알 수 있듯이, 큰 금액이 들어가는 소비일수록 '지금 당장'이 아니라 '시간을 두는 선택'이 매우 중요합니다. 돈을 먼저 쓰고 고민하는 방식이 아니라, 고민할 시간을 충분히 확보한 뒤 돈을 쓰는 방식은 소비의 결과를 완전히 다르게 만듭니다. 이 글을 읽는 여러분께서도 신용카드의 노예가 되는 소비가 아니라, 즐겁고 합리적인 소비를 통해 스스로의 행복감과 자존감을 높이는 선택을 하시길 바랍니다. 분명한 원칙을 가지고 소비하면, 오히려 그 안에서 더 자유롭게 마음껏 소비할 수 있습니다.

드림주스를 시작한 이유

드림주스 스터디에 오신 것을 환영한다. 이 책은 내가 실제로 진행했던 첫 강의, 〈안전하게 미국 주식 투자하기〉를 바탕으로 만들어졌다. 이 강의를 시작하게 된 이유부터 이야기하고 싶다. 나는 주변에서 잘못된 방식으로 투자하는 사람들을 많이 봤다. 주식은 위험하니까 하지 않겠다는 사람도 있었고, 반대로 아무런 기준 없이 따라 하다 큰 손실을 본 사람도 있었다.

나 역시 처음에는 주식을 두려워했다. 하지만 시간이 지나면서 깨달았다. 누군가는 근거 없는 두려움 속에서 평생 기회를 놓치고 있다는 사실을 말이다. 그래서 그런 사람들을 돕고 싶었다. 주식을 위험이 아닌 기회로 보는 눈을 길러주고 싶었다. 그 마음이 이 스터디의 출발점이었다. 그래서 이름도 주식 투자의 거부감을 없애기 위해 '건강한 주식 스터디, 드림주스'로 정했다.

드림주스는 단순히 이론을 배우는 곳이 아니다. 처음부터 실천까지 함께하는 멘토형 투자 스터디이다. 책에 강의 내용을 모두 담았지만 한계가 여기에 있다. 단순히 정보전달의 강의가 아니라 옆에서 방향을 잡아주고, 함께 고민하고, 실제로 행동할 수 있도록 돕는 것이기 때문이다. '친구처럼 배우는 투자 스터디', 그것이 드림주스의 색깔이다.

드림주스의 전략은 단순히 돈을 버는것이 아니다. 돈을 통해 내가 진정 하고 싶은 일을 할 수 있는 것이다. 투자의 목적을 더 크게 가져가게 된 것이다. 처음에는 군인들에게 건강한 방법으로 주식 투자하는 법을 알려 주려고 했다. 그러나 더 큰 목표가 있다. "군인들이 진짜 하고 싶은 일을 할 수 있게 하자. 군 생활을 더 가치 있게 만들 수 있도록 도와주자."는 것이다. 그 방법 중 하나가 바로 건강한 주식 투자라고 생각하게 됐다. 이제는 이것이 드림주스의 꿈이자 장기적인 목표가 되었다.

건강한 주식 투자란 무엇인가?

내가 말하는 건강한 주식 투자는 타이밍을 재지 않는 투자이다. 차트를 계속 보지 않아도 되고 마음이 불안해지지 않는 투자이다. 곧, 주식 때문에 일상과 군 업무가 흔들리지 않는 투자이다.

사람들이 주식을 두려워 하는 이유

많은 사람들이 주식을 위험하다고 말한다. 그 이유를 정리해보면 다섯 가지로 나눌 수 있다.

첫째, 가격 변동성에 대한 불안감이다. 주가는 하루에도 수차례

오르내린다. 숫자가 흔들리는 것만 봐도 심장이 덜컥 내려앉는다. '내 돈이 줄어들고 있다'는 감정이 사람을 불안하게 만든다.

둘째, 조급함과 하락의 공포다. 단기간에 수익을 기대하다가 조금만 떨어져도 실망하고 겁을 먹는다. 특히 초보자일수록 '내가 뭔가 잘못된 선택을 한 것은 아닐까?'라는 생각에 빠지기 쉽다.

셋째, 지식 부족과 정보 과잉이다. 뉴스, 유튜브, 커뮤니티 등 어디를 둘러봐도 투자 조언이 넘쳐난다. 문제는 이 정보들이 서로 충돌한다는 점이다. 무엇이 맞는지 판단할 기준이 없으니 혼란이 커질 수밖에 없다.

넷째, 부정적인 사례의 확대 인식이다. 성공한 사람의 이야기는 조용히 지나가지만, 큰 손실을 본 사례는 유난히 크게 들린다. 사람은 원래 위험 신호에 더 민감하게 반응하는 경향이 있기 때문이다.

다섯째, 주변에 실제 성공한 투자자가 없기 때문이다. 직접 본 적이 없으니 '정말 가능한 일인가?'라는 의문이 생기고, 의심은 다시 불안을 키운다.

하지만 이 다섯 가지 이유가 정말 '주식의 위험성'일까? 곰곰이 들여다보면 사실 그렇지 않다. 사람들이 무서워하는 것은 주식 자체의 위험성이 아니라, 주식을 바라보는 자신의 공포다. 가격이 흔들리는 것은 시장의 본질이며, 단기간의 등락은 주식시장에서 일어나는 자연스러운 현상이다. 조금만 길게 보면 주식 시장이 불안정해 보이는 이유 대부분이 '특징'일 뿐이라는 사실을 알 수 있다.

정확히 말하면, 이것들은 주식의 위험 요소가 아니라 주식이라는 자산이 가진 당연한 속성이다. 곧 주식이 보여주는 당연한 현상, 특징이라는 것이다. 결국 우리가 위험하다고 느낀것은 '단기적인 불확실성'과 '실패의 공포' 때문 이다. 주식 시장은 원래 단기적으로는 불확실하고 예측 불가능하다.

하지만 그 공포 속에서도 꾸준히 자산을 불려가는 사람들이 있다. 그 불확실성을 견딘 사람들만이 장기적으로 보상을 받는다. 장기적으로 꾸준히 분산 투자하는 사람들은 같은 시장 속에서도 안정적으로 자산을 불려간다. 같은 주식 시장인데 왜 결과가 다른 것인가?

진짜 위험은 투자 방식에 있다.

조금만 들여다보면 실제로 위험한 것은 주식 자체가 아니라 주식을 대하는 방식이다. 시장은 우리가 통제할 수 없지만, 시장을 바라보는 태도와 전략은 분명히 스스로 조절할 수 있다.

앞서 주식을 두려워하게 만드는 다섯 가지 이유(가격 변동성, 조급함과 하락 공포, 정보 과부하, 실패 사례의 과대 인식, 주변의 성공 부재) 이것들은 모두 '시장 위험'이 아니라 주식이 원래 가진 특징이다. 다시 말해, 단기적인 불확실성과 감정적 동요가 만드는 자연스러운 현상일 뿐이다.

따라서 우리가 제거해야 할 것은 '시장 위험'이 아니라 잘못된 투자 습관과 감정적 반응이다. 마음을 다스리고, 투자 방식을 올바르게 세우면 주식은 오히려 누구에게나 가장 합리적이고 현실적인 자산 증식 수단이 될 수 있다.

이제 앞서 살펴본 위험 요소들을 하나씩 짚어보고, 어떻게 하면 더 안전하고 건강한 투자자로 성장할 수 있는지 해결책을 정리해보려 한다.

첫 번째 위험은 비싸게 사서 싸게 파는 행동이다.

대부분의 개인 투자자가 겪는 손실은 변동성 자체 때문이 아니라, 변동성에 흔들려 잘못된 타이밍에 매수·매도를 반복하기 때문에 발생한다.

두 번째 위험은 몰빵 투자와 단타 투자이다.

이는 단기 변동성에 자신의 자산을 직접 노출시키는 행동이기 때문이다. 이런 방식은 몇 분, 몇 시간, 며칠의 등락을 예측해야 하는데, 이는 개인 투자자가 감당할 수 있는 영역이 아니다. 결국 시시각각 움직이는 단기 흐름에 뛰어들수록 위험은 커진다.

따라서 이 두 가지 문제의 해결책은 매우 명확하다. 단기 변동성이 아니라 장기 우상향에 투자하는 것, 다시 말해 시간을 무기로 삼는 방식이다. 장기적 흐름을 바라보면 시장의 변동성은 오히려 기회가 되고, 가격의 단기적인 출렁임은 투자 성과에 큰 영향을 미치지 않는다.

세 번째 위험은 공포와 욕심에 의한 감정적 투자다.

이는 차트보다 더 예측하기 어렵고, 가장 많은 실수를 유발하는 요인이다. 감정에 흔들릴수록 매매는 꼬이고, 원래 세워둔 기준도 잃어버리기 쉽다. 하지만 이 문제는 올바른 마인드셋을 갖추고 스스로 감정을 통제함으로써 해결이 가능하다. 안정된 원칙을 유지하면 감정적 판단 대신 계획적인 행동을 할 수 있다.

네 번째 위험은 부족한 정보와 잘못된 정보에 과다 노출되는 상황이다.

정보가 많아 보이지만, 실제로 올바른 정보를 개인 투자자가 가려내기는 매우 어렵다. 뉴스, 유튜브, 커뮤니티에서는 하루에도 수백 개의 해석과 추측이 쏟아지는데, 그중 무엇을 선택하는지가 투자 성과를 좌우할 수 있다. 그런데 냉정하게 생각해보면, 개인이 '정확한 정보'를 선별해내는 것은 거의 불가능에 가깝다. 그래서 오히려 이런 환경에 의존하지 않고도 투자할 수 있는 방법이 무엇인지 고민하는 것이 더 나은 방법이다.

건강하고 안전한 주식투자 해법

앞서 논한 과정에서 하나의 결론에 도달하게 되었다. 이 모든 위험을 동시에 해결해주는 방법, 그리고 개인 투자자가 가장 현실적으로 실행할 수 있는 방법은 바로 장기적으로 우상향하는 우량 주식 자산을 꾸준히 모으는 것이라는 점이다.

주식 시장이 만들어진 이래 오랜 기간 동안 꾸준히 우상향해온 자산은 이미 존재한다. 그 대표적인 자산이 바로 미국 종합주가지수 ETF다. 개별 기업을 분석하지 않아도 되고, 단기 변동성에 흔들릴 필요도 없다. 감정적 매매를 할 이유도 줄어든다. 정보에 과도하게 노출될 필요도 없다. 그저 장기적으로 우상향하는 시장 전체에 투자하는 방식이기 때문이다.

핵심은 매우 단순하다. 위험한 것은 주식이 아니라 잘못된 방식이며, 그 방식을 버리고 장기적 흐름에 올라타면 누구나 안전하게 투자할 수 있다.

이 원칙은 개인 투자자가 어렵게 느끼는 대부분의 문제를 해결해주는 가장 현실적이고 강력한 해법이다.

ETF는 상장지수펀드(Exchange Traded Fund)의 줄임말로, 특정 지수를 그대로 따라가도록 설계된 펀드다. 쉽게 말해 "지수를 주식처럼 사고팔 수 있게 만든 상품"이다. 예를 들어 S&P500 ETF는 미국 상위 500개 기업의 움직임을 그대로 반영하는데, 지수가 2% 오르면 ETF도 거의 비슷하게 움직인다. 개별 기업을 분석하지 않아도 '미국 전체 시장'에 투자하는 효과를 얻을 수 있다는 점이 핵심이다.

ETF의 장점은 다섯 가지로 정리된다.

첫째, 시장 평균 수익률을 확보할 수 있다.

개별 종목을 고르는 것은 전문가도 매번 성공하기 어렵다. 반면 시장 전체를 따라가는 ETF는 '평균의 힘'을 이용해 장기적으로 우상향하는 시장 수익률을 그대로 가져올 수 있다.

둘째, 한 주만 사도 수백 개 기업에 자동으로 분산 투자된다.

예를 들어 S&P500 ETF를 한 주만 사도 애플·마이크로소프트·구글·엔비디아 등 500개 기업에 동시에 투자한 효과가 난다. 한 회사가 흔들려도 전체 시장은 안정적으로 움직이기 때문에, 위험이 자연스럽게 낮아진다.

셋째, 소액으로도 시작할 수 있다.

몇 만 원, 혹은 몇 십 달러로도 미국 시장 전체에 투자할 수 있다. 목돈이 없어도 충분히 투자성이 생기기 때문에 군인· 직장인도 꾸준히 월급으로 투자할 수 있다.

넷째, 신용평가사와 자산운용사가 자동으로 관리한다.

지수 구성 기업이 바뀌면 ETF는 자동으로 리밸런싱된다.

투자자가 일일이 종목을 확인하거나 매매할 필요가 없다. 시간이 없는 사람들에게는 이것은 큰 장점이다.

다섯째, 거래량이 많아 언제든 사고팔 수 있다.

ETF는 주식처럼 시장이 열리는 동안 자유롭게 거래할 수 있어 유동성이 높다. 급하게 현금이 필요할 때도 쉽게 매도할 수 있다.

이렇게 ETF 하나만 잘 선택해도 초보자도 장기·분산 투자 원칙을 그대로 실천할 수 있다. 특히 본업에 집중해야 하는 직장인이나 군인처럼 분석할 시간은 부족하지만 안정적으로 자산을 키우고 싶은 사람들에게 최적의 방식이다.

왜 미국 종합주가지수 ETF인가

이유는 명확하다. 미국은 달러를 발행하는 기축통화국이기 때문이다. 세계 경제의 중심이자, 가장 안정적인 시장 구조를 가지고 있다. 예를 들어, 2025년 7월 기준, 미국 1위 기업 엔비디아(NVIDIA)의 시가총액이 4.02조 달러다.반면, 한국의 코스피+코스닥 전체 시가총액 합계는 2.32조 달러에 불과하다. 즉, 미국의 한 기업이 한국 주식 시장 전체 규모의 1.7배다. 이 말은 곧 미국 시장이 워낙 거대해서 기관이나 거대 자본이 마음대로 흔들기 어렵고, 시장 전체의 '가격 왜곡'이 적다는 뜻이다. 그래서 자산 가치가 주가에 정확히 반영되기 쉽고, 장기 투자 안정성이 훨씬 높다. 나는 이것이 미국 종합주가지수 ETF가 가장 안전한 투자 방식이라고 설명하는 핵심 이유라고 본다.

대표적인 미국 지수 ETF

S&P 500 – 미국 상위 500대 기업을 담은 대표 지수로 미국 경제 전체 흐름을 가장 잘 반영한다. 초보자에게 가장 안전한 선택이다.

나스닥 100 – 기술 중심의 대형 성장주 100개로 구성, 엔비디아, 구글, 엔비디아 등 기술주 비중이 높다. 성장성은 크지만 변동성도 다소 있다. 안정적이면서도 수익률을 내고자 하는 사람에게 좋다.

다우존스 30 – 미국을 대표하는 30대 우량주 중심으로 안정성이 높다. 안정성을 최우선으로 하면 선택할 수 있다.

S&P500의 과거 데이터

2015년부터 2025년까지 10년간 S&P500 ETF를 분석했다. 2022년 고점에 매수했더라도 2.8년 만에 회복하며 약 26%의 수익을 냈다. 연평균 약 9.3% 수준이다. 가장 큰 하락폭은 −34%, 가장 긴 하락 기간은 9개월이었다. 하지만 3년 이상 보유한 모든 구간에서 평균 9.6 ~ 26.8%의 수익률을 기록했다.이 데이터는 장기 투자자의 승리를 명확히 보여준다.

ETF는 두 가지 방법으로 투자할 수 있다. 미국 증시 직접 투자와 국내 증시 상장 ETF 투자로 말이다. 둘 중에 자신에게 맞는것을 알아보고 투자하면 된다.

여기까지 미국주식 안전하게 투자하는 방법과 이유에 대해 설명했다. 주식 투자는 위험하지 않다. 위험한 것은 잘못된 방식이다. 단타, 몰빵, 감정 매매, 알기 어려운 정보를 버리고 장기적 시선으로 ETF를 꾸준히 모은다면 누구든 자산을 안정적으로 키울 수 있다.

워런 버핏은 말했다. "장기적으로 시장을 이기는 가장 쉬운 방법은 인덱스 펀드다." 그 말은 지금도 유효하다.

군인처럼 월급이 일정하고 꾸준한 사람에게는 ETF를 적립식으로 모아가는 방식이 가장 현실적이다. 시간이 결국 우리 편이 되어줄 것이기 때문이다.

자신이 투자할 ETF를 조사하고, 선택한 이유를 적어보라. 이 과정을 통해 스스로 투자 원칙을 세우게 되고, 선택한 ETF에 대한 신뢰도 함께 형성된다.

그리고 기술적 분석 책보다는 투자 마인드를 길러주는 투자 거장들의 책을 많이 읽기를 추천한다. 장기 투자의 핵심은 결국 '마인드셋'이기 때문이다.

투자 전략이 필요한 이유

주식 투자가 행동으로 이어지기 어려운 이유는, 대부분 두렵고 막연하기 때문이다. 그래서 자신의 목표를 시각화하고, 행동을 구체화하는 과정을 통해 스스로에 대한 자신감을 가질 필요가 있다.

이 과정을 거치다 보면 건강한 주식 투자 전략이 완성되고, 행복한 방법으로 투자를 시작할 수 있을 것이다. 드림주스는 건강하고 행복한 투자를 추구한다. 건강한 투자 방식으로, 행복한 투자 마음을 가지고, 투자 위험과 스트레스를 최소화하여 우리의 본업에 충실하자는 목표를 가지고 있다.

이를 위해 투자 원칙을 만들어 보았다. 참고하여 자신만의 원칙을 만들어 보기 바란다.

첫 번째, 장기적으로 우상향하는 우량 자산만 투자한다.

두 번째, 지수 ETF를 활용해 종목 위험을 줄인다.

세 번째, 전략을 단순하게 설계해 행동하기 쉽게 만든다.

네 번째, 부의 공식에 따라 항상 점검한다.

다섯 번째, 자신이 믿는 자산에 투자한다.

여섯 번째, 한번 세운 원칙은 반드시 지킨다.

일곱 번째, 공포와 욕심을 경계해 상황에 따라 흔들리지 않는다.

여덟 번째, 매매는 최소화한다.

아홉 번째, 현금 비율을 관리해 리스크를 보완한다.

열 번째, 투자는 삶을 위한 수단이며, 여기에 너무 얽매이지 않는다.

육하원칙 투자 전략 이란?

목표와 자신의 투자 전략을 시각화하는 과정이다. 육하원칙을 적용하는 것이 행동하기에 가장 쉽다. 예문을 적어 보았다.

"6억 이상의 주식 자산을 형성하여 은퇴 전에 월 200만 원의 수익을 내기 위해(왜), 10년 이상의 월급으로 100만 원 이상 투자할 수 있는 내가(누가), 매월 적금하듯이(언제), 매월 내 계좌로(어디서), 나스닥 100 지수 ETF(무엇을), 5천만 원을 거치하고 10년간 월 100만 원을 매수하겠다(어떻게)."

앞으로 책을 읽어보며 자신만의 적절한 전략을 완성해 보기 바란다.

왜(Why)는 투자 목적, 즉 목표 설정이다. 상황에 따라 흔들리지 않는 마인드를 갖기 위해 이 단계는 전략 수립의 기초가 된다.

누가(Who)는 자산과 현금 흐름에 대한 메타인지이다. 자신의 자산 규모와 현금 흐름을 점검하는 과정이며, 이를 통해 전략의 실효성을 확보하게 된다.

무엇을(What)은 자신에게 맞는 종합주가지수 ETF를 선정하면 된다.

언제(When)는 상승장이든 하락장이든, 혹은 시장 상황과 관계없이 상황에 따른 투자 방식을 설정하기 위한 단계이다.

어떻게(How)는 실제 투자 행동을 결정하는 과정이다. 예를 들어, 정해진 주기에 매수할 것인지, 거치식 투자를 할 것인지, 거치 후 조정 시 분할 매수를 할 것인지 등을 정한다. 또한 리스크 관리는 자신이 설정한 현금 비율을 유지하는 과정이다. 투자 기간 역시 이 단계에서 정한다. 최소 3년 이상 장기 투자하겠다는 기준처럼, 이 모든 내용을 통해 구체적인 투자 행동을 결정하게 된다.

어디서(Where)는 장소의 개념이 아니라, 어떤 계좌를 활용할 것인지에 대한 이야기이다.

투자의 정답, 최고의 전략은 없다. 그러나 자신에게 맞는 좋은 전략은 분명히 있다. 이 과정을 통해 나만의 투자 전략과 원칙을 직접 만들어 보기 바란다.

| 왜 (Why)

그럼 이제 항목별로 어떻게 작성하면 좋을지 설명하겠다.

왜(Why) – 투자목적 이다. 우리는 일반 투자자와 투자 거장들이 어떤 투자 목적을 가지고 있는지, 그 차이를 비교해 볼 필요가 있다. 그리고 투자 거장이 어떤 방식으로 생각하는지 살펴보고, 그 방식을 그대로 따라가면 좋다.

일반 투자자의 목표 지향점은 보통, "월급의 부수입을 얻고 싶다, 단기 수익을 내고 싶다, 시세 차익을 누리고 싶다." 이 정도 수준에서 투자 목적을 설정하는 경우가 많다. 반면 투자 거장은 다르다. "장기적인 복리 성장, 자산 증식, 그리고 경제적 자유를 이루는 것"을 목표로 한다. 이 처럼 목적의 크기 자체가 다르기에 목표하는 수익금의 크기도 다르다. 출발점부터 완전히 다른 것이다. 때문에 투자 기간도 달라진다. 일반 투자자들은 단기 중심으로 투자를 한다. 짧은 기간안에 어떻게든 빨리 벌고 나오지 않을까 고민한다. 하지만 투자 거장들은 다르다. 장기적으로 수년, 수십 년 동안 내가 투자한 좋은 기업과 함께 성장하겠다는 마인드로 투자를 한다.

결과를 바라보는 관점도 다르다. 일반 투자자는 "이번 달에 얼마 벌었지?" 이렇게 단기 수익을 기준으로 결산한다. 반면 투자 거장들은 복리 자산 성장이 목표이기 때문에 "5년 후에 얼마나 커질까?" 이런 시각으로 투자를 이어간다. 이처럼 일반 투자자와 투자 거장은 생각의 출발점부터 다르다. 그래서 우리는 투자 거장들의 사고방식을 따라갈 필요가 있다. 투자 거장처럼 생각하고, 투자 목적을 설정하기 바란다.

예문을 몇 가지 적어 보았다.

"은퇴 후 경제적 자유를 이루겠다. 부동산 투자에 필요한 자산을 불리겠다. 자녀의 자산을 불려 주겠다. 인플레이션 속에서 부모님의 자산을 보존해 주겠다." 이 처럼 투자 목적에 따라 투자 기간, 적절한 종목, 투자 방식은 모두 달라지게 되기에 가장 먼저 설정하여야 한다.

| 누가 (Who)

누가(Who) – 자산과 현금 흐름 메타인지이다. 이 단계에서 가장 중요한 것은 내가 과연 얼마만큼 투자를 할 수 있는 사람인지를 아는 것이다. 이것을 자산 메타인지라고 할 수 있다. 자신의 능력에 맞는 투자 자금을 결정하는 과정이며 실효성 있는 전략을 수립할 수 있다. 예시를 하나 들어보겠다. 군인 중에 총 5천만 원의 자산을 가진 사람이 있다. 그 중 적금이 2천만 원이다. 이 경우 선택지가 생긴다.군인공제회에서 나오는 3천만 원을 담보로 대출받아 투자할 수도 있고, 적금 2천만 원을 만기 또는 해지해서 총 5천만 원으로 투자를 하겠다고 결정할 수도 있다. 이것이 바로 전략적 선택의 과정이다.

또 월급을 통한 현금 흐름을 살펴보겠다. 월급 300만 원을 받는 군인이 있다고 가정해 본다. 군인공제에 70만 원을 넣고, 생활비로 230만 원을 사용하고 있었다. 이 구조를 조정하는 것이다. 군인공제를 20만 원으로 줄이고, 생활 소비 30만 원을 줄여서 주식 투자에 80만 원을 확보하겠다고 계획을 세울 수 있다. 이 역시 현금 흐름을 재설계하는 과정이다. 이때 현금 흐름표 예문이 있는데, 이를 활용하면 훨씬 쉽게 작성할 수 있다.

| 무엇을 (What)

무엇을(What) – 투자 종목이다. 투자 자산은 앞에서 이미 충분히 설명했기 때문에 설명은 생략하겠다. 우량 자산, 즉 미국 종합 주가지수 ETF 중에서 자신에게 맞는 자산을 선정하는 과정이다.

| 언제 (When)

언제(When) – 투자 시점 또는 시간이다. 이 항목은 타이밍을 정확히 맞추기 위한 것이 아니라, 정기적으로 투자해 리스크를 분산하기 위한 과정이라고 보면 된다. 예를 들어, 상승장에서는 조정 시에 투자하고, 하락장에서 매수하는 것이 더 좋은 수익률을 가져올 수 있다. 하지만 단점이 있다. 상승장인지 하락장인지 구분하기가 어렵다는 것이다. 그래서 실전에서 "지금이 상승장인가, 하락장인가" 판단할 수 있는 몇 가지 실마리를 제시한다.

첫 번째는 지수 변동률이다. 만약 S&P500이 -20% 수준까지 하락했다면, 이는 매우 좋은 기회라고 볼 수 있다.

최근 약 5년치 S&P500 지수를 가져와 봤다. 크게 하락한 구간이 몇 번 있었는데, 대략 세 번 정도 있었다. 287일 동안 -26.8%, 98일 동안 -11.2%, 48일 동안 -21.3% 이와 같은 구간이 오면 "아, 지금은 매우 좋은 기회구나"라고 생각할 수 있다. 이 시기에 자신의 자금을 더 많이 투입하면, 이후 반등을 통해 좋은 수익률을 기대할 수 있다.

두 번째는 조금 어려운 방법인데, 경제 지표를 확인하는 방법이다. 인플레이션 지수, 금리 변동, 실업률, 기업 실적 등을 종합해 판단하는 방식이다. 지수는 하락했지만 경제 지표들이 비교적 양호하다면, 지수는 다시 회복할 가능성이 있다고 판단할 수 있다. 이처럼 경제 지표를 활용해 현재의 경제 흐름을 파악할 수 있다.

세 번째는 비교적 단순한 방법이다. 200일 이동평균선을 활용하는 방법이다. 차트에서 200일선 위에 있으면 상승장, 200일선 아래에 있으면 하락장이라고 단순하게 판단하는 방식이다. 위에 있으면 상승장이구나, 밑으로 내려오면 하락장이구나, 이렇게 직관적으로 파악할 수 있다.

네 번째는 시장 심리 지수이다. CNN에서 만든 지수로, Fear & Greed Index - 공포·탐욕 지수라고 한다. 공포 구간이면 하락장, 탐욕 구간이면 상승장이라고 간단하게 파악할 수 있다. 극도의 공포, 공포, 중립, 탐욕, 극도의 탐욕, 이렇게 구간이 나뉘어 있다. 공포 구간에 들어오면 "아, 지금은 하락장이구나. 매수를 더 고려해 볼 수 있겠구나." 이렇게 판단할 수 있다. 이 공포·탐욕 지수는 CNN에서 여러 지표를 종합해 점수로 만들어 주며, 매일 단위로 최신화된다. 충분히 참고할 수 있는 지표이다. 극도의 공포 구간은 자주 오는 구간은 아니다. 시장이 크게 흔들릴 때에만 나타난다. 이처럼 지수와 심리 지표를 함께 활용하면, 투자 판단에 분명히 도움이 된다.

| 어떻게 (How)

어떻게(How) – 투자 방식이다. 투자 방식에 대해 세 가지로 정리해 보았다.

첫 번째는 적립식 분할 매수이다. 자신이 정한 일정, 예를 들어 매주나 매월 정해진 날짜에 꾸준히 투자해 나가는 방식이다. 이 방식의 장점은 리스크를 분산할 수 있고, 정해진 원칙에 따라 투자하기 때문에 심리적인 안정을 가질 수 있다는 점이다. 특히 월급을 받는 분들에게는 적금처럼 유사한 형태로 투자를 할 수 있다는 장점이 있다. 다만 단점은 수익도 함께 분산된다는 점이다. 하지만 이 방식은 투자에 크게 신경 쓰지 않고 장기 투자를 할 때 매우 적절한 방법이 될 수 있다.

두 번째는 거치식 투자이다. 한 번에 자금을 투입하고, 오랜 시간 동안 기다리는 방식이다. 장점은 상승기가 왔을 때 수익률을 집중해서 가져갈 수 있다는 점이다. 반면 단점은 거치식 투자를 한 직후 하락장을 맞게 되면 손실이 커질 수 있고, 심리적으로도 상당히 불안해질 수 있다는 점이다. 그래서 거치식 투자가 적절한 시점은 조정이 심한 구간일 때라고 볼 수 있다.

세 번째는 이 두 가지를 섞은 혼합식 투자이다. 일부 자금은 거치하고, 조정장이 왔을 때 분할 매수를 하는 방식이다. 이 방식은 각 방법의 장단점을 절충할 수 있다. 상승장에서는 거치해 둔 자금으로 수익률을 가져가고, 조정장이 왔을 때는 미리 준비해 둔 자금으로 추가 매수를 할 수 있다. 혼합식에 대해 조금 더 구체적으로 설명해 보겠다. 자신이 결정한 투자 자금의 50%를 정해 놓은 일정 기간, 예를 들어 2개월, 3개월, 6개월 등에 걸쳐 분할 매수를 한다. 그리고 월급에서 "매월 얼마를 투자하겠다"라고 결정한 자금은 CMA 계좌에 모아 둔다. 이렇게 모아 둔 자금을 지수가 하락했을 때 분할 매수하는 방식이다.

이 방식을 활용하면 시장이 크게 하락했을 때 추가 매수를 통해 평균 단가를 낮출 수 있다는 장점이 있다. 사실 수익률을 가장 높이는 가장 확실한 방법은 주가가 떨어졌을 때 자신이 준비한 자금을 최대한 많이 매수하고, 그 자산을 오래 보유하는 것이다. 예를 들어, 2023년부터 2025년까지는 전반적으로 상승장이었는데, 이 기간 동안 QQQ를 기준으로 -7% 이상 하락한 구간을 살펴보았다. 약 여섯 번 정도의 조정 구간이 있었다. 그 중 가장 크게 하락했던 구간은 약 2개월 동안 -25.5%였다.

이처럼 상승장 속에서도 조정과 반등은 반복해서 나타난다. 이런 구간에서 조금씩 사 모으면, 상승장에서 나오는 수익을 거의 그대로 가져갈 수 있다. 결국 핵심은 최대한 오래 보유하는 것이다.

위 3가지의 투자 방식에서 반드시 함께 가져가야 할 부분이 바로 리스크 관리이다. 이는 곧, 현금 비율을 유지하는 것이다. 투자 자금의 일정 비율은 항상 예비 자금으로 보유하고 있으면, 시장이 하락했을 때 대응할 수 있고 심리적으로도 훨씬 안정감을 가질 수 있다. 현금 비율은 20%든, 30%든 자신이 정한 비율을 계속 유지해 나가면 된다. 투자금 전액을 투자하는 것이 아니라 일부를 보유하거나 월급을 꾸준히 모아 놓는 것이다. 또 투자하다 보면 주가가 올라 투자 자금 규모는 커졌는데 보유한 현금이 줄어들었다면, 자신이 정한 현금 비율보다 낮아진 상태가 된다. 이럴 경우 일부 수익 실현을 통해 현금 비율을 다시 맞춰 주는 것이다. 다만 이 과정은 되도록 자주 하지 않는 것이 좋다. 주가가 많이 올라 현금 비율이 크게 낮아졌을 때만 시행하는 것이 바람직하다. 왜냐하면 ETF 투자는 장기 보유를 통해 큰 상승을 모두 가져가는 것이 핵심이기 때문이다.

이를 리밸런싱이라고 하는데, 주기는 투자자 상황에 따라 다를 수 있지만, 6개월에서 1년에 한 번 정도가 적당하다. 이는 비율이 조금만 바뀔 때마다 계속 리밸런싱을 하라는 의미가 아니라는 것이다. 6개월에 한 번 정도 점검하면서 '많이 올랐구나', '현금 비율이 더 필요하겠구나' 이렇게 판단하며 조정하라는 뜻이다.

참고로 2020년부터 2024년까지 5년 동안 ETF 두 가지 종목을 기준으로 투자 방식에 따른 차이를 비교해 보았다.

2020~2024년 ETF 종목별, 투자 방식별 수익 비교

ETF	투자금	적립식 투자	거치식 투자
SPY	61,000 달러	100,452 달러	119,880 달러
QQQ	61,000 달러	107,636 달러	151,449 달러

적립식 투자의 경우 매월 1,000달러를 꾸준히 투자한 결과다. 거치식 투자는 61,000달러를 한 번에 투자한 경우다.

그 결과 거치식의 수익이 더 컸다. SPY의 경우 적립식 투자는 총

61,000달러를 투자했을 때 100,452달러가 되었고, 거치식 투자는 119,880달러로 증가했다. QQQ를 기준으로 보아도 비슷한 흐름을 보인다. 적립식 투자에서는 약 107,636달러, 거치식 투자에서는 약 151,449달러로 차이가 발생했다.

적립식 투자는 시간이 지날수록 투자 금액이 점점 늘어나는 구조일 수밖에 없다. 이는 거치식 투자가 초기에 더 큰 자금을 투입했기 때문에 수익 규모도 더 크게 나타난 결과이다. 하지만 중요한 점은, 두 투자 방식 모두 5년 이상 장기 투자했을 때 수익이 났다는 사실이다. 결론적으로 투자 방식은 자신의 자금 상황과 투자 성향에 맞게 선택하면 된다. 그러나 한 가지 분명한 점은, 장기로 투자하면 결국 오른다는 관점에서 투자를 바라볼 수 있다.

| 어디서 (Where)

어디서(Where) – 계좌에 대한 이야기이다. 자녀에게 자산을 증여하는 방식을 비교해 보겠다.

첫 번째는 2천만 원 현금 증여이다. 현금 증여는 2천만 원까지 공제되기 때문에 증여세는 없다. 이후 자녀 계좌에서 8천만 원의 수익이 발생할 경우에는 양도소득세를 내야 한다. 두 번째는 2천만 원을 주식 투자하여 1억 원이 된 주식 증여이다. 주식으로 증여할 경우, 2천만 원을 공제받고 8천만 원에 대해 증여세가(약 800만 원) 과세된다. 하지만 주식 증여 자체를 수익이 난 상태로 넘기고, 그 주식을 1년 이상 보유한다면 양도 차익은 발생하지 않는다. 즉, 세금은 증여세 만 부담하게 된다. 두 가지를 비교해 보면 주식 증여가 더 유리하다고 볼 수 있다.

또 하나 고려해야 할 부분은 연말정산이다. 자녀 계좌에서 연 200만 원의 수익이 발생하면 부양가족에서 제외된다. 하지만 주식 증여의 경우, 자녀 계좌에서 실제 수익 실현이 없기 때문에 상관없다.

정리해 보면, 주식으로 증여해 1년 이상 보유 후 매도하면 양도세는 없고 증여세 800만 원만 부담하면 되어 세금 측면에서 더 유리하다. 반면 현금 증여 후 자녀 계좌에서 수익이 200만 원을 초과하면 연말정산에서 부양가족에서 제외된다.

이 점을 알고 투자를 진행하시기 바란다.

건강하고 행복한 투자 전략

시장을 이기려는 대표적인 바보 행동이 바로 마켓 타이밍이다.

마켓 타이밍이란 시장의 상승과 하락을 예측해서 하락할 것 같으면 전부 팔고 상승할 것 같으면 다시 사는 전략이다. 겉으로 보면 굉장히 합리적으로 보이지만, 실제로는 매우 위험한 전략이다.

유명한 펀드 매니저 피터 린치는 이렇게 말했다.

“시장의 상승 기간 중 가장 좋았던 50일을 놓치면 장기 투자 수익률은 크게 감소한다.” 실제 데이터를 보면 더 명확하다. 1990년 ~ 2020년 S&P500 지수에 계속 투자했을 경우 연평균 수익률 9.96%이다. 하지만, 최고의 10일을 놓치면 6.2%, 최고의 30일을 놓치면 3.04%로 존 보글의 인덱스 펀드 철학에서도 나오는 내용이다. 잠깐 며칠 주식을 안 들고 있었을 뿐인데, 연평균 수익률이 9.96%에서 3.04%까지 떨어진다는 것이다.

그래서 내가 내린 결론, 건강하고 행복한 투자의 답을 두 단어로 정의한다. ‘믿음과 간단함’이다. 믿음은 내가 투자할 자산을 선정했다면 그 자산에 대한 고민을 최소화해야 한다. ‘떨어져도 다시 오른다고 믿을 수 있는가? 어떤 일이 있어도 장기 우상향한다고 믿는가?’

이 믿음이 없다면, 투자는 결국 흔들릴 수밖에 없다.

그리고 간단함이다. 생각을 단순하게 하고 행동을 최소화하는 것이다. 주식 차트를 안 보고도 가능한 투자 전략을 세워야 한다. 예를 들어 이런 전략을 세웠다고 가정해 보자. ‘자금의 50%는 일정 기간을 정해 분할 매수하고 남은 30%를 2년 동안 매월 적립식 투자를 한다. 남은 20% 예비 자금으로 보유한다’는 전략이다. 이 전략의 핵심 전제는 딱 하나이다.

첫 번째, 장기적으로 우상향한다고 믿을 수 있는 자산이어야 한다. '내가 신뢰하는 지수인가? 어떤 위기가 와도 다시 오른다고 믿는가?' 이 질문을 스스로에게 던져봐야 한다. 두 번째, 최대한 많이 매수하고 아무것도 하지 않는다는 원칙이다. '떨어지면 더 산다. 오르든 내리든 팔지 않는다. 계속 보유한다.'

부의 복리 공식이 있다.

부 = 원금 × 수익률 ^{시간}

여기서 생각해 보면, 사람들이 가장 못하는 것은 원금을 늘리는 것이다. 수익률은 떨어질 때 사면 된다. 시간은 오르든 내리든 버티면 된다. 하지만 원금을 크게 넣는 것은 내가 그 자산을 믿지 않으면 절대 못 한다. 믿음이 없으면 행동이 안 된다. 예를 들어 전재산이 1억 원인데 그 중 7천만 원을 주식에 투자한다고 생각해 보자. 주가가 반토막 나서 3,500만 원이 됐다고 해도 더 살 수 있어야 한다. 자산에 대한 믿음이 없다면 절대 그 행동을 할 수 없다. 그리고 투자 전략이 복잡하면 그 순간에 행동하지 못한다.

결론은 내가 믿는 자산을 고른다. 고민하지 않고 행동할 수 있는 간단한 원칙을 세운다. 이게 바로 건강하고 행복한 장기 투자이다. 각자의 투자 전략을 만들면서 원금, 수익률, 시간 이 세 가지를 모두 살리는 전략인가를 복리 공식에 대입해 보면 전략을 이해하는 데 큰 도움이 될 것이다.

경제 뉴스에 대한 착각

경제 뉴스와 지표를 어떻게 바라볼 것인가, 그 관점에 대한 이야기를 하려고 한다. 경제 뉴스에 대한 착각을 먼저 깨는 것이다.

첫 번째 착각 – 신문사의 가장 큰 고객은 구독자라고 생각했다. 그런데 살펴보니 신문사 입장에서 가장 큰 고객은 광고를 내는 기업이었다. 신문사는 광고비가 가장 큰 소득원이기에 기업들로 부터 돈을 더 많이 번다. 때문에 경제 신문이나 뉴스에서 다루는 내용은 구조적으로 기업 친화적일 수밖에 없는 환경이라는 것이다.

두 번째 착각 – 경제 기사를 쓰는 기자들이 모두 경제학 전공자이거나 투자 전문가가 아니다. 기자가 쓴 기사 내용을 그대로 다 믿을 수는 없다는 것이다. 이 사실을 모르고 있다면 매우 전문적으로 보였던 기사들이 다르게 보일 것이다. 기사에 나오는 데이터들은 사실이겠지만 그것을 해석하는 것은 정답이 아니라는 것이다. 만약에 전문가라 할지라도 살아있는 거대한 생물체와 같은 경제를 정확히 예측하기란 쉬운일이 아니다.

세 번째 착각 – 기자는 기사의 제목을 자극적으로 쓸 수밖에 없다. 기사의 조회수가 많아야 하고, 구독자가 늘어나야 한다. 그에 따른 인센티브 구조가 있기 때문이다. 제목만 보면 마치 큰일난 것처럼 느껴지게 쓰는 경우가 많다. 그 특징을 이해해야 한다.

네 번째 착각 – 증시 전망은 정직한 답이 아니다. 증시 전망은 주로 증권사 애널리스트들이 쓴다. 증권사 입장에서 보면 거래가 활발하게 일어나는 것이 수익에 도움이 된다. '지금은 증시가 안 좋아질 것 같지만, 그럼에도 불구하고 언젠가는 회복할 것이다'라고 쓸 수가 있다. 팩트는 바꿀 수 없지만, 팩트를 표현하는 방식은 조정할 수 있는 것이다. 거래를 촉진할 수 있는 방향으로 해석과 표현이 나올 수가 있다는 것이다.

| 뉴스의 왜곡과 뒷북

내가 뉴스를 보면서 느낀 점은 이렇다. 주식 시장 뉴스는 과장과 왜곡이 다수 있다. 보이지 않는 거대 자금들이 뉴스들을 이용하여 시장 심리를 파악하고 그들이 원하는 방향으로 증시 상황을 조성한다. 부동산 뉴스는 뒷북이다. 실제 시장에서 거래되어 가격이 모이고 정리되는데만 한 달 이상 걸리기 때문이다. 이 데이터가 기사화되면 이미 늦은 정보가 된다. 구조적으로 이미 시간이 경과된 결과들이 기사로 나온다. 이런 이유들로 우리는 뉴스를 무작정 믿는 것이 아니라 이 뉴스가 만들어지는 구조를 알고 봐야 한다는 것이다.

뉴스에 휘둘리지 않기 위한 기준이 있어야 한다. 뉴스를 볼 때 다음 질문을 항상 던져야 한다. '이 내용은 어디서 나온 데이터인가? 이 기사는 누가 썼는가? 왜 이 시점에 이 기사가 나왔는가?' 항상 의

심하면서 보는 태도가 필요하다. 만약 우리가 경제 지표를 볼 줄 모른다면, 기자가 써 준 해석에만 의존할 수밖에 없다. 이런 제목들을 보게 된다.

"미 연준, 인플레 불확실성에 금리 인하 속도 조절"

"미국 10년물 국채 금리 3.7% 돌파, 시장 흔들"

"FOMC 의사록, 고용 지표·물가 지표 혼조세 마감"

이때 우리가 해야 할 질문은 이거다.

'이 지표는 무슨 의미인가? 이 지표는 어디서 확인할 수 있는가? 이 지표 하나로 시장을 판단해도 되는가?'

단편적인 지표 하나가 이슈화되고 그 하나의 지표로 경제 상황이 기사화된다. 이런 경우 경제 상황에 대한 왜곡된 인식이 생길 수 있다. 초보 투자자들은 그걸 토대로 투자하면 위험할 수 있다. 또 한편으로 기사를 써 주기 전까지는 내가 원하는 지표를 적시에 확인할 수 없다. 결국 투자는 항상 수세적일 수밖에 없게 된다.

우리가 해야 할 것은 단순하다. 내가 직접 봐야 할 경제 지표를 정하고, 경제 흐름을 이해하는 나만의 관점을 만드는 것이다. 뉴스를 따라가는 투자가 아니라 지표와 흐름을 이해한 상태에서 뉴스를 활용하는 투자로 바뀌어야 한다. 그것이 어렵다면 차라리 정보가 필요 없는 투자를 해야 한다. 이제는 이 말이 무슨 뜻인지 이해하리라 생각한다.

| 경제 뉴스의 인과 관계 오류

뉴스에서 접하는 내용 중 인과 관계에 대해 잘못 설명하는 경우가 있다. 인과 관계가 서로 바뀌거나, 원인을 결과에 억지로 끼워 맞춰 설명하는 것이다. 이로 인해 초보 투자자들은 신문을 보고 잘못된 투자 결정을 하게 된다. 이런 기사들에 우리는 흔들리면 안 된다. 이런 사실을 알고 기사를 읽거나, 차라리 보지 않는 것이 더 좋다. 투자 정보라기 보다 소음이 될 수 있기 때문이다.

대표적인 예가 바로 금리와 경기의 관계이다. 뉴스를 보다 보면 이런 표현들을 자주 보게 된다.

"금리 인하기에 경기 침체가 온다"

"경기 침체가 와서 금리를 인하한다"

둘 다 틀린 말은 아니다. 금리 인하가 원인이 되어 경기 침체가 올 수 있는 것이고, 경기 침체가 원인이 되어 금리를 인하할 수 있는 것이다.

먼저, 금리 인하가 원인이 되는 경우이다. 장기간 저금리 정책을 유지하다가 버블이 형성되고, 그 버블이 터지면서 경기 침체나 자산 가격의 조정이 오는 경우이다. 최근의 예가 트럼프 1기 코로나 이후이다. 코로나 팬데믹 극복을 위해 시중에 유동성을 대규모로 공급했고, 그 결과 자산 가격이 급격히 상승했다. 이후 버블이 형성되고, 2022년에 그 버블이 터지면서 자산 가격이 폭락했던 구조였다. 또

일본처럼 저금리를 오랫동안 유지했지만 경기 활성화가 되지 않아 장기 침체에 빠지는 경우도 있다. 금리를 오랫동안 인하로 금융기관의 수익성이 악화되어 경제에 부담이 되는 경우도 있다. 이런 경우에는 금리 인하가 원인이 되어 경기 침체가 오는 것이다.

반대로, 원인과 결과를 바꿔 경기 침체가 원인이 되는 경우이다. 이건 이해하기 쉽다. 경기 침체에 대한 통화 정책으로 금리를 인하하는 경우다. 실업률이 상승하고 기업 활동이 둔화되어 경기 부양을 위해 금리를 낮춰서 경기를 살리려는 정책을 펴는 경우이다.

결국 중요한 건, 그 시점의 상황에 맞게 원인과 결과를 구분할 수 있어야 한다는 것이다. 상황이 어떤 경우에 해당하느냐를 판단하는 것이다. 판단에 따라 투자 방향이 정반대로 되기 때문이다. 이 외에도 다양한 인과 관계의 오류로 인해 기사가 틀릴 수 있음을 명심해야 한다.

| 뉴스의 시간의 차이

뉴스는 본질적으로 단기 흐름을 다룰 수밖에 없다. 하루 단위, 길어도 주·월 단위로 이슈를 만들어야 한다. 주가는 계속 변하고, 경제지표는 매달 발표된다. 때문에 발표 시점에 맞춘 단기적인 해석과 설명이 나올 수밖에 없다. 이 과정에서 시장 본질이 왜곡될 수 있다. 장기 관점으로는 우상향하는 과정인데, 일시적으로 나쁜 지표가 나오면 불안감이 커질 수밖에 없다. 이로 인해 장기 투자자조차 흔들릴 수 있다. 경제 기사는 단기 흐름을 다룬다는 점을 인정하고 장기 방향성은 아닐 수 있다는 전제를 두어야 한다. 뉴스는 참고할 뿐 투자 판단은 장기적인 관점에서 해야 하는 이유이다.

사람마다 투자하는 시간의 길이는 다르다. 더 떨어질 거라 예측해서 기다리는 자, 지금 사 두면 1~2년 후에 오를 거라 보고 행동하는 자가 있다. 누가 맞고 틀리다고 단정할 수는 없다. 누군가에게는 단기 트레이딩이 맞을 수 있겠지만 군인에게는 맞지 않다. 군생활에 전념해야 하기 때문에 단기 예측도 어렵고 대응도 어렵다. 때문에 여러분은 장기 투자를 선택하고 그 선택에 맞는 방향으로 가야 한다.

| 경제 뉴스 보지마라.

앞서 길게 적은 이유는 기사를 맹신하지 말라는 이야기를 하기 위해서다. 아이러니 하게 전하고자 하는 메세지는 “뉴스는 소음이다. 보지마라.” 이다. 뉴스를 보면 불안해 지고 잘못된 판단을 할 여지가 커지기 때문이다. 드림주스는 정보가 필요 없는 투자를 지향한다. 종합주가지수ETF 처럼 장기 우상향하는 자산을 잘 선택하기만 하면 된다. 하락이 오더라도 구조적으로 다시 회복하기 때문이다. 경제 지표를 완벽히 몰라도, 기사를 잘못 읽어도 성공할 수 있다.

이미 10년, 20년의 주가 흐름을 보며 이 사실을 알고 있다. 떨어지는 구간도 반드시 오고, 반드시 회복된다는 사실이다. 오히려 하락의 구간을 싸게 매수할 수 있다는 생각으로 슬기롭게 대응하면 수익률을 더 높일 수도 있다.

드림주스는 정보가 필요없는 투자 방식을 선택했다. 그렇다고 언제까지나 거기에 머물러 있을 수는 없다. 흔들리지 않는 완벽한 마인드, 투자 전략과 원칙을 갖추기 위해서 경제 흐름을 읽는 눈을 키울 필요는 있다. 그것을 위해 뉴스를 볼거라면 뉴스에 대한 착각을 깨고, 인과 관계, 그리고 시간의 차이를 항상 염두에 두어야 한다. 경제 흐름을 잘 정리해 주는 기사들은 참고하되, 팩트를 기반으로 읽어야 한다. 또는 경제 용어를 찾아보고 배우는 용도로 활용하면 된다. 한 가지 기사만 보지 말고, 여러 기사를 비교해서 각자의 해석을 만들어 가는 게 중요하다.

투자를 하거나 시작하려다 보면 시장이 흔들릴 때 두려움이 생길 수 있다. 하지만 그 역시 자연스러운 과정이다. 과정이야 어떻든 원칙을 지키는 행동만 단순하면 된다. 자신만의 투자 전략과 원칙을 간단하고 공고히 하여 그것을 지켜 나가면 된다. 그러면 드림주스가 지향하는 '건강하고 행복한 투자'가 될 거라 믿는다. 독자 모두가 이런 투자를 이어가길 소망한다. 필자 또한 독자와 같은 시장 안에 있는 군인 투자자이다.

우량 자산을
나의 연금으로

절세 계좌

지은이 | 이성영
활동명 | 이현사
현) 육군 상사
<절세계좌스터디> 의 멘토

절세 계좌 스터디 VOD

aGLTNj
nocamqr.com 접속 후
고유문자를 입력하세요

왜 지금, 절세계좌인가

지금 우리는 과거와는 전혀 다른 투자 환경 속에 살고 있습니다. 단순히 저축만으로는 자산을 지키기 어려운 시대가 되었고, 투자는 이제 선택이 아니라 생존을 위한 필수 전략이 되어가고 있습니다. 이러한 환경 속에서 많은 사람들은 투자 상품과 종목에는 관심을 가지지만, 정작 어떤 계좌를 활용해야 하는지에 대해서는 깊이 고민하지 않는 경우가 많습니다. 절세계좌는 바로 이 지점에서 출발해야 할 투자 전략의 출발선입니다.

절세계좌는 단순히 세금을 줄여 주는 도구가 아닙니다. 장기 투자에 최적화된 구조를 만들어 주고, 감정에 흔들리지 않도록 적절한 제약을 통해 투자자를 보호하는 장치이기도 합니다. 따라서 이 책을 통해 절세계좌를 단순한 제도가 아닌, 하나의 투자 환경으로 이해하고 활용하는 새로운 관점을 제시하고자 합니다.

연금저축, IRP, ISA와 같은 절세계좌는 이미 많은 분들이 한 번쯤은 들어보셨을 이름들입니다. 설령 아직 투자를 본격적으로 시작하지 않았더라도 뉴스나 증권사 광고, 혹은 주변 사람들의 이야기를 통해 절세계좌라는 단어를 접해 보신 경험이 있으실 것입니다. 그만큼 최근 들어 절세계좌를 활용하는 투자자가 빠르게 늘어나고 있으며, 금융권에서도 핵심 상품으로 앞다투어 홍보하고 있는 영역이기도 합니다.

앞으로 여러분이 투자를 시작하게 되면 자연스럽게 자신만의 투자 기준과 전략을 세우게 될 것입니다. 이 과정에서 어떤 자산을 선택할지, 얼마를 투자할지, 얼마나 오래 보유할지 고민하는 과정이 필연적으로 뒤따릅니다. 절세계좌는 이러한 투자 전략을 구축하는 데 있어 매우 유용한 도구가 될 수 있습니다. 단순히 세금을 줄이는 차원을 넘어, 장기 투자에 적합한 환경을 만들어 준다는 점에서 그 의미가 더욱 큽니다.

이번 장에서는 절세계좌의 기본적인 개념과 목적에 대해서 차분히 짚어보려고 합니다. 이 과정을 통해 절세계좌를 막연한 절세 상품이 아닌, 자신의 투자 방향과 계획에 맞게 활용할 수 있는 하나의 투자의 수단으로 바라보게 될 것입니다.

| 절세계좌란 무엇인가

절세계좌란 연금저축, IRP, ISA 이 세 가지 계좌를 통칭하는 말입니다. 이 중 연금저축과 IRP는 개인연금을 준비하기 위한 목적을 가진 계좌이고, ISA는 자산 형성을 돕기 위해 만들어진 계좌입니다. 절세계좌를 복잡하게 생각할 필요는 없습니다. 가장 단순하게는 '절세 혜택이 있는 증권 계좌'라고 이해하시면 됩니다. 일반 증권 계좌와 마찬가지로 다양한 금융상품을 사고팔며 수익을 추구하지만, 각

계좌의 이름에서 알 수 있듯이 명확한 목적이 존재한다는 점이 다를 뿐입니다.

이러한 목적을 이해하지 못하고 단지, 세제 혜택이 있다는 이유만으로 무작정 자금을 입금하는 것은 바람직하지 않습니다. 실천이라는 관점에서는 의미 있는 선택이지만 내가 지금 절세계좌를 활용하는 이유가 개인연금을 준비하기 위한 것인지, 자산을 불려 나가기 위한 것인지 스스로 분명히 인식하고 접근해야 합니다.

물론 모든 절세계좌를 다 활용하면 좋겠지만, 투자 여력과 소득 수준은 개인마다 다릅니다. 따라서 자신의 상황에 맞춰 선택적으로 활용하는 것이 중요하며, 이처럼 목적을 분명히 한 상태에서 접근했을 때 절세계좌를 더욱 올바르게 활용할 수 있습니다.

| 절세계좌는 왜 만들어졌을까

절세계좌가 만들어진 배경을 이해하면 이 제도를 왜 반드시 활용해야 하는지 자연스럽게 납득하게 됩니다.

가장 큰 이유는 공적 연금 제도의 구조적 한계입니다. 출산율은 낮아지고 노인 인구는 늘어나는 상황에서, 연금 보험료를 납부하는 인구는 감소하고 연금을 받아야 하는 인구는 증가하고 있습니다. 이러한 구조에서는 연금 재원이 고갈될 수밖에 없습니다.

이 때문에 절세계좌 가운데서도 연금계좌는 핵심적인 위치를 차지합니다. 국민연금연구원의 자료에 따르면 25년 기준 1인 가구 기준 최소 생계비는 136만 원, 적정 생활비는 192만 원으로 제시되어 있습니다. 그러나 국민연금의 평균 수령액은 월 60만 원 수준에 불과합니다. 이는 최소한의 생활을 유지하기에도 부족한 금액입니다.

결국 은퇴 이후에도 생활비의 많은 부분을 근로소득에 의존할 수밖에 없는 구조가 만들어지고 있으며, 개인연금은 선택이 아닌 필수에 가까워지고 있습니다. 정부가 절세계좌를 통해 개인연금을 장려하는 이유가 바로 여기에 있습니다.

또 하나의 배경은 국민의 자산 증식을 장려하려는 목적입니다. ISA계좌가 이러한 역할을 수행하기 위해 만들어진 계좌입니다. 일정한 세제 혜택을 제공함으로써, 국민이 미리 자산을 형성하고 장기적으로 금융 자산을 축적하도록 유도하고 있습니다.

마지막으로 금융시장 활성화라는 목적도 빼놓을 수 없습니다. 현재 우리나라에서는 코스피 5천을 목표로 한 정책적 방향성이 추진되고 있습니다. 이를 위해서는 정책적 개선뿐만 아니라 시장에 자금이 꾸준히 유입되고, 쉽게 빠져나가지 않는 구조가 필요합니다.

연금계좌나 ISA와 같은 절세계좌가 바로 장기 자금이 지속적으로 시장에 머무를 수 있는 환경을 만들어 줍니다. 이러한 자금이 쌓여야 금융시장의 규모가 커지고, 자본시장의 안정성도 함께 높아질 수 있습니다. 저는 절세계좌가 금융시장 전체를 뒷받침할 수 있는 구조라는 점에서 보았을 때 정부에서 앞으로도 제도를 보완하고 더 나은 혜택을 제공할 가능성이 크다고 생각합니다.

이 모든 배경을 종합해 보면, 절세계좌는 정부가 세제 혜택을 통해 장기 자금의 흐름을 유도하고자 만든 제도라고 이해할 수 있습니다. 개인에게는 노후와 자산 형성을 준비하는 수단이 되고, 사회 전체로 보면 연금과 금융시장의 구조적 부담을 완화하는 장치가 됩니다. 결국 절세계좌는 개인의 자산 계획과 사회의 구조적 필요가 맞닿아 있는 지점에 놓인 제도적 성격의 상품인 것 입니다.

| 다섯 가지 절세 장치

절세계좌에는 다섯 가지 주요 세제 혜택이 존재합니다. 이 혜택들은 절세계좌에만 국한된 개념이 아니라, 앞으로 투자를 이어가는 과정에서 반복적으로 접하게 될 중요한 절세 용어이기도 합니다.

첫 번째는 세액공제입니다.

연말정산으로 익숙한 세액공제는 소득공제와 달리, 과세표준을 줄여주는 수준이 아니라 최종적으로 확정된 세금 자체를 줄여주는 방식입니다. 줄어든 세금은 환급의 형태로 체감할 수 있기 때문에 매우 직접적이고 강력한 혜택이라고 할 수 있습니다.

두 번째는 비과세입니다.

비과세는 내야 할 세금 자체를 면제해 주는 것으로, 장기 투자에서는 복리 효과를 극대화하는 데 결정적인 역할을 합니다. 세금을 내지 않고 수익이 다시 재투자되기 때문에 시간이 지날수록 그 차이는 크게 벌어집니다.

세 번째는 분리과세입니다.

분리과세는 소득 규모와 상관없이 특정 소득을 별도로 떼어내 과세하는 방식입니다. 소득이 늘어날수록 세율이 높아지는 구조 속에서, 분리과세는 투자 규모가 커질수록 체감 효과가 커지는 혜택입니다.

네 번째는 과세이연 효과입니다.

과세이연은 세금을 나중으로 미뤄주는 혜택으로, 당장 내야 할 세금을 유예해 준다는 점에서 비과세와 유사한 효과를 냅니다. 현재의 자금을 최대한 투자에 활용할 수 있다는 점에서 장기 투자에 유리합니다.

마지막은 저율과세입니다.

일반적인 세율이 아닌 훨씬 낮은 세율로 과세하는 혜택으로, 절세계좌의 수익률을 높여 주는 요소 중 하나입니다.

이러한 각각의 세제 혜택은 단독으로 보면 당장은 크지 않은 차이처럼 보일 수 있습니다. 하지만 투자 기간이 길어지고 복리 효과가 더해지면, 이 작은 세금의 차이는 시간이 흐를수록 눈덩이처럼 불어나 결국 전체 수익률의 현격한 차이를 만들어내게 됩니다.

세금을 아끼는 것은 단순히 비용을 줄이는 행위를 넘어, 그만큼의 자산을 다시 투자 원금에 합류시켜 수익의 속도를 높이는 과정입니다. 결국 절세계좌를 제대로 활용하느냐의 여부가 시간이 흐른 뒤 내 자산이 커지는 속도와 최종적인 성과를 결정짓는 핵심적인 차이가 될 것입니다.

| 절세계좌가 만들어 주는 투자 환경

이번에는 절세계좌를 이해하는 데 있어 가장 중요한 요소인 '투자환경' 이야기를 해보겠습니다. 절세계좌를 단순히 세금을 아끼는 수단으로만 이해하면 이 계좌의 핵심을 놓치게 됩니다. 절세계좌에서 가장 중요한 요소는 세제 혜택 그 자체가 아니라, 그 계좌가 만들어 주는 '투자환경'이기 때문입니다. 투자는 결국 사람이 하는 일이고, 사람은 언제나 감정과 본능에 영향을 받습니다. 그렇기 때문에 개인의 의지에만 기대기보다는, 올바른 행동을 반복할 수 있도록 설계된 환경을 활용하는 것이 훨씬 현실적인 접근입니다.

절세계좌에는 분명 여러 제약이 존재합니다. 가입 기간의 제한이 있고, 납입에도 한도가 있으며, 투자할 수 있는 상품 역시 자유롭지 않습니다. 많은 투자자들이 이러한 제약을 불편함으로 받아들이지만, 투자 환경이라는 관점에서 보면 이 제약들은 의외로 중요한 역할을 합니다. 자유도가 낮다는 것은, 반대로 말하면 충동적인 선택을 하기 어렵다는 뜻이기도 합니다. 이 제약들을 어떻게 환경의 장점으로 활용해야 하는지, 이어서 살펴 보겠습니다.

먼저 기간의 제약입니다.

절세계좌에는 일정 기간 계좌를 유지해야 하는 의무 가입 기간이 존재합니다. 세제 혜택을 온전히 누리기 위해서는 정해진 기간 계좌를 유지해야 하며, 무엇보다 중도에 계좌를 함부로 해지하기 어려운 구조로 설계되어 있습니다. 이러한 제약은 자금을 손쉽게 빼내거나 투자를 중도포기 하지 않게 함으로써, 결과적으로 투자자가 장기 투자를 끝까지 지속할 수 있도록 돕는 실질적인 장치가 됩니다.

장기 투자가 중요하다는 사실은 누구나 알고 있지만, 실제로 끝까지 실천하는 사람은 많지 않습니다. 시장이 흔들릴 때마다 불안해지고, 당장의 손익에 마음이 요동치기 때문입니다. 그러나 장기 투자는 복리 효과가 작동할 수 있는 필수 전제 조건이며, 복리에서 가장 중요한 요소는 시간입니다. 절세계좌는 이 시간을 투자자에게 강제로 확보해 주는 장치라고 볼 수 있습니다.

다음으로 납입 구조입니다.

절세계좌는 원하는 시점에 큰 금액을 자유롭게 넣고 빼기 어렵습니다. 이로 인해 투자 방식은 자연스럽게 적립식 투자로 이어집니다. 적립식 투자는 특정 시점을 예측하지 않고, 일정한 간격으로 꾸준히 자금을 투입하는 방식입니다.

시장의 상승과 하락에 관계없이 꾸준히 자금을 투입하다 보면, 매수 가격은 자연스럽게 평균에 수렴하며 단기적인 가격 변동에 따른 심리적 부담이 줄어듭니다. 이는 자산의 리스크를 분산시키는 효과로 이어지며, 전체적인 투자 과정을 보다 안정적으로 만들어 줍니다.

마지막으로 상품의 제약입니다.

절세계좌에서는 개별 기업에 대한 직접 투자가 제한되고, 지수 중심의 ETF 투자를 할 수밖에 없는 구조입니다. 이는 처음에는 선택의 폭이 좁아 보일 수 있지만, 투자 환경 측면에서는 오히려 장점으로 작용합니다. 개별 주식 투자는 특정 기업의 상황 변화에 따라 큰 변동성을 감수해야 하지만, 지수 투자는 산업이나 국가 단위에 투자하는 방식이기 때문에 상대적으로 안정적입니다. 또한 ETF 투자는 개별 기업 분석에 많은 시간을 들이지 않아도 되며, 투자 판단을 단순화해 줍니다. 절세계좌는 이러한 ETF 중심의 투자를 자연스럽게 전제로 깔고 있습니다.

많은 사람들이 목표를 세웁니다. 하지만 그 목표를 끝까지 지켜내는 사람은 많지 않습니다. 투자에서는 특히 그렇습니다. 주식 투자는 감정에 취약한 영역이기 때문에, 스스로를 과신하는 순간 판단은 쉽게 흔들립니다. 그래서 중요한 것은 '나를 믿는 것'이 아니라, '나를 흔들리지 않게 만드는 환경'을 만드는 것입니다. 절세계좌는 바로 그 역할을 하는 계좌입니다. 이 계좌를 단순한 절세 수단이 아니라, 투자 행동을 관리해 주는 환경으로 인식하는 순간, 절세계좌의 진짜 가치가 드러나기 시작합니다.

| 무엇에 투자해야 할까

절세계좌에서는 채권, 펀드, 예금, 리츠, ETF 등 생각보다 다양한 상품에 투자할 수 있습니다. 하지만 이 많은 상품 중에서 오직 ETF 중심의 투자만을 강조하고 싶습니다. 절세계좌는 기본적으로 '적립식 장기 투자'를 전제로 운용해야 하는 계좌입니다. 이런 장기적인 관점에서 바라본다면 가격의 변동성은 결국 '시간의 힘'에 의해 상쇄되기 마련입니다. 즉, 절세계좌 안에서 만큼은 자산을 채권이나 예금 등으로 잘게 쪼개어 분산하는 것은 큰 실익이 없다는 뜻입니다. 우리가 추구해야 할 것은 구조적인 안정성을 지키면서도 인플레이션을 상회하는 확실한 수익입니다. 그리고 그 목적에 가장 부합하는 것이 바로 주식형 자산인 ETF입니다.

특히 국내상장 해외 ETF가 활용도가 높습니다. 절세계좌에서는 세금이 발생하는 상품을 담는 것이 유리하기 때문입니다. 이를 이해하기 위해서는 상품별 세제 혜택의 구조적 차이를 먼저 살펴볼 필요가 있습니다.

<절세계좌 상품에 적용되는 세금구조>

구 분	양도 소득세	배당소득세	비 고
미국시장 직접투자	비과세 250만 원 초과 시 22%	15%	투자불가
국내주식 (국내 ETF)	비과세	15.4% → 비과세	배당우선
국내상장 해외 ETF	15.4% → 비과세	15%	시세차익우선

먼저 국내상장 해외 ETF의 경우, 일반 계좌에서는 매매차익에 대해 배당소득으로 분류되는 세금(15.4%)이 부과됩니다. 하지만 절세계좌를 활용하면 과세이연 혜택을 통해 사실상 비과세 혜택을 누릴 수 있으며, 금융소득종합과세 대상에서 제외될 수 있습니다. 다만, 배당금에 대해서는 15%의 외납세액이 원천징수 된다는 점이 유일한 아쉬움으로 남습니다.

반면, 순수 국내 주식으로 구성된 ETF는 절세계좌 내에서 배당금 비과세 혜택을 온전히 받을 수 있습니다. 배당 투자 측면만 놓고 본다면 국내 ETF 구조가 더 유리해 보일 수 있습니다. 하지만 여기에는 반전이 있습니다. 국내 주식형 ETF는 일반 계좌에서 운용하더라도 매매차익에 대해서는 원래 비과세입니다. 따라서 시세차익만을 목적으로 한다면, 굳이 절세계좌에서 국내 ETF를 담아야 할 이유는 크지 않습니다. 결국, 국내 ETF는 시세차익보다는 '배당 투자'를 전제로 했을 때 절세계좌에서의 활용도가 비로소 높아지는 것입니다.

이러한 세제 구조를 고려할 때, 이제 막 투자를 시작하는 단계라면 안정적인 배당 수익보다는 자본의 덩어리를 키워나가는 시세차익형 국내상장 해외ETF 투자를 기준으로 삼는 것이 자연스럽습니다. 투자 초기에는 배당금이 주는 체감 효과가 제한적인 반면, 자산의 성장성은 장기적인 결과에 압도적인 차이를 만들어내기 때문입니다.

국내상장 해외 ETF를 선택 해야하는 이유는 단지 세금 때문만은 아닙니다. 이 상품이 세계에서 가장 강력한 성장을 보여주는 미국이라는 시장에 올라탈 수 있는 수단이기 때문입니다.

미국 시장은 세계에서 가장 큰 자본시장으로, 시가총액 상위 기업 대부분이 포진해 있습니다. 또한 오랜 기간 동안 숱한 위기를 극복하며 우상향해 온 역사적 흐름을 가지고 있습니다. 우리는 미래를 예측할 수는 없지만, 과거의 데이터를 바탕으로 합리적인 선택을 할 수는 있습니다. 역사적으로 증명된 미국의 성장성을 절세계좌라는 유리한 틀에 담아 장기적인 성과를 만들어 가는 것, 이것이 국내 상장 해외 ETF가 중요한 선택지가 되는 이유입니다.

| ETF 상품 종류 (추천)

이제 마주하게 되는 고민은 어떤 ETF를 선택해야 하는가입니다. 시장에는 다양한 상품이 존재하지만, 초보 투자자가 모든 상품을 처음부터 비교하고 이해하기는 쉽지 않습니다. 특히 절세계좌를 처음 활용하는 단계에서는 선택의 폭이 넓다는 점 자체가 오히려 부담으로 작용할 수 있습니다. 이에 따라 상품 선택에 어려움을 느끼는 분들을 위해, 실제로 시장에서 가장 많이 거래되고 있는 ETF 상품들을 중심으로 몇 가지 선택지를 정리해 드리고자 합니다. 각 상품의 성격과 변동성(★)을 참고하여 자신에게 꼭 맞는 상품을 찾아보시기 바랍니다.

[기본형] S&P500(★)

가장 기본적이고 우선적으로 고려해야 할 선택지는 미국 S&P 500 지수를 추종하는 ETF입니다. 미국 상위 500개 우량 기업에 분산 투자하는 구조로, 주식형 자산 중에서는 변동성이 상대적으로 낮은 편에 속합니다. 이미 전 세계 수많은 투자자에게 검증된 지수이며, 장기적인 관점에서 가장 무난하고 실패 확률이 낮은 투자 방법으로 통합니다. ETF 상품을 선택할 때는 '순자산 규모'를 기준으로 삼는 것이 좋습니다. 규모가 크고 인기 있는 상품일수록 자금이 안정적으로 운용되며, 거래가 원활하기 때문입니다. 아래는 국내에 상장된 대표적인 S&P 500 ETF입니다.

상품명	순자산 (억)
TIGER 미국 S&P500	106,462
KODEX 미국 S&P500	60,983
ACE 미국 S&P500	26,417
RISE 미국 S&P500	12,163

[성장형] 나스닥100(★★)

조금 더 높은 성장을 원한다면 나스닥 100 ETF가 있습니다. 나스닥 시장의 시가총액 상위 100개 기업으로 구성되어 있으며, 금융주를 배제하고 기술주 위주로 포진되어 있습니다. 기술 기업의 특성상 S&P 500보다 변동성은 높지만, 상승장에서는 더 높은 탄력성을 보여줍니다.

상품명	순자산 (억)
TIGER 미국나스닥100	65,040
KODEX 미국나스닥100	38,409
ACE 미국나스닥100	21,584
RISE 미국나스닥100	12,524

[공격형] 미국빅테크(★★★)

시장 전체보다 시장을 이끄는 핵심 기업에 집중하고 싶다면 미국 빅테크 ETF가 적합합니다. 엔비디아, 애플, 마이크로소프트 등 현재의 기술 혁신을 주도하는 7개 또는 10개 내외의 소수 정예 기업에 투자합니다. 미국 증시 내 비중이 큰 대장주들로 구성되어 있어 변동성은 크지만, 그만큼 높은 기대 수익률을 추구하는, 성격이 아주 분명한 상품군입니다.

상품명	순자산 (억)
ACE 미국 빅테크TOP7 Plus	9,421
KODEX 미국 빅테크10(H)	7,459
TIGER 미국 AI 빅테크10	2,176

[테마형] 필라델피아반도체(★★★★)

특정 섹터에 투자하는 방식 중에서는 필라델피아 반도체 지수 ETF가 대표적입니다. 반도체 산업을 대표하는 약 30개 기업으로 구성되며, 현대 산업의 핵심인 IT 및 AI 분야와 밀접하게 연관되어 있습니다. 강력한 성장 잠재력을 가졌으나, 산업 사이클에 따른 변동성이 매우 크다는 점을 감안해야 합니다.

상품명	순자산 (억)
TIGER 미국 필라델피아 반도체 나스닥	30,710
TIGER 미국 필라델피아 AI 반도체 나스닥	7,798
KODEX 미국 반도체	6,334

절세계좌의 세제 특성을 기준으로 고려할 수 있는 선택지로는 미국 배당 다우존스 ETF와 국내 고배당주 ETF가 있습니다.

[배당금 과세] 미국배당다우존스

미국 시장에서 'SCHD(슈드)'로 유명한 이 상품은 재무 건전성이 뛰어나고 배당을 꾸준히 늘려온 우량 기업에 투자하는 상품입니다. 낮은 변동성과 안정적인 배당이 강점이지만 미국 주식 기반이므로 발생하는 배당금에 대해 과세(외납세액)가 이루어진다는 점은 유의해야 합니다. 절세계좌의 세제 혜택을 100% 누리기에는 구조적인 한계가 있지만, 상품 자체의 안정성 덕분에 여전히 많은 사랑을 받고 있습니다.

상품명	순자산 (억)
TIGER 미국 배당 다우존스	22,145
SOL 미국 배당 다우존스	7,576
ACE 미국 배당 다우존스	6,427
KODEX 미국 배당 다우존스	3,584

[배당금 비과세] 국내 배당주

반면 국내 고배당주 ETF는 절세계좌 내에서 배당소득 비과세 혜택을 받을 수 있다는 강력한 장점이 있습니다. 코스피 고배당 종목 위주로 구성되며, 최근 정부의 밸류업 프로그램 등 주주 환원 정책 강화 흐름에 맞춰 재조명받고 있습니다. 오랫동안 횡보해 온 국내 시장의 특성은 고려해야 하지만, '절세'라는 관점에서는 가장 효율적인 선택지 중 하나입니다.

상품명	순자산 (억)
PLUS 고배당주	17,351
KODEX 고배당주	3,170
PLUS 자사주매입고배당주	990

결국 절세계좌에서의 ETF 선택은 상품의 단기적인 수익률이나 인기도보다, 해당 자산을 투자자가 얼마나 이해하고 신뢰할 수 있는가에 달려 있습니다.

비록 변동성이 큰 자산이더라도 투자자가 그 구조와 방향성을 확실히 납득하고 있다면 장기 투자는 얼마든지 가능합니다. 반대로 아무리 좋은 자산이더라도 시장 변동에 믿음이 흔들린다면, 그 자산은 장기적으로 나에게 맞지 않는 상품입니다.

절세계좌 투자는 단순히 종목을 사는 행위가 아닙니다. 내가 믿을 수 있는 자산을 선택하고, 그 선택을 묵묵히 지속해 나가는 '과정'임을 기억해야 합니다.

| 왜 결국 절세계좌인가?

절세계좌를 활용하는 사람과 그렇지 못한 사람의 차이는 시간이 지날수록 분명해집니다. 같은 자산에 투자하더라도, 어떤 그릇에 담았느냐에 따라 최종 결과가 달라지기 때문입니다.

물론 절세계좌가 수익률을 마법처럼 높여 주는 도구는 아닙니다. 하지만 장기 투자에 최적화된 환경을 제공하고, 세금이라는 불필요한 마찰을 줄여 줍니다.

투자의 본질은 단순합니다. 내가 신뢰하는 자산에, 내가 감당할 수 있는 방식으로, 오래 머무르는 것입니다. 절세계좌는 우리가 이 원칙을 지킬 수 있도록 돕는 가장 강력한 제도적 장치입니다. 이 환경을 이해하고 적극적으로 활용하는 것이야말로, 장기적인 투자 목표에 가장 현실적이고 빠르게 다가가는 지름길일 것입니다.

연금 계좌, 은퇴 이후를 설계하다

이번 장에서는 연금 계좌에 대해 자세히 살펴보겠습니다.

연금 계좌는 연금저축과 IRP 두 가지 계좌를 합쳐 부르는 개념입니다. 이 두 계좌는 구조적으로는 서로 다른 성격을 가지고 있지만, 개인이 노후를 준비하기 위한 수단이라는 점에서는 동일한 목적을 가지고 있습니다. 다시 말해 연금 계좌란, 은퇴 이후 공적 연금이나 군인연금만으로는 부족할 수 있는 현금 흐름을 보완하기 위해 개인이 스스로 준비하는 사적 연금의 핵심 수단이라고 할 수 있습니다.

특히 은퇴 이후에도 매달 안정적인 현금 흐름을 확보하고자 하는 분들이라면, 이 연금 계좌의 구조와 특징을 정확히 이해하고 활용하는 것이 매우 중요합니다.

| 연금의 구조를 이해해야 하는 이유

<연금 피라미드>

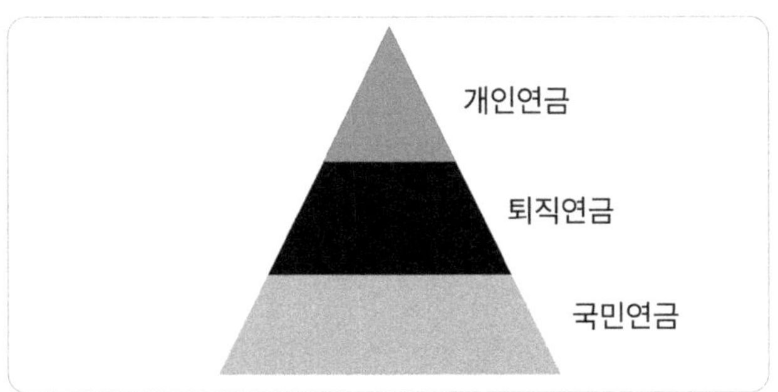

연금 계좌를 이해하기 위해서는 먼저 연금의 전체 구조부터 살펴볼 필요가 있습니다. 흔히 이를 연금 피라미드라고 부릅니다.

피라미드의 가장 아래층에는 공적 연금이 위치합니다. 이는 기본적인 생계를 유지하기 위해 국가가 보장하는 연금으로, 대표적으로 국민연금이 여기에 해당합니다. 공적 연금은 말 그대로 '기본 생활'을 위한 장치라고 볼 수 있습니다.

그 위 2층에는 퇴직연금이 자리하고 있습니다. 이는 기업이 근로자의 노후를 위해 마련해 주는 연금으로, 근로소득자가 대상이 됩니다. 공적 연금보다 한 단계 더 안정적인 생활을 목적으로 하는 연금입니다.

그리고 가장 위 3층에는 개인 연금이 있습니다. 개인 연금은 여유 있는 노후 생활을 위해 개인이 직접 준비하는 연금입니다. 오늘 우리가 다루는 연금저축과 IRP는 바로 이 개인 연금에 해당합니다.

이 구조를 굳이 설명하는 이유는 단순히 개념을 알기 위함이 아닙니다. 연금의 층위에 따라 적용되는 세율과 세법, 과세 방식이 모두 다르기 때문입니다. 따라서 연금 계좌를 제대로 활용하기 위해서는 이 구조를 최소한의 개념으로라도 이해하고 있는 것이 매우 중요합니다.

| 연금저축펀드, 선택이 아닌 필수

연금계좌 중 첫 번째로 살펴볼 것은 연금저축펀드입니다. 연금저축이라는 큰 틀 안에는 연금저축신탁, 연금저축보험, 연금저축펀드가 포함되어 있습니다.

연금저축신탁과 연금저축보험은 각각 은행과 보험사에서 운영하는 상품입니다. 이 상품들의 공통점은 금융기관이 투자자의 자금을 간접적으로 운용한다는 점입니다. 즉, 투자자가 직접 운용하지 않고 금융기관이 대신 운용해 주는 구조입니다.

이러한 간접 운용 구조에서는 필연적으로 운용 수수료가 발생합니다. 또한 투자할 수 있는 상품에도 제약이 따르기 때문에, 장기적으로 기대할 수 있는 수익률 역시 제한적일 수밖에 없습니다.

반면 연금저축펀드는 투자자가 직접 운용의 주체가 됩니다. 상품 선택부터 자산 배분까지 스스로 결정할 수 있기 때문에, 보다 적극적인 운용이 가능합니다. 실제로 연금저축 상품 전체 평균 수익률이 약 3.7%인 반면, 연금저축펀드는 7.6% 수준이라는 점은 이러한 구조적 차이를 잘 보여줍니다.

그럼에도 불구하고 현재 연금저축 상품의 절반 이상은 여전히 보험 상품이 차지하고 있습니다. 하지만 투자의 주도권, 수수료 구조, 수익률을 종합적으로 고려했을 때 개인이 선택해야 할 방향은 분명합니다. 연금저축펀드는 선택이 아니라 필수라고 볼 수 있습니다.

| IRP, 개인형 퇴직 연금

연금 계좌의 두 번째 축은 IRP입니다. IRP는 본래 근로소득자의 퇴직금을 관리하기 위해 만들어진 계좌입니다. 직장을 옮길 때마다 발생하는 퇴직금을 한 계좌에 모아 관리하는 주머니 역할을 합니다.

하지만 IRP에는 퇴직금 외에도 개인이 추가로 납입할 수 있는 기능이 있습니다. 이 추가 납입 기능은 연금저축펀드와 거의 동일한 구조를 가지고 있습니다. 따라서 계좌의 출발점은 다르지만, 개인이 운용하는 관점에서는 연금저축펀드와 매우 유사한 계좌라고 볼 수 있습니다.

| 연금계좌의 운용구조

연금 계좌의 운용 구조는 나만의 사설 연기금을 운영하는 것과 같습니다. 투자금을 납입하고, 그 자금으로 다양한 상품을 매수해 운용하며 자산을 불려 나갑니다. 이렇게 불어난 자산은 은퇴 후 나의 소중한 노후 재원이 되어, 매달 월급처럼 수령하게 됩니다.

이 단순해 보이는 구조를 이해하는 것이 왜 중요할까요? 연금 계좌를 단순히 '돈을 묶어두는 통장'으로만 바라보면, 긴 납입 기간과 인출 제한은 그저 답답한 제약으로만 느껴질 뿐입니다. 하지만 이 계좌를 '생애 주기에 맞춰 자산을 배분하고 인출하는 평생 시스템'으로 인식한다면 이야기는 달라집니다.

내가 곧 연기금의 운용자가 되어, 젊을 때는 자산을 불리는 데 집중하고 은퇴 후에는 안정적인 현금 흐름을 창출하는 구조를 설계하는 것. 이것이 바로 연금 계좌 운용의 핵심입니다. 이 큰 그림을 그릴 수 있어야만 지루한 장기 투자의 과정을 흔들림 없이 완주할 수 있습니다.

<연금계좌 특징>

<table>
<tr><th>구분</th><th>연금 저축</th><th>IRP</th><th>비 고</th></tr>
<tr><td>가입 대상</td><td>제한없음</td><td>근로소득자</td><td></td></tr>
<tr><td>가입 기간</td><td colspan="2">5년 이상</td><td></td></tr>
<tr><td>연금 개시</td><td colspan="2">만 55세 이후 10년 이상</td><td></td></tr>
<tr><td>투자 상품</td><td colspan="2">펀드, 리츠, 채권, MMF, ETF 등</td><td>IRP는 안전자산 30% 필수
(채권,예금, TDF 등)</td></tr>
<tr><td>납입 한도</td><td colspan="2">연 최대 1,800만원</td><td></td></tr>
<tr><td>세액공제
한도</td><td>연 600만원</td><td>연 900만원</td><td>합산 900만원</td></tr>
<tr><td>세액 공제율</td><td colspan="2">총 급여 5,500 이하 16.5%
총 급여 5,500 이상 13.2%</td><td>최대 148만원
최대 118만원</td></tr>
<tr><td>운용 소득세</td><td colspan="2">비과세</td><td>해외지수ETF 원천징수</td></tr>
<tr><td>연금수령시
세율</td><td colspan="2">만 80세 이상 3.3%
만 70세 ~ 39세 4.4%
만 55세 ~ 69세 5.5%</td><td></td></tr>
<tr><td>연금소득
과세</td><td colspan="2">연 1,500만원 초과
종합과세 분리과세(16.5%)
선택가능</td><td></td></tr>
<tr><td>중도인출</td><td>가능</td><td>불가능
(법정사유 필요)</td><td>세액공제 및 운용소득의
16.5% 기타소득세 부과</td></tr>
</table>

| 연금저축펀드와 IRP, 무엇이 같고 무엇이 다를까?

연금저축펀드와 IRP는 분명 몇 가지 차이점은 있지만, 큰 틀에서 보면 사실상 동일한 특징을 가진 계좌라고 할 수 있습니다. 두 계좌 모두 '노후 준비'라는 궁극적인 목적과

세제 혜택의 구조가 같기 때문입니다. 따라서 두 계좌를 복잡하게 구분하기보다는 하나의 큰 줄기 안에서 이해하는 것이 좋습니다. 다만 실전 활용을 위해 꼭 구분해야 할 몇 가지 디테일한 차이점이 있는데, 이 부분은 아래에서 하나씩 짚어보겠습니다.

계좌가입과 연금수령

먼저 가입 대상입니다. 연금저축펀드는 소득 요건 없이 누구나 가입할 수 있지만, IRP는 근로소득이 있어야 가입이 가능합니다. 두 계좌 모두 최소 5년 이상 유지해야 하며, 연금 개시는 만 55세 이후부터 가능합니다. 다만 연금은 한 번에 전액을 수령할 수 있는 구조가 아니라, 최소 10년 이상에 걸쳐 나누어 수령해야 합니다. 즉, 55세는 투자의 마침표가 아니라, 연금 수령의 시작점일 뿐입니다. 따라서 수령이 완료되는 시점까지 고려한다면 생각보다 훨씬 더 긴 시간적 여유를 가지고 이 계좌를 바라보아야 합니다.

투자상품과 IRP 안전자산 30% 룰

연금계좌에서 투자할 수 있는 상품은 다양합니다. 하지만 앞서

강조했듯, '장기·적립식 투자'라는 절세계좌의 환경과 목적을 고려할 때, 핵심은 결국 물가 상승률을 뛰어넘는 수익을 기대할 수 있는 '주식형 자산(ETF)'이 되어야 합니다.

투자 상품 구성에서 연금저축펀드와 IRP의 가장 큰 차이가 드러납니다. 연금저축펀드는 자산의 100%를 주식형 ETF와 같은 공격적인 주식형 자산으로 구성할 수 있습니다 하지만 IRP는 반드시 전체 자산의 30%를 안전자산으로 편입해야 한다는 의무 규정이 있습니다.

따라서 IRP는 전부를 주식형 ETF로 구성할 수 없으며, 채권이나 예금과 같이 안전자산으로 분류되는 상품을 최소 30% 편입해야 합니다. 이는 자산의 안정성을 높여주지만, 공격적인 투자 성향을 가진 분들에게는 수익률을 제한하는 단점으로 작용할 수도 있습니다.

납입한도와 세액공제

연금계좌의 연간 납입 한도는 두 계좌를 합쳐 최대 1,800만 원입니다. 이 중에서 세액공제혜택을 받을 수 있는 한도는 연금저축이 600만 원, IRP가 900만 원이며, 두 계좌를 함께 활용할 경우, 합산하여 최대 900만 원까지 세액공제를 받을 수 있습니다.

예를 들어, 연금저축에 먼저 600만 원을 납입하고, 남은 300만원은 IRP에 납입하여 900만원 한도를 맞추는 방식으로 운용할 수 있습니다. IRP는 안전자산 30% 룰과 인출 제약이 있기 때문에, 상대적으로 제약이 덜한 연금저축펀드에 비중을 높이는 것이 일반적입니다.

세액공제율

세액공제율은 소득 수준에 따라 다르게 적용됩니다. 총급여 5,500만 원을 이하일 경우 16.5%, 이를 초과할 경우 13.2%가 적용됩니다. 세액공제 한도인 900만 원을 기준으로 계산해보면, 최대 약 148만 원을 연말정산 시 환급받을 수 있으며, 보수적으로 13.2%를 적용하더라도 약 118만 원 가량을 돌려받게 됩니다.

이러한 세액공제 혜택은 연금계좌의 핵심적인 장점 중 하나입니다. 또한 계좌 내에서 운용되는 동안 발생하는 수익에 대해서는 세금을 떼지 않는 '과세이연' 혜택이 적용됩니다. 다만, 해외 지수를 추종하는 ETF 등 에서 발생하는 배당금(분배금)의 경우, 현지에서 원천징수 되는 세금(15%)은 제외하고 입금된다는 점은 참고할 필요가 있습니다.

연금수령과 사적연금 한도

연금을 수령할 때 적용되는 세율은 나이에 따라 3.3%에서 5.5% 수준으로, 이는 일반적인 세율보다 훨씬 낮은 저율과세에 해당합니다. 운용 기간 동안에는 세금을 내지 않고 수익을 재투자하다가, 연금을 수령 할 때도 낮은 세율을 적용받으므로 복리 효과와 절세 효과를 동시에 누리는 구조입니다.

이렇게 수령 받는 연금은 '사적연금'으로 분류되며, 연간 수령 한도는 1,500만 원입니다. 만약 이 금액을 초과하여 수령하게 되면, 연금 수령액 전액이 종합과세가 되거나 16.5%의 분리과세를 선택해야 합니다. 이는 3.3~5.5%의 연금소득세보다 세 부담이 훨씬 커지게 됩니다. 따라서 연간 1,500만 원이라는 한도는 연금 수령 계획의 중요한 기준점이 되며, 가급적 이 한도 내에서 수령 계획을 세우는 것이 유리합니다.

중도인출

마지막으로 살펴볼 특징은 중도 인출입니다. 안전자산 30% 룰에 이어, 연금저축펀드와 IRP의 두 번째로 큰 차이점이 드러나는 부분입니다.

연금저축펀드는 기본적으로 언제든 중도 인출이 가능합니다. 반면 IRP는 원칙적으로 중도 인출이 불가능하며, 법에서 정한 사유(질병, 요양, 무주택자의 주택 구입 등)에 해당하는 경우에만 예외적으로 인출이 허용됩니다. 자금 운용의 유연성 측면에서는 연금저축이 훨씬 유리한 구조인 셈입니다.

하지만 연금저축펀드라고 해도 중도 인출 시에는 페널티가 발생합니다. 하지만 연금저축이라 해도 중도 인출에는 대가가 따릅니다. 세액공제 혜택을 받은 금액과 운용 수익을 인출할 경우, 16.5%의 기타소득세가 부과됩니다. 급할 때 꺼내 쓸 수 있다는 장점은 있지만, 세금이라는 페널티가 발생한다는 점을 반드시 기억해야 합니다.

이러한 점을 감안했을 때, 연금계좌를 운용할 때 절대로 해서는 안 되는 행동 중 하나가 바로 중도 인출이나 해지라고 할 수 있습니다. 계좌별로 인출 가능 여부에는 차이가 존재하지만, 기본적으로 두 계좌 모두 장기 운용을 전제로 설계된 제도이기 때문입니다. 따라서 연금저축이든 IRP든 공통적으로 해지나 중도 인출은 하지 않는 것을 원칙으로 삼아야 하며, 연금계좌는 끝까지 유지했을 때 비로소 제도의 혜택을 온전히 누릴 수 있는 구조라는 점을 꼭 기억해 주시기 바랍니다.

| 변액연금보험 vs 연금계좌, 출발선이 다른 싸움

또 다른 개인연금 상품인 변액연금보험과 연금계좌를 비교해보겠습니다. 변액연금보험은 보험이라는 상품명에서도 알수 있듯이 보험사에서 운영하는 상품입니다. 보험사가 자산을 대신 운용해 주는 간접 투자 방식은 필연적으로 적지 않은 비용이 발생합니다. 실제로 변액연금보험은 납입 금액의 약 15% 수준을 '사업비' 명목으로 차감합니다. 예를 들어 100만 원을 납입한다면, 약 15만 원이 사업비로 먼저 빠져나가고 남은 85만 원만이 실제 운용에 투입되는 구조입니다.

반면 연금계좌는 구조가 완전히 다릅니다. 비용을 떼기는커녕, 납입 금액에 대해 16.5% 또는 13.2%의 세액공제 혜택을 돌려받습니다. 이는 사실상 '확정수익'을 안고 시작하는 것과 같습니다.

반대로 변액연금보험은 납입 시점부터 사업비만큼의 '확정손실'을 안고 시작해야 합니다. 출발선 자체가 다른 것입니다. 이 차이는 당장 눈앞의 금액 차이로 끝나지 않습니다. 복리 효과가 작용하는 장기 투자에서, 초기 자본의 차이는 시간이 지날수록 좁힐 수 없는 거대한 격차로 벌어지게 됩니다.

운용 수수료 또한 무시할 수 없는 요소입니다. 변액연금보험은 대부분 펀드 형태로 운용되는데, 펀드는 구조적으로 수수료가 높은 편입니다. 하지만 연금계좌에서는 ETF를 통해 직접 운용할 수 있으며, ETF의 수수료는 일반 펀드 대비 약 10분의 1 수준으로 훨씬 저렴합니다.

비용, 세제 혜택, 그리고 운용의 효율성까지. 이 모든 조건을 따져봤을 때, 현존하는 개인연금 상품 중 연금저축펀드와 IRP보다 우수한 상품은 없다고 단언할 수 있습니다. 시중의 수많은 연금 상품 광고에 현혹될 필요는 없습니다. 개인연금을 준비한다는 명확한 목표가 있다면, 연금저축펀드를 중심으로 접근하는 것이 가장 확실한 정답이며, 현재까지 이보다 더 나은 대안은 없다고 확신합니다.

| 투자여력에 따른 연금 계좌 활용가이드

연금계좌는 분명 강력한 절세 수단이지만, 그렇다고 해서 무조건 한도를 꽉 채우는 것이 정답은 아닙니다. 개인의 소득 수준과 투자 여력에 따라 최적의 전략은 달라지기 마련입니다. 이에 연령대와 상황에 딱 맞는 단계별 활용법을 정리했습니다.

투자 여력이 없는 경우(20~30대)

이제 막 돈을 벌기 시작한 사회초년생이나 투자 여력이 크지 않은 20~30대라면, 연금을 계획하기에는 아직 이르게 느껴질 수 있습니다. 따라서 무작정 연금계좌를 활용하기보다는 먼저 본인의 수입을 기준으로 실제 투자 여력을 계산해 보고, 최종적으로 연금계좌를 활용할 것인지에 대한 선택이 우선되어야 합니다.

만약 연금계좌를 활용하기로 마음먹었다면, 복잡하게 생각할 것 없이 '연금저축펀드' 하나에 집중하는 것이 좋습니다. 이 시기에는 결혼, 주택 마련 등 목돈이 들어갈 일이 많기 때문에, 중도 인출이 불가능한 IRP는 자칫 부담이 될 수 있습니다.

따라서 상대적으로 유연한 연금저축펀드를 우선적으로 활용하되, 연금저축의 세액공제 한도인 '연 600만 원' 범위 내에서 납입해 보는 것을 1차 목표로 삼으시기 바랍니다.

다만, 무조건 한도를 채우기보다 본인의 소득 수준을 반드시 고려해야 합니다. 연 소득이 높지 않다면 결정세액 자체가 적어, 납입

한 금액만큼의 세액공제 혜택을 온전히 누리지 못할 수도 있기 때문입니다.

마지막으로 혹시 연말정산으로 환급금을 돌려받게 된다면 '공돈'이라고 생각해서 써버리지 말고, 반드시 계좌에 재투자해야 복리 효과를 극대화할 수 있습니다.

투자 여력이 있는 경우(30~40대)

다음은 일정 수준의 투자 여력이 있는 30대에서 40대의 활용 방법입니다. 이 경우에는 연금저축펀드와 IRP를 함께 활용하여 합산 세액공제 한도인 900만 원을 모두 채우는 방식으로 접근합니다. 먼저 연금저축펀드에 600만 원을 납입하고, 초과하는 300만 원을 IRP에 납입해 한도를 맞춥니다. IRP는 자산의 30%를 안전자산으로 유지해야 하는 규칙이 있기 때문에, 기대 수익률이 낮아질 수 있다는 점을 고려하여 연금저축펀드의 비중을 더 높게 가져가는 방식입니다.

[TIP] 안전자산 30% 룰, 스마트하게 채우는 방법

IRP에는 안전자산을 반드시 30% 이상 보유해야 한다는 제약이 있습니다. 하지만 안전자산이라고 해서 반드시 예금이나 단순 채권만 고집할 필요는 없습니다. 이 30% 안에서도 주식 비중을 확보하는 방법이 있기 때문입니다.

첫 번째는 주식과 채권이 혼합된 ETF를 활용하는 방법입니다. 안전자산으로 분류되지만 상품 자체에 주식 비중이 일부 포함되어 있기 때문에 규정은 준수하면서도 실질적인 주식 투자 비중을 높이는 효과를 낼 수 있습니다.

두 번째는 TDF(Target Date Fund)를 활용하는 것입니다. 이는 타겟된 은퇴 시점에 따라 자산 배분을 자동으로 조절해 주는 상품입니다. 은퇴까지 기간이 많이 남았을 때는 주식 비중을 높게 가져가며 수익을 추구하고, 은퇴가 가까워질수록 안전자산 비중을 점차 늘리는 구조로 설계되어 있습니다. 액티브하게 운용되는 펀드 특성상 ETF보다 수수료가 높을 수 있어 비용 효율을 고려한다면 혼합형 ETF가 대안이 될 수 있습니다.

투자 여력이 많은 경우(40~50대)

투자 여력이 충분한 40대에서 50대의 경우에는 연금계좌의 최대 납입 한도인 연 1,800만 원을 모두 활용하는 '풀(Full) 납입 전략'이 가능합니다.

우선 세액공제 최대 한도인 900만 원은 앞서 설명한 대로 연금저축펀드와 IRP에 나누어 채워 세액공제 혜택을 챙깁니다. 그리고 남은 한도 900만 원은 다시 연금저축펀드에 추가 납입하는 방식입니다.

이 추가 납입분은 세액공제 혜택은 없지만, 대신 과세이연 효과를 누리며 자산을 불릴 수 있다는 장점이 있습니다. 무엇보다 세제 혜택을 미리 받지 않은 '투자 원금'으로 분류되기 때문에, 목돈이 필요할 때 언제든 페널티 없이 인출할 수 있어 유동성 관리에도 유리합니다. 은퇴 시점이 가까워 빠르게 연금 재원을 확보해야 하는 경우라면 이 방법을 적극 활용해 보시길 권합니다.

증여 또는 투자계좌로 활용하는 방법

마지막으로 연금계좌를 자녀를 위한 증여 수단이나 일반 투자 계좌처럼 활용하는 방법도 있습니다. 이는 연금계좌의 제도적 허점을 이용하는 것이 아니라, '세액공제를 받지 않은 원금은 인출 시 페널티가 없다'는 규정을 전략적으로 활용하는 선택지입니다.

이 방식의 핵심은 납입한 원금은 필요할 때 언제든 세금 없이 꺼내 쓰고, 운용 수익에 대해서만 나중에 세금을 내겠다는 것입니다. 물론 수익금을 인출할 때는 16.5%의 기타소득세가 부과되지만, 투자 기간 동안 세금을 내지 않고 자산이 불어나는 과세이연 효과가 이 세금 비용보다 더 크다고 판단될 때 유효한 전략입니다.

연금계좌의 본래 목적과는 다소 거리가 있지만, 자산가들 사이에서는 이미 전략적으로 활용되는 사례가 많습니다. 단순한 노후 준비를 넘어 자산 운용의 폭을 넓히고 싶다면 한 번쯤 고려해 보시기 바랍니다.

| 연금재원 만들기

연금저축과 IRP라는 계좌의 구조와 특징, 그리고 투자 여력에 따른 활용법에 대해 살펴보았습니다. 하지만 계좌를 만드는 것보다 더 중요한 것은, 이 계좌들을 통해 '실제로 얼마를 모으고, 나중에 얼마를 받을 것인가'에 대한 구체적인 계획을 세우는 일입니다.

지금부터는 막연한 저축을 넘어, 은퇴 후 나에게 들어올 현금 흐름을 어떤 방식으로 설계하고 만들어가야 하는지 그 구체적인 로드맵을 그려보겠습니다.

사적연금한도: 연 1,500만원(월 125만원)

연금 재원을 마련하기 위해서는 먼저 구체적인 목표 금액을 설정하는 것이 중요합니다. 이때 가장 중요한 기준이 되는 것이 바로 '사적연금한도'인 연 1,500만 원입니다. 이 한도를 넘지 않게 설계하는 것이 절세 측면에서 가장 유리하기 때문입니다. 연 1,500만 원은 월 환산 시 약 125만 원에 해당하므로, 이 금액을 은퇴 후 만들 수 있는 안정적인 현금 흐름의 1차 목표로 삼는 것이 좋습니다.

만약 사적연금 수령액이 연 1,500만 원을 초과하게 되면, 수령액 전액에 대해 16.5%의 분리과세를 선택하거나 다른 소득과 합산하여 금융소득 종합과세를 적용받아야 합니다. 이는 연금 수령 시 기본적으로 적용되는 3.3~5.5%의 저율과세와 비교했을 때 세금 부담이 훨씬 큰 구조입니다. 1,500만 원 한도의 중요성을 거듭 강조하는 이유가 바로 여기에 있습니다. 이 한도 내에서 수령하는 연금은 가입자의 현재 소득 수준과 관계없이 무조건 분리과세와 저율과세 혜택을 확정적으로 누릴 수 있다는 점에서 매우 강력한 혜택입니다. 따라서 이 구간만큼은 놓치지 말고 반드시 적극적으로 활용하는 것이 유리합니다.

한편 사적연금 한도가 1,500만 원으로 정해져 있기는 하지만, 화폐 가치는 시간이 지남에 따라 점차 하락합니다. 이에 맞춰 현재 정해진 한도 역시 상향 조정될 가능성이 큽니다. 다만 현시점에서는 1,500만 원을 기준으로 연금 재원을 설계하는 것이 현실적인 접근 방식입니다.

그렇다고 해서 1,500만 원을 초과해 수령하는 것을 무조건 피해야만 하는 것은 아닙니다. 종합과세가 적용되기는 하지만, 개인의 상황과 전략에 따라 1,500만 원 이상의 현금 흐름을 만드는 선택도 충분히 가능할 수 있습니다. 종합소득세에 지나치게 연연할 필요는 없으며, 절대적인 기준은 존재하지 않습니다. 각자의 상황에 맞추어 추가적인 현금 흐름을 설계하는 것 또한 하나의 전략이 될 수 있으니까요.

연금재원 목표설정

연금 재원을 준비하기 위해서는 먼저 명확한 목표 설정이 필요합니다. 목표 없이 연금 계좌를 운용하는 것보다는 구체적인 기준을 세워 두는 것이 보다 체계적인 준비에 도움이 됩니다. 이를 위해 연금 개시는 언제부터 할 것인지, 얼마의 현금 흐름이 필요한지, 그리고 언제까지 연금을 수령할 것인지에 대해 반드시 고민해 봐야 합니다.

연금개시 시나리오

하나의 예시로 연금 개시 시점을 만 55세로 설정할 수 있습니다. 절세 계좌의 연금 개시 가능 시점은 만 55세이며, 일반적으로 군인의 경우 정년 시점 또한 만 55세에 해당합니다. 이 시점부터 사적연금 한도인 연간 1,500만 원, 즉 월 기준 125만 원의 현금 흐름을 만든다고 가정합니다. 이를 100세까지 유지한다고 했을 때, 필요한 연금 재원은 약 2억 2천만 원이라는 계산이 나옵니다.

제가 만들어 활용중인 '연금 계산기'를 통해 직접 확인해 보실 수 있습니다.

<리치군인.com - 나의 강의실 - 무료 자료실>에서 다운로드

연금재원 계산

연금 개시 연차는 만 55세를 1년 차로 하여 100세까지 총 45년으로 설정합니다.

연간 목표 인출액은 1,500만 원이며, 연금 수령 과정에서는 모든 자산을 한 번에 현금화하는 구조가 아니라, 매년 필요한 인출 금액만큼만 매도하여 연금 재원으로 사용하는 방식이기 때문에 매도되지 않은 나머지 자산은 계속 투자가 유지된다고 가정합니다. 이때 인출 후 남은 자산은 S&P500의 연평균 수익률인 10% 에서 물가 상승률 3% 정도를 제외하여 연 7%의 수익률로 운용되는 것으로 설정했습니다.

이제 목표한 연금 재원을 입력해봅니다. 예를 들어 연금 재원을 2억 원으로 설정하고 연간 1,500만 원을 인출하는 동일한 조건으로 계산할 경우, 약 30년 후 연금 재원이 고갈되는 결과가 나옵니다. 이는 목표했던 100세까지의 현금 흐름을 유지하기에는 부족한 금액입니다.

반면 연금 재원을 2억 2천만 원으로 설정할 경우, 45년 동안 연금을 수령하고도 약 3,400만 원의 자산이 남는 결과가 나타납니다. 불과 2천만 원의 차이지만, 장기간 복리로 운용되면서 큰 격차로 이어지는 모습을 확인할 수 있습니다. 이러한 방식으로 본인에게 필요한 연금 재원을 직접 계산해 보고, 이를 목표로 설정해 나가면 됩니다.

연금 개시 연차	연금 재원	목표인출액	인출후 잔액
1	220,000,000	15,000,000	219,350,000
2	219,350,000	15,000,000	218,654,500
3	218,654,500	15,000,000	217,910,315
4	217,910,315	15,000,000	217,114,037
5	217,114,037	15,000,000	216,262,020
6	216,262,020	15,000,000	215,350,361
7	215,350,361	15,000,000	214,374,886

8	214,374,886	15,000,000	213,331,128
9	213,331,128	15,000,000	212,214,307
10	212,214,307	15,000,000	211,019,309
35	136,631,803	15,000,000	130,146,029
36	130,146,029	15,000,000	123,206,251
37	123,206,251	15,000,000	115,780,689
38	115,780,689	15,000,000	107,835,337
39	107,835,337	15,000,000	99,333,810
40	99,333,810	15,000,000	90,237,177
41	90,237,177	15,000,000	80,503,780
42	80,503,780	15,000,000	70,089,044
43	70,089,044	15,000,000	58,945,277
44	58,945,277	15,000,000	47,021,447
45	47,021,447	15,000,000	34,262,948

월 투자금 계산

앞서 계산한 목표 연금 재원을 만들기 위해 매달 얼마를 투자해야 하는지, 이제 구체적으로 계산해 보겠습니다. 월 투자금 계산은 적립식 복리 계산기를 활용하면 간단하게 확인할 수 있습니다.

<리치군인.com - 나의 강의실 - 무료 자료실>에서 다운로드

계산에서 가장 먼저 고려해야 할 요소는 투자 기간입니다. 투자 기간은 본인이 연금 개시를 희망하는 나이에서 현재 나이를 빼면 산출할 수 있습니다. 이 기간이 곧 앞으로 여러분이 투자를 지속할 수 있는 시간입니다.

다음으로 매월 적립 금액에는 본인이 실제로 투자 가능한 금액,

즉 투자 여력을 입력하면 됩니다.

수익률은 앞서 연금 재원 계산에서와 동일하게 평균 기대 수익률인 7%를 가정합니다.

이러한 조건을 입력하면 최종 예상 금액이 산출되는데, 이 금액이 앞서 설정한 목표치에 도달하는지 확인해 보면 됩니다.

예를 들어 연금 개시를 만 55세로 설정하고 현재 나이가 40세라면 남은 투자 기간은 15년이 됩니다.

적립식 복리 계산기에 투자 기간 15년, 수익률 7%를 입력하고 매월 투자 금액 75만 원을 설정하면 최종 금액이 산출됩니다.

이 조건으로 계산할 경우 최종 금액은 약 2억 4천만 원 수준으로 나타납니다. 이는 최초 목표로 설정한 2억 2천만 원보다 약간 높은 금액이지만, 시장의 변동성을 고려했을 때 일정 수준의 여유를 두는 것으로 볼 수 있습니다.

이에 따라 목표 금액을 약 2억 3,900만 원으로 설정하고, 매월 75만 원씩 투자하는 계획을 세워볼 수 있습니다.

월 75만 원을 1년간 투자하면 연간 납입액은 900만 원이 됩니다. 이 금액은 연금저축과 IRP 합산 기준 세액공제 최대 한도와 일치합니다. 즉, 15년 동안 세액공제 한도를 모두 채워 활용하면서 투자를 이어갈 수 있다는 의미입니다. 이와 같은 방식으로 계산을 진행하면, 본인에게 필요한 월 투자금이 어느 정도인지 구체적으로 확인할 수 있습니다.

| 결국 성공하는 방법

연금은 단기간의 성과를 기대하는 투자가 아니라, 매우 장기적인 관점에서 접근해야 하는 계획입니다. 무엇에 투자할 것인가도 중요하지만, 그보다 더 중요한 것은 연금 계좌를 어떻게 운용하느냐입니다. 연금 계좌를 활용해 인덱스 펀드 ETF에 장기적으로 투자하는 방식은, 평범한 투자자가 시장 수익률을 얻을 수 있는 가장 확실한 방법이라고 정리할 수 있습니다.

투자의 귀재 워런 버핏 또한 이러한 방식의 강력함을 누구보다 잘 알고 있었습니다. 그는 자신이 세상을 떠나면 아내에게 "재산의 90%를 S&P500 인덱스 펀드에 투자하라"는 유언을 남기겠다고 공언한 바 있습니다. 평범한 투자자가 개별 기업의 흥망성쇠를 예측하는 것보다, 우량한 기업들이 모여 있는 시장 전체에 투자하는 것이 장기적으로 훨씬 안전하고 높은 수익을 안겨준다는 확신 때문이었습니다.

결국 연금 투자의 핵심은 복잡한 예측이 아닌, 단순함과 지속성에 있습니다. 단기적인 시장 변동에 흔들리기보다, 장기적인 계획을 유지하며 연금 계좌를 운용하는 것이 중요합니다. 오늘 심은 이 씨앗이 여러분의 먼 미래에 가장 든든한 울타리가 되어주기를 바라며, 연금 계좌에 대한 이야기를 마치겠습니다.

ISA 계좌, 가장 직관적인 절세 도구

이 책의 마지막 장에서는 ISA 계좌에 대해 이야기해 보려고 합니다. ISA 계좌는 흔히 '만능 통장'이라고도 불립니다. 하나의 계좌 안에서 예금과 적금은 물론이고, 펀드, ETF, 심지어 국내 개별 주식까지 거래할 수 있기 때문입니다.

이처럼 다양한 금융상품을 한 계좌에 담아 운용할 수 있다는 점에서, ISA 계좌는 매우 유연한 구조를 가지고 있습니다.

앞서 살펴본 연금 계좌의 목적이 노후를 위한 개인연금 마련이었다면, ISA 계좌는 자산 증식이 핵심 목표입니다. 연금 계좌에 비해 훨씬 직관적으로 운용할 수 있고, 투자에 대한 제약도 상대적으로 적습니다. 그래서 저는 ISA 계좌를 '절세 혜택이 있는 증권 계좌'라고 설명합니다. 투자자라면 누구나 이해하기 쉽고, 활용하기도 편한 계좌이기 때문입니다.

| 중개형 ISA로 시작하기

ISA 계좌의 가장 큰 특징은 모든 금융기관을 통틀어 1인 1계좌만 개설할 수 있다는 점입니다. 제한없이 개설 가능한 연금 계좌와 달리 단 하나만 만들 수 있으므로, 평소 익숙하고 편리한 본인이 주로 이용하는 증권사를 선택하시길 추천합니다.

계좌를 개설할 때는 세 가지 형태 중 하나를 선택하게 됩니다. 일임형, 신탁형, 중개형입니다. 이 구조는 연금 계좌와도 유사합니다. 연금 계좌 역시 연금저축이라는 범주 안에서 여러 형태를 선택할 수 있었죠.

마찬가지로 일임형과 신탁형은 제3자가 운용하는 간접적인 투자 방식이기 때문에 수수료가 발생하고, 투자 상품에도 제약이 따릅니다. 따라서 따라서 저는 이런 형태의 계좌 운영은 추천하지 않으며 ISA 계좌는 반드시 중개형으로 개설하시길 강조드립니다.

가입 대상은 비교적 단순합니다. 만 19세 이상 대한민국 거주자라면 누구나 가입할 수 있으며, 미성년자라도 근로소득이 있다면 가입이 가능합니다.

다만 한 가지 제한이 있습니다. 직전 3개 과세연도 중 금융소득 종합과세자에 해당하는 경우에는 가입이 불가능합니다. 금융소득 종합과세자는 이자소득과 배당소득의 합이 연간 2천만 원을 초과하는 경우를 말합니다. 최근 고배당주 투자로 배당금이 2천만 원을 넘는 사례도 종종 있기 때문에, 만약 본인이 배당 투자를 하고 있다면 이 기준을 초과하지 않는지 반드시 확인이 필요합니다.

ISA 계좌의 의무 가입 기간은 3년입니다. 최소 3년은 유지해야 비로소 혜택을 받을 수 있다는 점도 함께 기억해 두시면 좋겠습니다.

<ISA 계좌 특징>

구분	내용	비고
가입 대상	만 19세 이상 대한민국 거주자 만 15세 이상 근로소득자	직전 3년 금융소득종합 과세자는 가입 불가
의무가입 기간	3년	
납입 한도	연 2,000만 원 (5년 최대 1억)	
비과세 (만기해지시)	서민형 400만 원 (총 급여 5,000만 원 이하) 일반형 200만 원 (총 급여 5,000만 원 이상)	손익 통산
비과세 한도 초과 시	9.9% 분리, 저율 과세	
투자 가능 상품	해외 주식을 제외한 모든 상품	
중도 인출	가능	납입 한도 축소됨

| 납입 한도와 비과세 구조

ISA 계좌의 연간 납입 한도는 2천만 원입니다. 이 한도는 매년 누적되며, 계좌를 5년 이상 유지할 경우 최대 1억 원까지 납입이 가능합니다.

비과세 혜택은 소득 기준에 따라 차등적용 됩니다. 총급여가 5천만 원 이하라면 '서민형'으로 가입하여 최대 400만 원까지 비과세 혜택을 누릴 수 있고, 이를 초과한다면 '일반형'으로 가입되어 200만 원까지 혜택을 받게 됩니다.

ISA 계좌의 또 다른 중요한 특징은 손익 통산입니다. 계좌 안에서 발생한 모든 수익과 손실은 합산되어 계산됩니다. 예를 들어 A라는 종목에서 손실이 발생하고, B라는 종목에서 수익이 발생했다면, 이 두 결과를 합산한 금액을 기준으로 과세 여부가 결정됩니다. 이 구조 덕분에 세제 혜택을 보다 효율적으로 받을 수 있습니다.

다만 비과세 혜택은 매년 적용되는 것이 아니라, 만기 해지 시 한 번만 적용됩니다. 의무 가입 기간이 3년이므로, 최소 3년에 한 번 비과세 혜택을 받는 구조라고 이해하시면 됩니다. 그래서 3년 동안 비과세 200만 원이나 400만 원이라는 금액이 크게 느껴지지 않을 수도 있습니다.

| ISA 계좌의 진짜 핵심, 9.9% 분리 저율과세

비과세 한도를 초과한 수익에 대해서는 9.9% 분리 저율과세가 적용됩니다. 사실 ISA 계좌의 진짜 핵심은 비과세 혜택 그 자체가 아니라, 이 9.9% 저율과세 구조에 있습니다.

투자 초기에는 이 장점이 크게 와닿지 않을 수도 있습니다. 하지만 투자 원금이 커지고, 수익금이 커질수록 이 세율 차이는 매우 결정적인 역할을 합니다.

가령 미국 주식에 직접 투자해 수익을 낼 경우, 22%의 양도소득세가 적용됩니다. 반면 ISA 계좌를 활용하여 9.9% 분리 저율과세를 적용받는다면, 세율 차이만으로도 약 12% 이상 낮은 세금을 부담하게 됩니다.

즉, 투자금이 커질수록, 그리고 수익이 늘어날수록 ISA 계좌의 세제 혜택은 더욱 강력해집니다. 이 점이 바로 ISA 계좌가 자산 증식에 최적화된 계좌라고 말할 수 있는 이유입니다.

| 투자 가능 상품과 운용의 자유로움

ISA 계좌에서는 해외 주식 직접 투자는 불가능합니다. 하지만 국내 개별 주식 투자는 가능하며, 연금 계좌에서 투자할 수 있었던 ETF 역시 대부분 투자할 수 있습니다. 저는 이 계좌에서도 변함없이 ETF 중심의 투자를 권장합니다.

중도 인출이 비교적 자유롭다는 점도 ISA 계좌의 큰 장점입니다. 다만 중도 인출 시 납입 한도가 줄어든다는 패널티가 있습니다.

예를 들어 연간 납입 한도 2천만 원을 모두 채운 상태에서 500만 원을 인출했다면, 그 해의 남은 납입 한도는 1,500만 원이 됩니다. 이후 다시 돈을 넣고 싶어도, 이미 줄어든 한도만큼만 납입이 가능합니다.

이런 제약에도 불구하고 연간 2천만 원이라는 한도는 넉넉한 편입니다. 중도 인출이 다른 절세 계좌에 비해 상당히 자유로운 편이기 때문에 계좌를 부담 없이 활용할 수 있는 장점이 됩니다.

결론적으로 ISA 계좌는 투자자라면 반드시 활용해야 할 계좌입니다. 많은 투자 콘텐츠에서도 다른 절세 계좌는 선택 사항으로 다루는 경우가 있지만, ISA 계좌만큼은 거의 예외 없이 반드시 언급됩니다.

쉽게 예를 들면 예금을 하더라도, 일반 은행 계좌에 예금을 하면 15.4%의 이자소득세를 부담해야 합니다. 하지만 ISA 계좌에 예금을 하면 이자소득세를 내지 않습니다. 인출도 비교적 자유롭고, 세제 혜택도 분명합니다. 즉, 만들지 않을 이유가 전혀 없는 계좌라고 할 수 있습니다.

자산을 불려가고자 하는 투자자라면, ISA 계좌는 선택이 아니라 필수입니다. 이 계좌를 활용하느냐 마느냐에 따 따라, 똑같은 투자를 하더라도 세후 결과는 완전히 달라질 것입니다.

| 직접투자 vs ISA, 무엇이 더 유리할까?

ISA 계좌에 대해 설명하다 보면, 가장 많이 받는 질문 중 하나가 바로 직접투자와의 비교입니다. 특히 미국 주식 시장에 직접 투자하는 방식과 ISA 계좌를 통한 투자 방식 중 무엇이 더 유리한지에 대한 질문이 많습니다. 그래서 여기에서는 두 방식을 기준으로 차이점을 정리해 보았습니다.

먼저 세금부터 살펴보겠습니다. 미국 주식에 직접 투자할 경우,

연간 250만 원의 비과세(기본공제) 혜택을 받습니다. 반면 ISA 계좌는 3년의 의무 가입 기간을 채우고 해지할 때, 일반형 기준으로 200만 원의 비과세 혜택이 적용됩니다.

단순히 이 숫자만 놓고 보면, 매년 250만 원씩 꼬박꼬박 공제받는 직접 투자가 훨씬 유리해 보입니다.

하지만 진정한 차이는 비과세 한도를 넘어선 수익에서 발생합니다. 직접투자의 경우 비과세 한도를 넘는 수익에 대해서는 22%의 양도소득세가 부과됩니다. 반면 ISA 계좌는 비과세 한도를 초과한 수익에 대해 9.9%의 분리 저율과세가 적용됩니다. 이 구간에서 두 방식의 세율 차이는 약 12% 정도가 발생합니다.

그래서 단순히 비과세 한도만 놓고 보면 직접투자가 더 유리해 보일 수 있지만, 투자금이 커지고 수익 규모가 커질수록 ISA 계좌의 저율과세 구조가 훨씬 유리해집니다. 이 점이 바로 ISA 계좌를 장기적인 자산 증식 수단으로 활용해야 하는 이유입니다.

다음으로 투자 상품 측면을 살펴보겠습니다. 미국 주식 시장에 직접 투자할 경우, 투자 상품에 대한 제약은 거의 없다고 볼 수 있습니다. 세계에서 가장 큰 자본 시장인 만큼, 웬만한 투자 대상은 모두 상장되어 있고 선택의 폭도 넓습니다. 그런 점에서는 직접투자가 분명한 장점을 가지고 있습니다.

반면 ISA 계좌에서는 해외 주식 직접 투자가 불가능합니다. 따라서 국내 주식을 매수하거나, 국내 시장에 상장된 지수 ETF를 통해 간접적으로 투자해야 합니다. 이 부분만 놓고 보면 투자 상품의 다양성 측면에서는 직접투자가 더 낫다고 볼 수 있습니다.

이 두 가지를 종합해 보면, 세금 측면에서는 ISA 계좌가 훨씬 유리하고, 투자 상품의 자유도 측면에서는 직접투자가 더 유리하다고 정리할 수 있습니다.

하지만 이 비교에서 어느 하나가 절대적으로 더 낫다고 결론 내릴 필요는 없습니다.

실제로 투자에서는 두 방식을 비교해 우열을 가리는 것이 중요한 것이 아니라, 둘 다 활용하는 것이 가장 합리적인 선택입니다. 직접투자가 더 낫다, ISA 계좌가 더 낫다는 하는 논쟁은 주로 콘텐츠를 만들기 위한 구도일 뿐입니다. 현명한 투자자라면 상황과 목적에 맞춰 두 방식을 함께 활용하는 것이 가장 효율적이고 합리적인 전략이라고 할 수 있습니다.

| ISA 계좌, 어떻게 활용할까?

일단, 만들어라

ISA 계좌의 활용법에서 가장 먼저 강조하고 싶은 점은 단순합니다. 일단 만들어 두어야 한다는 것입니다.

ISA 계좌는 개설하는 순간부터 시간이 흐르기 시작합니다. 연간 납입 한도는 2천만 원이고, 의무 가입 기간은 3년입니다. 이 두 가지 구조적 특징 때문에 ISA 계좌는 당장 사용 하지 않더라도, 만들어 두는 것만으로도 의미가 있습니다.

ISA 계좌를 실제로 활용하지 않더라도, 계좌를 미리 만들어 두면 매년 납입 한도는 계속 쌓이고, 만기까지 남은 기간은 점점 줄어듭니다. 결국 시간이 지나면 언제든 패널티 없이 해지할 수 있고, 원한다면 큰 금액을 한 번에 투자할 수 있는 상태가 됩니다. 예를 들어 2022년에 ISA 계좌를 만들어 두었다면, 현재는 4년 차가 되어 납입 한도가 8천만 원까지 늘어나 있고, 이미 의무 가입 기간도 지난 상태일 것입니다. 언제든지 계좌를 해지할 수 있고, 필요할 때 목돈을 즉시 투입할 수 있는 여건이 동시에 마련된 것입니다.

이렇게 쌓인 한도는 평소에는 크게 체감되지 않을 수 있습니다. 하지만 갑작스러운 하락장이 찾아왔을 때, 그 의미는 완전히 달라집니다. 그동안 쌓아 둔 납입 한도를 활용해 비상금이나 여유 자금을 투자로 전환할 수 있고, 동시에 세제 혜택까지 누릴 수 있기 때문입니다. 이런 기회를 만들기 위해서라도 ISA 계좌는 일단 만들어 두는 것이 중요합니다.

해지는 신중하게 결정해야 한다

ISA 계좌를 활용할 때 또 하나 반드시기억해야 할 점은, 해지를 신중하게 해야 한다는 것입니다.

앞서 여러 번 강조했듯이 ISA 계좌의 핵심은 비과세 그 자체가 아니라 저율과세에 있습니다. 투자 금액이 커지고 수익이 늘어날수록 비과세 혜택보다 9.9% 저율과세의 효과가 훨씬 커진다는 점을 항상 염두에 두어야 합니다.

따라서 해지 여부를 결정할 때는 반드시 현재의 손익 구조를 따져봐야 합니다. 당장의 비과세 혜택을 챙기는 것이 더 유리한지, 아니면 계좌를 유지하며 저율과세 효과를 극대화하는 것이 유리한지 계산해 볼 필요가 있습니다.

예를 들어 계좌의 평가 손익이 500만 원이라고 가정해 보겠습니다. 일반형 기준으로 비과세 한도는 200만 원입니다. 이 200만 원을 제외한 300만 원에 대해서는 9.9%의 분리 저율과세가 적용됩니다. 이 경우 결정 세액은 약 30만 원 수준이 되고, 직접 투자했을 때와 비교하면 약 36만 원 정도의 절세 효과가 발생합니다. 이런 상황에서는 비과세 효과가 상대적으로 더 좋아 보일 수 있습니다.

하지만 계좌의 평가 손익이 5천만 원이라면 상황은 완전히 달라집니다. 비과세 한도는 여전히 200만 원에 불과하지만, 저율과세 대상이 되는 금액은 4,800만 원이 됩니다. 이때 부담해야 할 세금은 약 470만 원 수준이며, 직접 투자 대비 절세 효과는 무려 600만 원에 달합니다. 이 경우에는 비과세보다 저율과세의 효과가 훨씬 더 크기 때문에, 섣불리 해지하는 것은 오히려 손해가 될 수 있습니다.

결국 ISA 계좌는 유지 기간이 길어질수록 자산이 불어나고, 그만큼 저율과세 혜택도 함께 커지는 구조입니다. 따라서 계좌를 해지하기 전에는 반드시 이런 구조적 이점을 충분히 고려해야 합니다.

만기 자금은 연금 계좌로 전환하라

ISA 계좌의 만기 자금을 연금 계좌로 이전하는 방법도 적극적으로 활용해 볼 수 있습니다. 연금 계좌의 연간 납입 한도는 최대 1,800만 원입니다. 하지만 ISA 계좌 만기 자금을 연금 계좌로 이전하는 기능을 활용하면, 이 기존 납입 한도를 초과해 납입할 수 있습니다.

만약 연금이 목적이라면, ISA 계좌 만기 자금 이전 기능을 통해 연금 계좌의 규모를 빠르게 키울 수 있습니다. 하지만 연금이 목적이 아니더라도, 연금 계좌를 투자 계좌처럼 활용하며 세제 혜택만 누리는 전략으로도 충분히 의미가 있습니다.

ISA 계좌 만기 자금을 연금 계좌로 이전할 경우, 이전 금액의 10%에 대해 최대 300만 원까지 추가 세액공제를 받을 수 있습니다. 그보다 중요한 점은, 세액공제를 받지 않은 나머지 자금은 언제든 페널티 없이 인출이 가능하다는 점입니다. 이 구조 덕분에 연금 목적이 아니더라도 투자 목적으로 연금 계좌를 유연하게 활용할 수 있습니다.

예를 들어 ISA 만기 자금 1천만 원을 이전한다고 가정해 보겠습니다. 이 중 10%인 100만 원이 세액공제 대상이 됩니다. 보수적으로 세액공제율을 13.2%로 적용하면, 연말정산 시 약 13만 2천 원을 환급받게 됩니다. 이 경우 세액공제를 받은 100만 원을 제외한 나머지 900만 원은 페널티 없이 자유롭게 인출이 가능합니다.

만기 자금이 5천만 원이라도 구조는 동일합니다. 전환 금액의 10%는 500만 원이지만, 공제 한도가 최대 300만 원이기 때문에 300만 원까지만 공제됩니다. 이 경우 연말정산에서 약 40만 원 정도를 환급받을 수 있고, 나머지 4,700만 원은 자유롭게 운용할 수 있는 비과세 재원으로 활용할 수 있습니다. 이 자금을 그대로 연금 자산으로 운용해도 되고, 필요하다면 언제든 인출해서 사용해도 됩니다.

레버리지를 활용하라

놀랍게도 ISA 계좌에서는 레버리지 상품 투자가 가능합니다. 다만 레버리지는 반드시 그 구조와 위험성을 충분히 이해한 상태에서만 접근해야 하며 레버리지에 대한 이해가 부족한 초보 투자자라면 특히 주의가 필요합니다.

ISA 계좌에서 레버리지 상품에 투자하려면 금융투자교육원에서 제공하는 필수 교육을 이수해야만 합니다.

레버리지 투자는 시장 지수가 장기적으로 우상향한다는 확고한 전제를 바탕으로 접근해야 하는 투자 방식입니다.

또한 절세계좌에서는 기본적으로 적립식 투자를 지향합니다. 적립식 투자는 고점과 저점에 상관없이 꾸준히 매수하며 평균 단가를 중간으로 수렴시키는 안정적인 전략이지만, 저점에서 적극적으로 비중을 늘리기 어렵다는 단점이 있습니다.

이럴 때 레버리지를 활용하면, 하락 구간에서 평균 단가를 획기적으로 낮추는 효과를 기대할 수 있기 때문에 적립식 투자의 단점을 보완하는 전략이라 할 수 있습니다.

하지만 레버리지는 변동성이라는 명확한 위험이 따릅니다.

예를 들어 100만 원짜리 자산이 10% 상승해 110만 원이 된 뒤, 다시 10% 하락하면 99만 원이 됩니다. 횡보 구간에서도 1%의 손실이 발생합니다. 레버리지가 커질수록 이 손익의 왜곡은 더욱 심해집니다. 3배 레버리지를 사용했을 경우, 같은 등락폭에서도 손익은 약 -9%까지 확대됩니다. 이런 식으로 레버리지 상품이 횡보장에서 가치가 하락하는 현상을 '음의 복리 효과'라고 하며 흔히 레버리지는 횡보장에서 녹는다는 표현이 나오는 이유가 바로 여기에 있습니다.

따라서 레버리지를 활용하려면 반드시 자신만의 확고한 기준이 필요합니다. 예를 들어 어느 정도 하락했을 때 진입할 것인지, 몇 번에 나누어 분할 매수할 것인지에 대한 구체적인 계획이 있어야 합니다. 일반적으로 고점 대비 약 15% 하락한 구간을 조정장, 20% 이상 하락한 구간을 하락장이라고 부릅니다. 이런 구간에 대한 이해 없이 레버리지를 사용하는 것은 매우 위험한 도박이 될 수 있습니다.

만약 레버리지 상품이 부담스럽다면, 대출을 활용하거나 원금 투입 비중을 늘리는 것도 또 다른 방법이 될 수 있습니다. 그럼에도 레버리지를 활용하고자 한다면, 국내 시장에 상장된 레버리지 ETF들을 중심으로 충분히 공부한 뒤 소액으로 접근하시길 권장합니다.

결국 ISA 계좌는 특별한 계좌라기보다는, 투자자라면 기본적으로 가지고 있어야 할 필수 계좌에 가깝습니다. 시장을 예측하려 애쓰기보다, 제도와 구조를 이해하고 나에게 유리한 틀 안에서 투자하는 것, 그것이 장기적으로 가장 현실적인 전략입니다. ISA 계좌는 그 출발점에 놓여 있는 도구입니다. 지금 당장 많은 돈을 넣지 않더라도 괜찮습니다. 중요한 것은 계좌를 열고, 시간을 내 편으로 만드는 일입니다. 시간이 쌓이고 자산이 커질수록, 이 계좌의 진가는 자연스럽게 드러나게 될 것입니다.

원칙대로 투자하고 싶다면, 절세계좌

마무리하며, 투자의 본질을 꿰뚫는 몇 가지 기준을 나누고 싶습니다.

VOO ETF로 잘 알려진 뱅가드 그룹의 설립자이자, ETF의 시초가 된 인덱스 펀드의 창시자, 그리고 『모든 주식을 소유하라』의 저자인 전설적인 투자자 존 보글(John Bogle)의 투자원칙입니다.

존 보글은 투자의 원칙을 다음과 같이 정리했습니다.

1. 투자는 반드시 해야 한다.

2. 최대한 장기간 투자해라.

3. 정신적인 준비를 해라.

4. 간단하게 투자해라.

5. 비용에 대해서 잊지 마라.

이 다섯 가지 원칙을 하나씩 곱씹어 보면, 저는 이 원칙들이 가리키는 방향이 절세계좌의 투자 환경과 완벽하게 일치한다고 생각합니다.

투자는 선택이 아닌 필수이며, 긴 호흡으로 가져가야 하고, 시장의 변동성을 견딜 수 있어야 합니다. 또한 방법은 복잡하지 않아야 하며, 무엇보다 새어 나가는 비용을 최소화해야 합니다.

하지만 이 모든 조건을 개인의 의지와 감정만으로 지켜 내는 것은 결코 쉬운 일이 아닙니다. 그래서 투자에는 의지를 지탱해 줄 환경과 구조가 필요합니다. 그리고 절세계좌는, 바로 이 위대한 원칙들을 현실에서 실천할 수 있도록 설계된 가장 강력한 시스템입니다.

시장의 역사는 늘 같은 이야기를 반복해서 증명해 왔습니다. 투자의 거장들은 그 역사의 산 증인이고, 그들이 남긴 수많은 저서와 시장의 교훈들은 결과로 남은 증거물입니다.

만약 여러분이 투자의 거장들이 말해 온 원칙대로, 시장이 반복해서 보여준 승리의 방식대로 투자를 하고 싶다면, 저는 단연코 절세계좌를 반드시 활용해야 한다고 말씀드리고 싶습니다.

절세계좌는 수익률을 마법처럼 높여 주는 계좌가 아닙니다. 하지만 같은 판단, 같은 종목, 같은 시장 환경에서도 세후 결과를 완전히 다르게 만들어 주는 계좌입니다. 그리고 장기 투자자에게 이 차이는 시간이 지날수록 압도적인 격차로 돌아옵니다.

앞으로 여러분이 투자를 해 나가면서 복잡한 전략이나 자극적인 상품에 흔들리지 않기를 바랍니다. 단기적인 예측에 집착하기보다 장기적인 안목을 기르고, 미시적인 관점보다 자본주의라는 거시적인 흐름 속에서 자신의 삶에 충실한 군인 투자자가 되시기를 바랍니다.

마지막으로 이 책에서 다룬 절세계좌가 그 길을 가기 위한 가장 현실적이고, 가장 검증된 도구임을 다시 한번 강조 드립니다. 앞으로 여러분의 투자 여정이 원칙에 기반한, 그리고 시간이 언제나 내 편이 되어 주는 투자이기를 진심으로 기원합니다.

감사합니다.

암호화폐
세상에 적응하기

비트코인

지은이 | 김용호
활동명 | 다니엘 DT
현) 육군 대위
<비트코인 챌린지> 의 멘토

비트코인 챌린지 VOD

ZeXplw
nocamqr.com 접속 후
고유문자를 입력하세요

비트코인, 현상이 아닌 본질

투자에 조금이라도 관심이 있는 사람이라면 비트코인이 아니더라도 가상화폐에 투자를 해보셨을 겁니다. 저도 물론 주변에 비트코인을 포함한 다양한 가상화폐에 투자하시는 분들을 참 많이 봤습니다. 하지만 안타깝게도 돈을 벌고 나오신 분들은 그리 많지 않았습니다. 그 차이점이 무엇일지 진지하게 고민해 본 결과, 실패한 대부분의 투자자는 비트코인의 본질보다 당장 눈에 보이는 '가격'에만 집중하고 있다는 공통점을 발견했습니다. 사실 모든 투자가 그렇습니다. 내가 돈을 쏟아붓는 투자 대상이 어떤 특성을 가졌는지, 왜 장기적으로 우상향할 수밖에 없는 구조인지 알지 못한 채, 단순히 "비트코인이 얼마까지 간다더라", "어떤 주식이 오른다더라" 하는 소문만 듣고 투자를 감행합니다. 우리가 피땀 흘려 번 소중한 돈을 말입니다.

성공적인 투자를 위해서는 눈앞의 현상이 아닌, 그 대상의 본질을 이해하는 것이 무엇보다 중요합니다. 여기서 현상이란 비트코인의 가격 변동성, 현란하게 움직이는 일봉 차트, 혹은 서점에서 흔히 보이는 '비트코인 15억 간다'와 같은 자극적인 전망들을 말합니다. 반면 본질은 비트코인의 진정한 가치 그 자체입니다. 이제는 비트코인을 투자함으로써 겪게 될 리스크보다, 비트코인을 하지 않았을 때 감당해야 할 리스크가 더 크다고 생각합니다. 물론 투자는 개인의 선택이기에 반드시 사야 한다고 강요할 수는 없습니다. 하지만 투자를 하든 하지 않든, 다가올 미래에 가상자산이 어떻게 활용될지 그 본질을 아는 것은 매우 중요합니다. 이제부터 우리는 비트코인의 본질에 대해서 좀더 자세하게 알아보겠습니다.

돈의 본질

| 비트코인, 실체 없는거 아니야?

비트코인 투자를 망설이는 분들의 마음속에는 늘 이런 의문이 자리 잡고 있습니다. "비트코인은 실체가 없지 않나? 도대체 어떻게 생긴 거지? 사기 아니야?" 이런 질문에 대한 가장 명쾌한 답변을 드리기 위해서는 먼저 '돈의 본질'이 무엇인지 이해해야 합니다. 우리는 매일 돈을 벌고 씁니다. 하지만 막상 "돈이 무엇인가요?"라고 물으면 명쾌하게 답하는 사람이 드뭅니다. 반짝이는 금색 동전, 지갑 속의 지폐, 아니면 토스 어플에 찍힌 디지털 숫자 중 어떤 것이 진짜 돈일까요?

| 형태는 변해도 본질은 변하지 않는다

돈의 본질을 찾기 위해 잠시 인류의 시간을 거슬러 올라가 보겠습니다. 인류가 처음부터 금이나 지폐를 돈으로 썼을까요? 아닙니다. 기원전 1600년경 중국 상나라 때부터는 '카우리'라고 불리는 조개껍데기가 공식 화폐로 쓰였습니다. 미크로네시아의 얍(Yap) 섬에서는 '라이스톤'이라는 거대한 석회암 돌이 돈이었습니다. 이 돌은 너무 크고 무거워서 물리적으로 옮길 수가 없었습니다. 그래서 사람들 앞에서 "오늘부터 저 돌의 주인은 당신입니다"라고 공개적으로 선언하는 것만으로 소유권이 이전되었습니다.

그렇다면 조개껍데기나 돌멩이 그 자체에 엄청난 내재 가치가 있었던 걸까요? 그렇지 않습니다. 중요한 것은 우리 사회가 그것을 교환 수단으로 사용하기로 '약속'했고, 그 가치를 '믿는다'는 사회적 합의였습니다. 조개껍데기는 그저 그 믿음의 증표였을 뿐입니다.

시간이 흘러 사람들은 변하지 않는 금을 돈으로 사용하기 시작했습니다. 하지만 금은 무거워서 들고 다니기 힘들었죠. 그래서 금 세공업자에게 금을 맡기고 '금 보관증'을 받아 거래했습니다. 사람들은 종이 보관증 자체를 믿은 것이 아니라, 그 종이를 가져가면 언제든 금으로 바꿔준다는 약속을 믿은 것입니다. 과거 금태환제(Gold Standard)가 유지될 때만 해도 1온스는 35달러라는 명확한 교환 비율이 있었습니다.

하지만 1971년 금태환제 폐지를 선언한 닉슨 쇼크 이후, 우리가 쓰는 지폐는 더 이상 일정 비율의 금으로 바꿀 수 없습니다.그 이후 금값은 마치 주식처럼 시시각각 가격이 변화하고 있죠. 우리가 일상생활에서 사용하는 지폐는 단지 국가가 이 종이에 적힌 가치를 보증한다는 약속, 즉 '신용' 하나로 돈으로서 기능하고 있는 것입니다. 결국 돈의 형태는 계속 변해왔지만, 그 본질인 '보이지 않는 믿음과 약속'은 단 한 번도 변한 적이 없습니다. 돈은 곧 신용입니다.

| 우리의 돈은 어디에 있나?

그렇다면 오늘날 우리가 쓰는 돈의 실체는 무엇일까요? 여러분의 토스 어플이나 농협 계좌에 1,000만 원이 찍혀 있다고 가정해 봅시다. 과연 은행 금고에 여러분의 이름표가 붙은 1,000만 원짜리 현금 다발이 실제로 보관되어 있을까요? 아닙니다. 여러분 계좌의 그 돈은 사실 은행 중앙 서버에 기록된 디지털 숫자일 뿐입니다. 우리는 그저 내가 원할 때 은행이 돈을 줄 것이라는 믿음 하나로 그것을 돈이라고 여깁니다.

하지만 이 믿음의 실체는 생각보다 아슬아슬합니다. 바로 '지급준비율' 때문입니다. 지급준비율이란 은행이 고객의 예금 인출 사태에 대비해 의무적으로 보관해야 하는 현금의 최소 비율입니다. 우리가 흔히 쓰는 수시입출금 통장의 경우, 법정 지급준비율은 7%에 불과합니다. 즉, 여러분이 은행에 1,000만 원을 입금해도, 은행은 그중 7%인 70만 원만 실제로 가지고 있으면 법적으로 아무 문제가 없습니다. 그렇다면 나머지 930만 원은 어디로 갔을까요? 나머지 930만 원은 다른 사람에게 대출해 주는 용도로 사용됩니다. 여기서 '신용창조', 즉 통화 팽창이 일어납니다.

쉽게 예를 들어보겠습니다. 100명이 사는 섬마을에 은행이 하나 있습니다. 제가 이 은행에 10억 원을 예금했습니다. 은행은 7%인 7천만 원만 남기고 나머지 9억 3천만 원을 B 기업에 대출해 줍니다. B 기업이 거래 대금으로 이 돈을 C 기업에 주고, C 기업이 다시 은행에 예금하면 9억 3천만 원이라는 새로운 예금이 생겨납니다. 은행은 다시 이 돈의 7%를 떼고 또 다른 사람에게 대출을 해줍니다. 이 과정이 반복되면 내 통장에도 10억이 찍혀 있고, 대출받은 사람들의 통장에도 돈이 찍혀 있습니다.

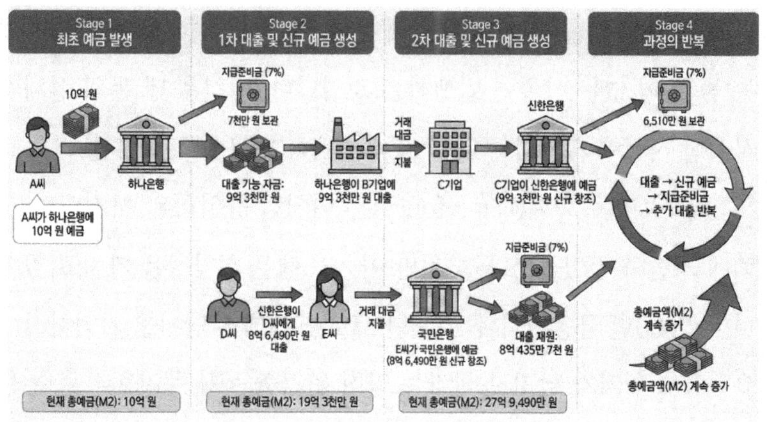

실제 돈은 10억 원뿐이었지만, 통화승수 공식을 통해 계산해 보면 지급준비율 7%일 때 시중 통화량(M2)은 최대 약 142억 8,600만 원까지 늘어날 수 있습니다. 한국은행이 찍어낸 본원통화(M0)보다 훨씬 많은 돈(M2)이 대출과 예금의 반복을 통해 거품처럼 불어나는 것입니다. 뉴스에 나오는 "시중 유동성이 풍부하다"는 말은 바로 이 M2가 많아졌다는 뜻입니다.

| 뱅크런의 공포와 비트코인

은행들이 가장 무서워하는 것이 바로 '뱅크런(Bank Run)'입니다. 뱅크런은 은행의 건전성을 의심한 사람들이 동시에 예금을 인출하려는 현상을 말합니다. 앞선 예시에서 은행에 돈을 맡긴 100명 중 단 10명만 돈을 찾으러 와도, 은행은 지급준비금 7%가 바닥나서 파산할 수밖에 없습니다. 내 계좌에 분명 내 돈이 찍혀 있는데, 은행에는 줄 돈이 없는 상황이 발생하는 것입니다. 이것은 내 돈의 실체가 사실상 허상에 가깝다는 것을 가장 명백하게 보여주는 예입니다.

기존의 명목 화폐(Fiat Money)는 이처럼 중앙화된 시스템의 신뢰에 기반하고 있습니다. 하지만 이 시스템은 취약성을 가지고 있습니다. 2008년 금융위기나 2020년 코로나 팬데믹 당시를 기억하시나요? 경제 위기가 닥치자 국가는 양적 완화를 통해 무제한으로 돈을 찍어냈습니다. 특정 의사결정권자의 선택 하나로 통화량이 순식간에 팽창하고, 화폐의 가치는 희석되었습니다.

이제 비트코인 이야기를 해보겠습니다. 비트코인은 국가나 은행의 보증이 아닌, 수학적 알고리즘과 분산 네트워크를 통해 가치를 증명합니다. 누구도 조작할 수 없는 장부에 기록되며, 2009년 1월 3일 탄생한 순간부터 2,100만 개라는 발행량이 정해져 있습니다. 권력자의 의지로 무한정 찍어낼 수 있는 명목 화폐와 달리, 비트코인은 그 수량이 엄격히 제한되어 있습니다.

자, 다시 한번 묻겠습니다. 무제한으로 찍어낼 수 있고 지급준비율 7%의 아슬아슬한 믿음 위에 서 있는 명목 화폐와, 수학적 알고리즘으로 증명되고 발행량이 고정된 비트코인. 과연 둘 중 진짜 '실체'가 없는 것은 무엇일까요? 만약 명목 화폐가 실체가 있다고 믿는다면, 비트코인 역시 실체가 있는 것입니다. '돈은 신용'이라는 프레임을 통해서 비트코인을 바라볼 때 비트코인의 가격이라는 현상에 흔들리지 않고 본질에 더 다가설 수 있습니다.

건전화폐 vs 불건전화폐

| 좋은 돈과 나쁜 돈의 기준

앞서 우리는 돈의 본질이 '믿음'과 '약속'이라고 배웠습니다. 그렇다면 세상의 모든 돈은 다 똑같은 돈일까요? 그렇지 않습니다. 인류의 역사를 돌아보면 금은 수천 년 동안 돈으로 사용되었지만, 카우리 조개나 얍 섬의 라이스톤, 소금 같은 것들은 더 이상 돈으로 쓰이지 않습니다. 이 차이는 바로 '건전화폐(Sound Money)'와 '불건전화폐(Unsound Money)'라는 화폐의 특성 때문에 발생합니다. 돈이라고 해서 다 같은 돈이 아닙니다. 어떤 돈은 시간이 지날수록 가치를 잃고, 어떤 돈은 가치를 보존합니다.

불건전화폐: 녹아내리는 돈의 비밀

먼저 불건전화폐가 무엇인지 알아보겠습니다. 불건전 화폐란 쉽게 말해 소수의 권력자가 공급량을 마음대로 늘릴 수 있는 돈을 의미합니다. 누군가의 결정에 의해 내 돈의 가치가 순식간에 희석될 수 있는 돈이죠. 우리의 일상을 예로 들어보겠습니다. 요즘 김밥 한 줄 가격이 2,500원에서 3,000원 정도 합니다. 그런데 불과 20년전을 생각해보면 김밥천국 같은 곳에서 김밥 한 줄은 단돈 1,000원이었습니다. 지금 팔리고 있는 김밥이 10년 전 김밥과 내용물이 다른가요? 아닙니다. 똑같이 햄, 당근, 우엉이 들어가고 밥의 양도, 김도 똑같습니다. 옛날 김밥은 그냥 김밥이고 지금 김밥은 금가루 뿌린 김밥인가요? 아닙니다. 내용물은 똑같은데 가격만 3배나 올랐습니다. 그 이유는 김밥의 가치가 올라간 것이 아니라, 시중에 돈이 많아지면서 화폐 가치가 하락했기 때문입니다. 즉, 내가 가진 돈의 구매력이 떨어진 것입니다. 이것이 불건전화폐의 가장 큰 특징입니다. 특정 의사 결정권자에 의해 통화가 팽창되면, 내 노력과는 상관없이 내 돈의 가치는 떨어집니다.

역사적으로도 이런 사례는 반복되었습니다. 로마 제국의 '데나리우스'라는 은화가 있었습니다. 초기에는 은 함량이 100%였지만, 황제가 전쟁 비용을 충당하고 사치를 부리기 위해 꼼수를 썼습니다. 똑같은 양의 은으로 더 많은 은화를 만들기 위해 은 함량을 점차 줄였고, 나중에는 5% 미만까지 떨어졌습니다. 겉모습은 은화였지만 실제로는 구리 동전에 불과했죠. 결국 극심한 인플레이션이 발생했고, 이는 로마 제국이 멸망하는 원인 중 하나가 되었습니다.

여러분, 동전 테두리에 있는 톱니바퀴를 보신 적 있나요? 왜 동전의 테두리에 이런 톱니바퀴가 있는 걸까요? 이는 단순히 동전을 집기 편하라고 만든 것이 아닙니다. 과거 금화를 사용하던 시절, 사람들은 금화의 테두리를 조금씩 깎아서(Clipping) 그 금가루를 모아 녹여 새로운 금화를 만들곤 했습니다. 그러다 보니 시중에 돌아다니는 금화가 점점 작아진 것이지요. 이를 방지하기 위해 테두리에 톱니 모양을 새겨 동전의 훼손 여부를 알 수 있게 한 것입니다.

하지만 현대의 중앙은행은 더 이상 동전을 깎거나 윤전기를 돌려 종이 돈을 힘들게 찍어내지 않습니다. 그저 컴퓨터 키보드를 몇 번 두드리는 것만으로 돈을 만들어냅니다. 중앙은행에 개설된 각 시중은행의 계좌 잔고 숫자를 입력만 해주면 끝입니다. 2008년 금융위기 당시 벤 버냉키 연준 의장은 "요즘에는 그냥 컴퓨터로 계좌 규모를 늘려준다. 이는 돈을 찍어내는 행위와 훨씬 가깝다"라고 말했습니다. 그래서 그의 별명이 헬리콥터에서 돈을 뿌린다는 뜻의 '헬리콥터 벤'이었습니다. 이것이 현대 법정화폐의 실체입니다. 공급량 통제권이 소수의 중앙 권력에 독점되어 있고, 그들의 결정에 따라 무제한으로 늘어날 수 있는 '불건전화폐'인 것입니다.

건전화폐: 누구도 조작할 수 없는 가치

반면 건전화폐는 어떤 특성을 가지고 있을까요? 가장 큰 특징은 '공급량의 경직성'입니다. 그 누구도 마음대로 공급량을 늘릴 수 없습니다. 대표적인 예가 금입니다. 금을 더 얻으려면 어떻게 해야 할까요? 금맥을 찾아 땅을 파고 채굴하는 물리적인 노력이 필요합니다. 어떤 왕이나 정부도 금을 인위적으로 창조해낼 수는 없습니다. 수천년동안 연금술이라는 것을 통해서 금을 만들고자 했으나 결국은 실패했죠. 비트코인도 금과 유사한 특성을 가지고 있습니다. 비트코인은 총 발행량이 2,100만 개로 고정되어 있습니다. 이 규칙은 코드에 아예 박혀 있어서, 비트코인의 창시자인 사토시 나카모토를 포함한 그 누구도 바꿀 수 없습니다. 비트코인이 탄생한 이유도 바로 이러한 불건전한 법정화폐 시스템으로부터 개인의 경제적 주권과 구매력을 지키기 위함이었습니다.

| S2F 모델: 건전성을 증명하는 수학

그렇다면 어떤 돈이 건전한지 불건전한지 어떻게 판단할 수 있을까요? 이를 측정하는 강력한 기준이 바로 'S2F(Stock-to-Flow Ratio)' 입니다. 여기서 스톡(Stock)은 기존에 존재하는 총 재고량을, 플로우(Flow)는 1년 동안 새로 생산되는 공급량을 뜻합니다.

S2F 값은 재고량을 신규 공급량으로 나눈 값입니다. 이 값이 높을수록 희소성이 높고, 공급 폭탄이 쏟아지기 어려워 가치 저장 수단으로 적합하다는 뜻입니다. 반대로 S2F가 낮으면 너무 흔하거나 생산하기 쉽다는 뜻입니다. 구리나 원유 같은 원자재는 가격이 오르면 생산자가 금방 생산량을 늘려 가격을 떨어뜨릴 수 있습니다. 그래서 화폐로 쓰이지 못하는 것입니다.

수치를 한번 보겠습니다. 수천 년간 돈으로 쓰인 금의 S2F는 약 61입니다. 현재 있는 금을 다 다시 생산하려면 61년이 걸린다는 뜻입니다. 그런데 2025년 기준, 비트코인의 S2F는 약 120에 달합니다. 이미 금의 두 배가 넘는 희소성을 가지고 있습니다. 비트코인은 4년마다 '반감기'를 통해 신규 공급량이 절반으로 줄어들도록 설계되어 있습니다. 공급량(분모)이 줄어드니 S2F 값은 두 배로 뛥니다. 2028년 반감기가 오면 S2F는 240이 되고, 2032년에는 500에 육박하게 됩니다.

반면 우리가 쓰는 원화나 달러 같은 법정화폐의 S2F는 사실상 0에 가깝습니다. 마음만 먹으면 무한대로 찍어낼 수 있기 때문입니다. 시장은 결국 시간을 넘어 가치를 보존할 수 있는 자산을 화폐로 선택합니다. 이를 '판매 가능성(Salability)'이라고 합니다. 만약 내가 땀 흘려 번 돈을 은이나 구리로 바꿔두었는데, 생산이 급증해 가격이 폭락한다면 어떨까요? 내 구매력을 미래로 온전히 보낼 수 없습니다. 그래서 시장은 자연스럽게 가장 건전한 화폐, 즉 S2F가 높은 자산으로 수렴하게 됩니다.

| 우리의 돈은 안전한가?

이제 이론이 아닌 현실을 살펴 보겠습니다. 지금 원화의 가치는 안전할까요? 코스피가 오르고 아파트값이 오르는 다양한 이유가 있겠지만, 원화 가치의 하락을 빼놓고는 설명할 수 없습니다.

지난 10년 전만 해도 우리나라의 광의통화(M2)량은 약 2,100조 원 수준이었습니다. 하지만 2025년 현재 4,300조 원을 넘어섰습니다. 불과 10년 만에 시중에 풀린 돈의 양이 두 배가 된 것입니다.

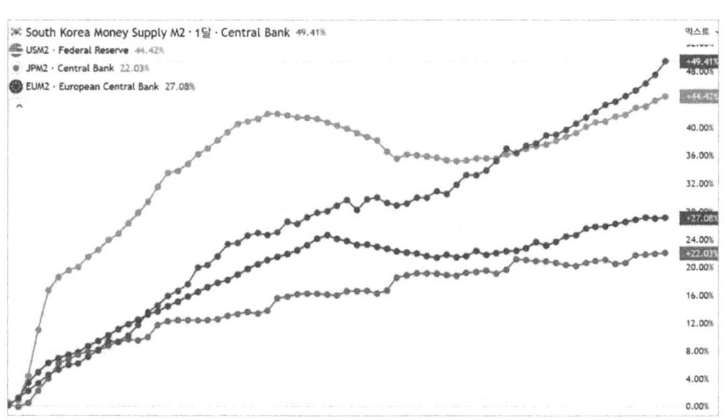

돈이 두 배로 늘어났으니, 짜장면 값과 삼겹살 값이 두 배로 오르는 것은 당연한 수순입니다. 물가가 오른 게 아니라 돈의 가치가 반

토막 난 것입니다. 이 추세라면 2035년에는 통화량이 또다시 두 배가 될 것입니다. 그렇다면 여러분이 지금 가지고 있는 현금 1억 원의 가치는 미래에 5,000만 원 수준, 아니 그 이하로 떨어질 것입니다.

특히 코로나19 팬데믹 이후 한국의 통화량 증가율은 미국이나 유로존보다 월등히 높습니다. 원화의 가치가 다른 기축통화보다 더 빠르게 녹아내리고 있다는 위험 신호입니다.

여러분은 어떤 돈을 선택하시겠습니까? 내 노력의 결실이 누군가의 결정에 의해 계속해서 줄어드는 불건전화폐를 선택하시겠습니까, 아니면 수학적으로 증명되고 그 누구도 함부로 늘릴 수 없는 건전화폐를 선택하시겠습니까? 비트코인 투자는 단순히 돈을 불리는 행위라기보다, 내 돈의 구매력을 유지하고 가치를 미래로 온전히 전송하기 위한 가장 합리적인 수단입니다. 우리는 이제 건전화폐로 나아가야 합니다.

비트코인의 탄생

| 불신에서 태어난 비트코인

이제 본격적으로 비트코인에 대해 이야기해 보려 합니다. 비트코인이 도대체 어떻게, 왜 탄생했는지 그 기원을 알아보겠습니다. 이를 위해서는 시간을 조금 거슬러 올라가, 전 세계가 공포에 떨었던 2008년 금융위기 당시를 돌아봐야 합니다. 2008년 9월 15일, 158년이라는 긴 역사를 자랑하던 미국의 거대 투자은행 '리만 브라더스'가 한순간에 파산해 버렸습니다. 원인은 뻔했습니다. 금융회사들이 고객의 돈을 가지고 파생상품에 무분별하게 투자를 감행했고, 거품이 터지자 감당할 수 없는 빚더미에 앉은 것입니다. 금융 시스템 전체가 마비되는 '신용 위기'가 닥쳤고, 뱅크런이 일어났습니다.

문제는 리만 브라더스 하나로 끝나지 않는다는 점이었습니다. 세계 최대 보험사인 AIG는 물론, 메릴린치와 거대 투자은행인 골드만삭스까지 연쇄 도산할 위험에 처했습니다. 그러자 미국 정부와 연준(Fed)은 이 은행들을 살리기 위해 긴급 조치를 단행합니다. 정부는 국민의 세금으로 부실 은행을 살리는 '구제 금융(Bailout)'을 시작했고, 중앙은행인 연준은 달러를 대규모로 찍어내는 '양적 완화(QE)'를 통해 시장에 막대한 돈을 쏟아부었습니다.

이익의 사유화, 손실의 사회화. 즉, 결국 이익은 자신들이 챙기고, 손실은 국민의 세금과 인플레이션으로 떠넘기는 꼴이었습니다. 이 사건은 사람들에게 큰 충격을 주었습니다."우리가 믿었던 은행과 정부는 우리 자산을 지켜주지 못하는구나. 심지어 그들은 위기가 닥치면 원칙 없이 돈을 찍어내 내 돈의 가치를 떨어뜨릴 수 있구나."중앙화된 금융 시스템에 대한 신뢰가 뿌리부터 흔들리기 시작한 것입니다.

| 미국은 어떻게 무한정 돈을 찍어낼 수 있을까?

여기서 한 가지 근본적인 의문이 생깁니다. 미국은 어떻게 돈을 무제한으로 찍어낼 수 있을까요? 우리나라나 다른 나라가 위기라고 해서 돈을 무한대로 찍어낸다는 이야기는 들어본 적이 없습니다. 이 비밀을 풀기 위해서는 1944년 '브레튼우즈 체제'와 1971년 '닉슨 쇼크'를 이해해야 합니다.1944년, 세계 각국은 브레튼우즈에 모여 새로운 통화 경제 체제를 약속했습니다. 이때 정해진 것이 바로 '금환본위제'에 기반한 고정환율제입니다.

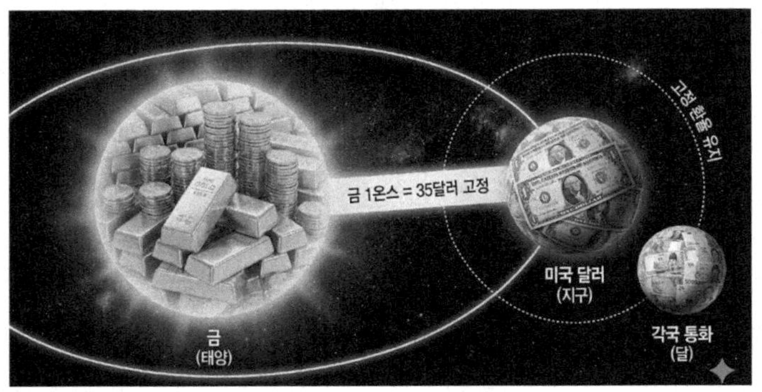

이는 쉽게 비유하자면 태양계와 같았습니다. '금'이라는 태양을 중심으로, 지구인 '미국 달러'가 금에 단단히 고정(금 1온스 = 35달러)되었습니다. 그리고 다른 나라의 통화들은 달처럼 달러 주위를 정해진 궤도로만 돌았습니다. 당시에는 환율이 지금처럼 매일 1,300원, 1,400원 하며 널뛰지 않았습니다. 실제로 이 체제가 유지되던 1960년대 중후반, 우리나라는 1달러에 약 270원 수준으로 환율이 수년간 거의 고정되어 있었습니다. 가장 중요한 점은 미국이 달러를 찍어내려면 그만큼의 금을 실제로 가지고 있어야 했다는 것입니다. 누군가 35달러를 가져오면 언제든 금 1온스를 내줘야 했기에, 물리적으로 돈을 마음대로 찍어낼 수가 없었습니다.

| 닉슨 쇼크: 고삐 풀린 화폐의 시대

하지만 이 견고했던 평화는 깨지기 시작합니다. 1960년대, 프랑스의 샤를 드골 대통령이 반기를 들었습니다. 그는 미국이 베트남 전쟁 비용과 복지 정책 비용을 충당하기 위해, 금고에 있는 금보다 훨씬 더 많은 달러를 몰래 찍어내고 있다고 의심했습니다. 미국이 종이로 만든 달러를 찍어내어 다른 나라의 공장과 기업을 사들이는 행위, 드골은 이를 미국의 '과도한 특권(Exorbitant Privilege)'이라 강도 높게 비판했습니다.

그리고 말로만 끝내지 않았습니다. 그는 실제로 수송선과 비행기를 동원해 보유하고 있던 달러를 뉴욕으로 보내 연준 지하 금고에 있는 금으로 바꿔 실어 날랐습니다. 심지어 "필요하다면 해군을 동원해서라도 금을 가져오겠다"는 강경한 태도까지 보였습니다. 프랑스가 금을 빼가자 독일 등 다른 유럽 국가들도 동요하기 시작했습니다. "미국에 금이 없을지도 모른다"는 공포가 확산되며 너도나도 달러를 버리고 금을 찾기 시작했습니다.

미국의 금고가 바닥날 절체절명의 위기에 처하자, 1971년 8월 15일 리처드 닉슨 대통령은 TV 긴급 연설을 통해 일방적인 선언을 합니다. "국익을 위해, 일시적으로(Temporarily) 달러와 금의 교환을 정지한다." 이것이 바로 세계 경제를 뒤흔든 '닉슨 쇼크'입니다. 닉슨은 '일시적'이라고 말했지만, 그 약속은 영원히 지켜지지 않았습니다.

이때부터 달러는 금이라는 실물 자산의 족쇄에서 완전히 풀려났습니다. 태양(금)이 사라지자 달러와 각국 통화는 고삐 풀린 망아지처럼 널뛰는 변동환율제의 시대로 접어들었습니다. 이때 탄생한 것이 바로 정부의 의지대로 무제한 발행할 수 있는 '명목 화폐(Fiat Money)'입니다. 2008년과 2020년에 미국이 전례 없는 규모의 돈을 찍어내는 양적 완화를 할 수 있었던 것은, 바로 1971년 닉슨 쇼크로 인해 화폐 발행의 물리적 제약이 사라졌기 때문입니다.

| 사토시 나카모토의 등장과 제네시스 블록

Bitcoin: A Peer-to-Peer Electronic Cash System

Satoshi Nakamoto
satoshin@gmx.com
www.bitcoin.org

Abstract. A purely peer-to-peer version of electronic cash would allow online payments to be sent directly from one party to another without going through a financial institution. Digital signatures provide part of the solution, but the main benefits are lost if a trusted third party is still required to prevent double-spending. We propose a solution to the double-spending problem using a peer-to-peer network.

세상이 금융 위기의 공포에 떨고 있던 2008년 10월 31일, '사토시 나카모토'라는 인물이 '사이버펑크'라 불리는 암호학 전문가들의 메일링 리스트에 한 편의 논문을 메일로 보냅니다. 제목은 〈비트코

인: 개인 간 전자화폐 시스템〉이었습니다. 그는 단 9장짜리 논문의 초록에서 기존 금융 시스템을 뒤집을 대담한 제안을 합니다. "은행이나 정부 같은 중개인 없이, 수학과 코드로 신뢰를 증명하는 개인 간 직거래 시스템이 가능하다."

그리고 해가 바뀐 2009년 1월 3일, 사토시 나카모토는 이론을 현실로 옮겼습니다. 비트코인 네트워크를 처음 가동하며 역사적인 첫 번째 블록, '제네시스 블록(Genesis Block)'을 생성한 것입니다. 성경의 창세기처럼 새로운 디지털 금융의 세상이 열렸다는 의미였습니다. 이때 최초의 50 비트코인이 생성되었습니다.

사토시는 이 기념비적인 첫 블록 안에 절대 지울 수 없는 비밀 메시지를 하나 숨겨 놓았습니다. 바로 그날 발행된 영국 〈더 타임스〉의 1면 헤드라인이었습니다.

"The Times 03/Jan/2009 Chancellor on brink of second bailout for banks"

(2009년 1월 3일 더 타임스: 재무장관, 은행에 대한 2차 구제금융 임박)

이 문장은 단순한 날짜 기록이 아닙니다. 실패한 은행을 살리기 위해 정부가 또다시 돈을 찍어내려 하는 부조리한 현실, 그리고 그로 인해 화폐 가치가 하락하는 시스템에 대한 강력한 비판이자 경고였습니다. 비트코인은 단순한 기술적 발명품이 아닙니다. 이는 명목화폐라는 실패한 시스템을 대체하고, 소수의 권력자가 아닌 수학과 코드에 기반한 새로운 신뢰 시스템을 구축하기 위해 등장한 철학적 솔루션입니다. 2008년의 위기가 없었다면, 비트코인은 세상에 나오지 않았을지도 모릅니다.

비트코인의 정체: 새로운 형태의 '약속'

| 비트코인은 들고 다닐 수 없다.

비트코인이 왜 탄생했는지 이해하셨다면, 이제 비트코인의 '진짜 정체'가 무엇인지 알아볼 차례입니다. 여러분이 뉴스나 신문 기사에서 비트코인을 접할 때 가장 먼저 보는 이미지는 무엇인가요? 아마도 알파벳 'B'가 새겨진 번쩍이는 황금색 동전일 것입니다. 하지만 결론부터 말씀드리면, 그 이미지는 비트코인의 본질을 이해하는 데 있어 가장 큰 방해물입니다.

2010년대 중반, 비트코인의 존재감이 서서히 드러나자 미국 재무부 산하의 금융범죄단속네트워크(FinCEN)를 비롯한 규제 당국은 큰 딜레마에 빠졌습니다. 기존의 '화폐 및 통화수단 보고 규정(CMIR)'을 비트코인에도 적용해야 하는가에 대한 논의가 시작된 것입니다. 쉽게 말해, 우리가 해외여행을 갈 때 1만 달러 이상의 현금을 소지하면 세관에 신고해야 하듯, “1만 달러 이상의 비트코인을 소지하고 국경을 넘을 때도 세관에 신고해야 하는가?”라는 문제가 제기된 것이죠.

이 논의가 전해지자 전 세계의 비트코이너들은 실소를 터뜨렸습니다. 왜냐하면 비트코인은 주머니에 넣거나 가방에 싸서 들고 다닐 수 있는 물건이 아니기 때문입니다. 비트코인은 황금색 동전이 아니라, 전 세계에 분산된 장부(네트워크) 위에 존재하는 ‘디지털 기록’일 뿐입니다. 심지어 12개의 비밀 단어(니모닉)만 머릿속에 외우고 있다면, 빈손으로 국경을 넘어도 내 머릿속에 1조 원이 들어있는 셈입니다. 이를 ‘브레인 월렛(Brain Wallet)’이라고 합니다. 물리적인 실체가 없는데 세관원이 무엇을 검사하고 압수할 수 있겠습니까?

우리가 흔히 보는 그 동전 이미지는 사람들의 이해를 돕기 위해 만든 상징일 뿐, 비트코인의 실체와는 아무런 관련이 없습니다. 이 화려한 껍데기를 벗겨내야만 비트코인의 진짜 모습이 보입니다.

| 장부의 대결: 중앙 서버 vs 분산 네트워크

그렇다면 비트코인의 실체는 무엇일까요? 앞서 말씀드린 은행의 돈과 본질적으로 같습니다. 바로 ‘장부에 기록된 숫자’입니다.여러분의 국민은행이나 신한은행 계좌에 1,000만 원이 찍혀 있다고 해도, 은행이 그 현금을 다 가지고 있는 것은 아니라고 말씀드렸습니다. 결국 은행 돈도, 비트코인도 데이터로 존재하는 숫자입니다. 결정적인 차이는 '그 숫자를 누가, 어떻게, 어디에 기록하느냐'에 있습니다.

은행의 돈은 은행이라는 단 하나의 회사가 소유한 '중앙 서버'에 기록됩니다. 네트워크 이론에서는 이를 '단일 실패 지점(Single Point of Failure)'이라고 부릅니다. 만약 은행의 메인 서버가 해킹을 당해 조작되거나, 데이터 센터에 화재가 발생해 서버가 물리적으로 파괴된다면 어떻게 될까요? 물론 백업 장치가 있겠지만, 복구되는 동안 시스템 전체가 마비되어 내 돈을 단 한 푼도 꺼내 쓸 수 없는 상황이 발생합니다. 얼마 전 국가정보자원관리원 화재 사태나 카카오톡 서버 대란처럼, 중앙화된 시스템은 그 중심점이 무너지면 모든 것이 멈춰버리는 구조적 취약성을 가지고 있습니다.

반면, 비트코인은 다릅니다. 비트코인의 장부는 전 세계 수만 명의 참여자가 함께 관리하는 '분산화된 공공 거래 장부'에 기록됩니다.현재 전 세계에는 추산하기 어려울 정도로 많은, 수만 개 이상의 비트코인 노드(Node, 네트워크 참여자)가 24시간 돌아가고 있습니다. 여러분이 비트코인을 거래하면, 그 내역은 전 세계에 퍼져 있는 이 수만 개의 노드에 실시간으로 전파되어 똑같이 기록됩니다.

이것이 무엇을 의미할까요? 만약 누군가 비트코인을 없애고 싶다면, 전 세계에 흩어져 있는 이 수만 대의 컴퓨터를 '한날한시'에 동시에 파괴해야 합니다.한국에 있는 노드를 없애도 미국에 있는 노드가 살아있고, 미국의 노드를 없애도 심지어 남극이나 우주에 있는 위성 노드가 살아있다면 비트코인의 데이터는 영원히 사라지지 않습니다. 어느 한 국가가 마음먹고 덤벼도 비트코인을 없앨 수 없는 이유가 바로 여기에 있습니다. 중앙 서버 하나만 공격하면 되는 기존 금융 시스템과 달리, 비트코인은 물리적으로 파괴하는 것이 사실상 불가능한 시스템입니다.

| 신뢰의 이동: 기관에서 시스템으로

앞서 누차 강조했듯, 돈은 곧 '신용'입니다. 비트코인 역시 믿음을 기반으로 한 약속입니다. 하지만 그 믿음의 '원천'이 완전히 다릅니다. 과거에는 국가나 정부, 은행이 "이 돈은 가치가 있어"라고 보증해 주는 '권위(Authority)'를 믿어야 했습니다. "설마 나라가 망하겠어?", "은행이 거짓말을 하겠어?"라며 사람과 기관을 믿는 '인적 신뢰'에 의존했던 것입니다. 하지만 이제 우리는 그 권위 대신, '검증 가능한 시스템 그 자체'를 믿을 수 있습니다. 전 세계 수만 명의 참여자가 서로를 감시하고 검증하며, 그 누구도 장부를 위조할 수 없게 만드는 '수학적 알고리즘의 무결성'을 신뢰할 수 있는 것입니다.

많은 분이 "비트코인은 실체가 없어서 불안하다"라고 말씀하십니다. 이 말은 반은 맞고 반은 틀립니다. 눈에 보이는 물리적 실체가 없는 것은 사실입니다. 하지만 냉정하게 보면, 오늘날 우리가 사용하는 원화나 달러의 90% 이상도 물리적 실체가 없는 서버 속의 디지털 신호일 뿐입니다. 모두 신용에 기반한 디지털 숫자라는 점에서는 똑같습니다. 차이가 있다면 그 실체를 보증하는 주체가 '언제든지 마음이 변할 수 있는 인간(정부)'이냐, '거짓말을 하지 않는 수학(코드)'이냐의 차이일 뿐입니다.

비트코인의 본질은 디지털 데이터와 코드로 이루어진 견고한 약속이며, 제3자에게 의존하지 않고 기술로 신뢰를 만들어낸 인류 최초의 '신뢰 혁명'이라는 것입니다. 그렇기에 비트코인에 투자하고 싶다면, 피상적인 가격 변동이나 가짜 동전 이미지에 집착해서는 안 됩니다. 대신 이 거대한 네트워크가 어떻게 스스로 가치를 증명하고 지켜내는지, 그 '시스템의 본질'을 들여다보셔야 합니다. 그래야만 흔들리지 않는 투자를 할 수 있습니다.

왜 비트코인은 디지털 금인가

가치의 본질: 구리 vs 금

우리는 흔히 비트코인을 '디지털 금'이라고 부릅니다. 그런데 왜 하필 금일까요? 비트코인이 금의 어떤 특성을 공유하고 있기에 이런 별명이 붙었는지, 그리고 비트코인이 어떻게 금을 넘어섰는지 알아보겠습니다.

이야기를 시작하기 전에 먼저 질문을 하나 드려보겠습니다. 금은 왜 가치가 있을까요? 금을 가지고 있다고 해서 이자가 나오나요? 아닙니다. 그렇다면 금이 우리 생활에 없어서는 안 될 만큼 쓸모가 많을까요? 소위 말하는 '내재 가치', 즉 '산업적 유용성' 측면에서 비교해 보겠습니다. 여기 구리(Copper)가 있습니다. 구리는 전선, 반도체, 각종 기계 장비에 들어가는 필수 자원입니다. 산업 전반에 피처럼 흐른다고 해서 '산업의 혈관'이라고 불립니다. 경기가 좋을 때는 구리 수요가 늘어 가격이 오르고, 침체일 때는 가격이 내리기 때문에 실물 경기를 예측하는 '닥터 코퍼(Dr. Copper)'라는 별명까지 가지고 있습니다. 실질적인 쓰임새만 따지면 구리의 가치는 압도적입니다. 반면 금은 어떤가요? 전도성이 좋아 일부 기계에 쓰이긴 하지만, 구리에 비하면 그 쓰임새는 미미한 수준입니다. 하지만 시장 가격은 어떻습니까? 무게 1g을 기준으로 했을 때, 금은 구리보다 약 1만 배 가까이 비쌉니다. 내재 가치는 구리가 훨씬 높은데, 가격은 금이 월등히 높습니다.

이 역설은 무엇을 의미할까요? 바로 자산의 가치라는 것이 단순히 물리적 유용성에서 오는 것이 아니라 사람들이 금을 원자재가 아닌 '가치 저장 수단'으로 선택했기 때문에 붙은 웃돈, 즉 '화폐적 프리미엄(Monetary Premium)' 때문이라는 사실입니다. 인류는 수천 년 동안 금이 가치를 저장하는 수단으로서 가장 적합하다고 사회적으로 합의하고 금이 가치를 지니고 있다고 신뢰해 왔습니다. 우리가 금을 비싸게 사는 이유는 금으로 전선을 만들기 위해서가 아니라, 내 구매력을 미래로 안전하게 보내기 위해서입니다.

| 금이 선택받은 4가지 이유와 비트코인의 진화

그렇다면 인류는 왜 하필 금을 선택했을까요? 금이 가진 네 가지 핵심적인 특성 때문입니다. 희소성, 내구성, 분할성, 검증 가능성. 놀랍게도 비트코인은 이 금의 특성을 디지털 세계에서 완벽하게, 아니 그 이상으로 구현해 냈습니다. 하나씩 비교해 보겠습니다.

첫째, 희소성입니다. 금은 매장량이 한정되어 있어 아무나 찍어낼 수 없습니다. 하지만 금의 공급량은 기술 발전에 따라 변합니다. 과거에는 채산성이 맞지 않아 포기했던 금광도 채굴 기술이 발전하면 다시 캘 수 있습니다. 최근 중국에서 약 1,000톤 규모의 초대형 금맥이 발견되었다는 뉴스처럼, 금은 언제 어디서 또 쏟아져 나올지 모릅니다. 마치 석유 고갈론이 무색하게 채굴 기술 발달로 가채 연수가 계속 늘어나는 것처럼 금의 공급량은 인간이 완벽하게 예측할 수 없습니다. 하지만 비트코인은 다릅니다. 비트코인은 수학과 코드로 총발행량이 2,100만 개로 딱 고정되어 있습니다. 이 불변의 총량은 그 누구도 바꿀 수 없습니다. 게다가 4년마다 돌아오는 반감기로 인해 신규 공급 증가율은 점차 0에 수렴하게 됩니다. 비트코인은 우연한 발견에 의존하는 금보다 훨씬 더 엄격하고, 예측 가능한 완벽한 희소성을 가지고 있습니다.

둘째, 내구성입니다. 금은 방사성 원소를 제외하고 자연계에서 녹슬거나 썩지 않는 거의 유일한 물질입니다. 이 화학적 안정성 덕분에 영원한 가치의 상징이 되었습니다.비트코인은 '디지털 불변성'을 가집니다. 앞서 설명해 드린 대로 전 세계 수만 개의 노드가 감시하는 분산 원장에 기록되기 때문에, 한번 기록된 비트코인은 해킹으로 수정하거나 삭제하는 것이 불가능합니다. 금이 물리적으로 영원하다면, 비트코인은 디지털적으로 영원합니다.

셋째, 휴대성과 분할성입니다. 사실 이 부분에서 비트코인은 금을 압도합니다. 만약 여러분이 금 10억 원어치를 가지고 이동해야 한다면 어떨까요? 약 7.5kg의 무거운 골드바를 들고 다녀야 합니다. 이걸 들고 공항 검색대를 통과할 수 있을까요? 거의 불가능합니다. 세관 신고 절차도 까다롭고 분실 위험도 큽니다. 하지만 비트코인은 1조 원어치를 가지고 있어도 무게는 '0'입니다. 머릿속에 12개의 시드 문구(비밀번호)만 기억하고 있다면, 맨몸으로 국경을 넘어 전 세계 어디서든 자산에 접근할 수 있습니다. 나누기는 또 어떤가요? 금 1g이 약 15만 원이라고 가정해 봅시다. 15만 원어치 가치를 쓰기 위해 금 1g을 들고 다니시겠습니까? 잃어버리기 딱 좋습니다. 더 작은 금액을 위해 금을 자르면 가치가 훼손됩니다. 반면 비트코인은 소수점 8자리, 즉 1억 분의 1(1 사토시) 단위까지 자유롭게 쪼갤 수 있습니다. 100원이든 1,000억 원이든 정확하게 나누어 전송할 수 있습니다.

마지막으로 검증 가능성입니다. 금이 진짜인지 가짜인지 확인하려면 전문가의 감정이 필요합니다. 특히 금과 밀도가 비슷한 '텅스텐'을 채워 넣고 겉만 금으로 도금한 가짜 골드바는 전문가조차 장비 없이는 구별하기 어렵습니다. 반면 비트코인은 스마트폰과 인터넷만 있으면 누구나 100% 진위 여부를 확인할 수 있습니다. '멤풀(Mempool)' 같은 사이트에 접속하면 블록체인상의 모든 거래 내역을 투명하게 볼 수 있습니다.

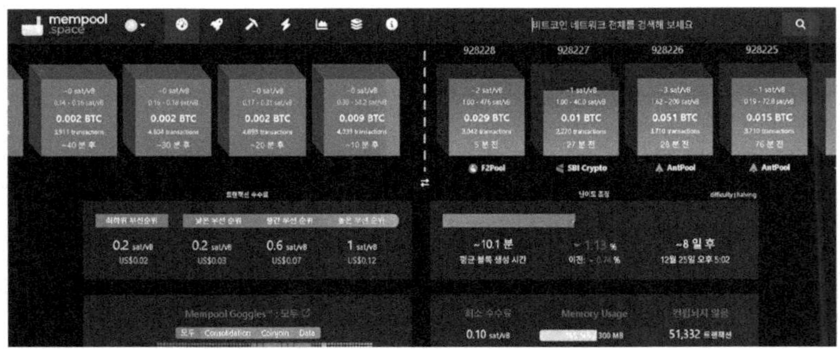

위조지폐나 가짜 금 걱정 자체가 없는, 수학적으로 증명된 시스템입니다. 결론적으로 비트코인이 디지털 금이라 불리는 이유는 단순히 희소성 때문만이 아닙니다. 비트코인은 금이 가진 장점(희소성, 내구성)을 그대로 계승하면서, 금의 치명적인 단점인 휴대성과 분할성을 기술적으로 완벽하게 극복했기 때문입니다.산업적 쓸모가 없는 금이 수천 년간 최고의 돈으로 대접받았듯, 비트코인 역시 내재 가치가 없다는 비판을 넘어 '신뢰'와 '합의'를 통해 그 가치를 증명해 나가고 있습니다. 비트코인은 금의 대체재를 넘어, 디지털 시대에 걸맞게 진화한 현존하는 가장 강력한 가치 저장 수단입니다.

절대적 소유권: 지갑과 개인키

| 지갑, 주소, 개인키: 내 디지털 금고의 열쇠

앞선 시간 동안 우리는 비트코인의 본질이 무엇인지, 왜 디지털 금이라 불리는지 원론적인 이야기를 나누었습니다. 이제는 실전입니다. 비트코인이 실제로 어떻게 작동하는지, 그리고 내 소중한 비트코인을 어떻게 보관해야 하는지 알아보겠습니다. 많은 분이 '지갑'이라는 단어 때문에 헷갈려하십니다. 비트코인을 지갑에 넣고 다닌다고 생각하시죠. 하지만 이 개념을 명확히 하지 않으면 큰 낭패를 볼 수 있습니다. 은행 시스템에 빗대어 설명하면 아주 쉽습니다.

첫 번째는 '비트코인 주소'입니다. 이는 은행의 '계좌번호'와 똑같습니다. 누군가에게 돈을 받으려면 계좌번호를 알려줘야 하듯, 비트코인을 받으려면 이 주소를 상대방에게 알려줘야 합니다. '1A1z...' 또는 'bc1q...' 처럼 복잡한 영문과 숫자로 되어 있습니다. 이 주소는 전 세계 누구에게나 공개해도 상관없습니다. 계좌번호를 안다고 해서 내 돈을 빼갈 수는 없는 것과 같습니다. 다만 개인정보 보호를 위해 거래할 때마다 새로운 주소를 만들어 쓰는 것이 권장됩니다.

두 번째, 가장 중요한 '개인키'입니다. 이것은 은행의 '계좌 비밀번호 + OTP 카드 + 인감도장'을 모두 합친 것과 같은 절대적인 권한을 가집니다. 이 개인키는 내 지갑에 있는 비트코인의 소유권을 증명하고, 다른 사람에게 비트코인을 보낼 때 '내 돈이 맞습니다'라고 서명(승인)하는 핵심적인 역할을 합니다. 만약 이 개인키를 잃어버리면 어떻게 될까요? 은행 비밀번호를 잊어버리면 은행에 가서 재발급받으면 되지만, 비트코인 세계에는 고객센터가 없습니다. 개인키를 잃어버리는 순간, 그 안에 든 비트코인은 영원히 찾을 수 없습니다. 반대로, 이 개인키가 다른 사람에게 노출된다면? 그 사람이 내 지갑의 주인이 되는 겁니다. 그래서 비트코인 세계에는 아주 유명한 격언이 있습니다. "Not your keys, not your coins. (키가 없으면, 코인도 당신 것이 아니다.)"

세 번째는 '지갑'입니다. 사람들은 비트코인이 이 지갑 안에 들어있다고 생각하지만, 이는 완전히 잘못된 생각입니다. 비트코인은 내

스마트폰이나 USB에 저장되는 파일이 아니라, 블록체인 네트워크라는 거대한 공공 장부(Ledger) 위에 '거래 기록(UTXO)'으로 존재할 뿐입니다. 지갑은 비트코인을 담는 가죽 지갑이 아니라, 앞서 말한 '개인키를 안전하게 보관하고 관리해주는 도구'입니다. 우리가 은행 앱을 켜서 잔액을 확인하고 송금하듯이, 지갑이라는 소프트웨어(또는 하드웨어)를 통해 블록체인상의 내 자산을 확인하고 관리하는 것입니다.

개인키는 아주 복잡한 난수(문자열)라서 외우기가 불가능합니다. 그래서 만들어진 것이 '시드 문구(니모닉)'입니다. 지갑을 처음 만들 때 나오는 12개 또는 24개의 영어 단어 목록이 바로 그것입니다. 이 시드 문구는 일종의 '마스터키'입니다. 만약 여러분이 스마트폰을 잃어버리거나, 지갑 앱을 삭제했다 하더라도 걱정할 필요가 없습니다. 이 12개의 단어만 알고 있다면, 전 세계 어디서든, 어떤 기기에서든 내 지갑과 자산을 그대로 복구해낼 수 있습니다. 따라서 이 시드 문구는 목숨처럼 지켜야 합니다. 절대 스마트폰으로 사진을 찍거나, 클라우드에 올리거나, 카카오톡 '나와의 채팅'에 적어두지 마시기 바랍니다. 인터넷에 연결된 곳에 적는 순간 해킹당했다고 보셔야 합니다. 반드시 종이에 펜으로 적어서, 나만 아는 오프라인 금고 같은 안전한 곳에 보관해야 합니다.

| 핫월렛 vs 콜드월렛: 어디에 보관할까?

지갑은 인터넷 연결 유무에 따라 크게 두 가지로 나뉩니다.

핫월렛 (Hot Wallet)은 인터넷에 항상 연결된 지갑(스마트폰 앱, 웹 브라우저 확장 프로그램 등)입니다. 사용이 편리하고 즉시 송금이 가능하지만, 24시간 네트워크에 노출되어 있어 해킹의 위험이 상대적으로 높습니다. 따라서 거액 보관보다는 소액 결제용이나 단기 트레이딩용으로 적합합니다.

한편, 콜드월렛 (Cold Wallet)은 인터넷과 완전히 차단된 오프라인 지갑(USB 형태의 하드웨어 월렛 등)입니다. 해킹으로부터 원천적으로 안전합니다. 거래할 때만 잠시 USB나 QR코드 등을 통해 서명 정보를 전달하므로 번거롭지만, 거액을 장기 보관할 때 필수적입니다.

실제로 2024년 7월부터 시행된 국내법(가상자산 이용자 보호법)에서도 거래소들이 보유한 고객 가상자산 가치의 80% 이상을 의무적으로 콜드월렛에 보관하도록 규정하고 있습니다. 업비트나 빗썸 같은 대형 거래소는 이보다 높은 90% 이상을 콜드월렛에 보관하며 보안 수준을 높이고 있습니다.

| 거래소에 둔 비트코인, 진짜 내 돈일까?

마지막으로 불편한 진실을 하나 말씀드려야겠습니다. 여러분이

업비트나 빗썸 같은 거래소에서 산 비트코인은, 엄밀히 말하면 여러분의 것이 아닙니다. 거래소에서 비트코인을 사고팔 때, 여러분은 개인키나 시드 문구를 받은 적이 있나요? 없을 겁니다. 그 지갑의 개인키는 여러분이 아니라 '거래소'가 가지고 있기 때문입니다. 여러분이 스마트폰 화면으로 보는 그 숫자는 블록체인상의 실제 비트코인이 아니라, 거래소의 사설 장부에 적힌 '비트코인을 달라고 할 수 있는 권리(청구권)'일 뿐입니다.

더 충격적인 사실이 있습니다. 여러분이 거래소 안에서 밤새 사고팔았던 그 수많은 비트코인 거래 내역은, 단 한 건도 비트코인 블록체인 네트워크에 기록되지 않았습니다. 거래소는 빠른 거래 속도와 효율성을 위해, 실제 블록체인을 사용하지 않고 자신들의 중앙 서버(데이터베이스)에서만 숫자를 정산합니다. A가 B에게 비트코인을 팔면, 전 세계가 공유하는 공공 장부(블록체인)에 기록되는 것이 아니라, 거래소의 엑셀 파일에서 A의 잔고를 줄이고 B의 잔고를 늘리는 숫자 놀음만 일어나는 것입니다. 이것은 우리가 앞서 열심히 배웠던 비트코인의 위대한 특성들—중앙 권력 없이 작동하는 '탈중앙화', 전 세계에 복제되어 위변조가 불가능한 '분산 장부', 그리고 누구도 내 자산을 통제할 수 없는 '검열 저항성'—을 전혀 활용하지 못하고 있다는 뜻입니다. 거래소 서버 안에 갇힌 비트코인은 그저 기존 은행 전산망에 있는 숫자와 다를 바가 없습니다.

쉽게 말해, 내 집을 샀는데 등기부등본 명의가 '부동산 중개인' 이름으로 되어 있는 것과 같습니다. 중개인이 “이거 네 집 맞아, 언제든 돌려줄게”라고 보증해 주니 믿고 살지만, 만약 중개인이 파산하거나 마음이 변해 문을 잠그면(출금 정지), 내 집인데도 들어갈 수 없습니다. 실제로 2022년 세계 3위 거래소였던 FTX가 파산했을 때, 수많은 이용자의 자산이 하루아침에 동결되었습니다. 그들은 내 돈을 내가 꺼내지 못하는 상황 속에서 수년이 지난 지금까지도 고통받고 있습니다. 그들이 가진 건 블록체인에 기록된 진짜 비트코인이 아니라, 거래소 데이터베이스에 적힌 숫자뿐이었기 때문입니다.

진정한 비트코인 소유는 ‘셀프 커스터디(Self-Custody)’, 즉 스스로 개인키를 관리하는 것에서 시작됩니다. 거래소에서 비트코인을 매수했다면, 그것을 개인 지갑으로 출금하여 블록체인에 내 주소로 확실히 기록(On-chain)해야 합니다. 그래야만 거래소가 문을 닫든, 서버가 멈추든 상관없이 내 자산이 블록체인 위에 영원히 안전하게 존재하게 됩니다. 주소는 공유하고, 지갑 앱은 편리하게 쓰되, 그 모든 권한의 원천인 시드 문구는 스스로 지키시기 바랍니다. 그것이 탈중앙화된 세상에서 거래소의 파산이나 시스템 오류로부터 내 부를 온전히 지키고, 비트코인의 진정한 가치를 누리는 유일한 길입니다.

니모닉은 어떻게 시드가 되는가

앞선 장에서 우리는 지갑과 개인키, 그리고 이를 복구할 수 있는 '니모닉(Mnemonic)'에 대해 알아보았습니다. 12개의 영어 단어만 있으면 전 세계 어디서든 내 자산을 되살릴 수 있다고 말씀드렸죠.그렇다면 도대체 이 단순해 보이는 영어 단어들이 어떤 과정을 거쳐 복잡한 암호화폐 키로 변신하는 걸까요? 이번 시간에는 그 기술적 원리와 보안의 비밀을 조금 더 깊이 있게 들여다보겠습니다.

| BIP-39: 인간과 기계를 잇는 표준

우리가 사용하는 개인키는 0과 1, 혹은 복잡한 16진수 문자로 이루어져 있습니다. 인간의 뇌로는 도저히 외울 수 없는 구조입니다. 이 문제를 해결하기 위해 제안된 것이 바로 'BIP-39(Bitcoin Improvement Proposal 39)'라는 방식입니다. BIP-39는 "복잡한 기계어 대신, 인간이 기억하기 쉬운 단어를 마스터 암호로 사용하자"는 약속입니다. 이 약속에 따라 생성된 12개(혹은 24개)의 니모닉 단어들은 지갑을 복구하기 위한 인간 친화적인 재료가 됩니다.

하지만 이 단어 자체가 곧바로 키가 되는 것은 아닙니다. 이 니모닉을 바탕으로 모든 암호화폐 키를 생성하는 진짜 뿌리 데이터, 즉 '시드(Seed)'를 만들어내야 합니다. 이 변환 과정에 숨겨진 기술이 바로 보안의 핵심입니다. 니모닉을 시드로 바꾸는 핵심 역할은 'PBKDF2(HMAC-SHA512)'라는 특수한 함수가 담당합니다. 이 과정에는 니모닉 단어뿐만 아니라 '솔트(Salt)'라는 무작위 데이터가 함께 들어가는데, 이 솔트가 해킹을 더욱 어렵게 만드는 결정적인 역할을 합니다.

이 함수의 가장 큰 특징은 계산 과정을 일부러 매우 느리고 어렵게 만드는 '키 스트레칭(Key Stretching)' 기법을 사용한다는 점입니다. 여기서 "느리다"는 말에 의문이 생기실 수 있습니다. "지갑을 복구할 때는 1초도 안 걸리던데 왜 느리다고 하지?"라고 말이죠. 이것은 바로 '속도의 역설'입니다. 이 기술은 정당한 사용자에게는 찰나의 순간이지만, 해커에게는 영겁의 시간이 걸리게끔 설계되어 있기 때문입니다.

여러분이 올바른 니모닉을 입력하면 함수는 딱 한 번만 계산하면 되므로 0.1초 만에 문이 열립니다. 하지만 니모닉을 모르는 해커는 무차별 대입 공격(Brute Force Attack)을 시도해야 하는데, 12개 단어로 만들 수 있는 조합의 수는 무려 '2048의 12승(약 544해)' 가지에 달합니다. 해커는 이 천문학적인 조합을 하나하나 다 넣어봐야 합니다. 더 절망적인 것은 PBKDF2 함수가 해커가 한 번 시도할 때마다 강제로 2048번의 해시 반복 작업을 수행하게 만든다는 사실입니다. 안 그래도 찾아야 할 바늘이 우주만큼 많은데, 바늘 하나를 확인할 때마다 2048번의 고된 노동을 강요하는 셈입니다. 이로 인해

해커의 슈퍼컴퓨터가 1초에 수십억 번 시도할 수 있었던 속도가 고작 몇 번 수준으로 극적으로 떨어지게 됩니다. 이 강력한 방어막 덕분에 단순해 보이는 영어 단어들이 철통 같은 보안을 유지할 수 있는 것입니다.

| 니모닉은 어떻게 시드(Seed)가 될까?

그렇다면 니모닉은 구체적으로 어떤 재료와 과정을 거쳐 시드(Seed)가 될까요? 그 공식은 다음과 같습니다.

[니모닉 단어 + 소금(Salt) → PBKDF2 함수 → 512비트 시드]

함수에 들어가는 재료는 크게 두 가지입니다. 첫째, '비밀번호' 자리에는 여러분이 가진 12개(또는 24개)의 니모닉 단어가 들어갑니다. 둘째, '소금(Salt)' 자리에는 "mnemonic"이라는 고정된 영어 단어와 여러분이 설정한 '패스프레이즈'가 합쳐져서 들어갑니다. (만약 패스프레이즈를 설정하지 않았다면, 소금은 그냥 "mnemonic"이라는 단어 하나가 됩니다.)

여기서 패스프레이즈의 역할이 중요합니다. 패스프레이즈는 일종의 '25번째 단어'이자 '2차 비밀번호' 역할을 합니다. 만약 여러분이 지갑을 만들 때 패스프레이즈를 추가로 설정했다면, 누군가 여러분의 12개 니모닉 단어를 훔쳐 가도 자산을 빼낼 수 없습니다. 해커가 니모닉(비밀번호)은 알지만, 소금에 섞여 있는 여러분만의 패스프레이즈를 모르기 때문에, 올바른 시드를 생성할 수 없기 때문입니다. 이 기능은 흔히 '숨겨진 지갑(Hidden Wallet)'을 만들 때 사용됩니다. 니모닉만 입력하면(소금="mnemonic") 소액이 들어있는 미끼 지갑이 열리고, 니모닉에 패스프레이즈까지 입력하면(소금="mnemonic"+"암호") 거액이 든 진짜 지갑이 열리게 하여, 강압적인 상황에서도 자산을 지킬 수 있게 해줍니다.

다만 주의할 점이 있습니다. 패스프레이즈에는 '틀렸다'는 개념이 없습니다. 소금(Salt)이 바뀌면 결과물(요리)이 완전히 달라지듯이, 여러분이 패스프레이즈를 한 글자라도 틀리게 입력하면, '비밀번호 오류' 메시지가 뜨는 게 아니라 '잔고가 0인 완전히 엉뚱한 지갑'이 열리게 됩니다. 따라서 만약 여러분이 이 패스프레이즈를 잊어버린다면, 니모닉을 가지고 있어도 자산은 영원히 찾을 수 없습니다. 보안이 강력해지는 만큼 관리의 책임도 무거워지는 셈입니다.

이러한 기술적 과정들이 주는 가장 큰 혜택은 바로 '상호 운용성(Interoperability)'입니다. 앞서 말씀드린 변환 과정(PBKDF2 함수 사용, 2048번 반복, 소금 치는 규칙 등)은 BIP-39라는 국제 표준에 명시되어 있습니다. 레저(Ledger), 트레저(Trezor), 메타마스크(MetaMask) 등 우리가 사용하는 거의 모든 지갑이 이 규칙을 따르고 있습니다.이것이 무엇을 의미할까요? 만약 여러분이 사용하던

'레저' 하드웨어 지갑 회사가 망해서 없어진다고 가정해 봅시다. 혹은 지갑 기기가 고장 났는데 같은 제품을 구할 수 없게 되었습니다. 걱정할 필요가 없습니다. 여러분이 가진 니모닉을 '트레저' 지갑이나 '메타마스크' 같은 다른 회사의 지갑에 입력하기만 하면, 표준 공식에 의해 똑같은 시드가 생성되어 내 자산이 그대로 되살아납니다. 이 표준 덕분에 사용자는 특정 기업이나 기기에 종속되지 않습니다. 기계는 거들뿐, 자산의 소유권은 오직 니모닉을 쥐고 있는 여러분에게 귀속됩니다. 결국 니모닉이 시드로 변하는 과정은 인간을 위한 편의성, 해커를 막는 강력한 암호 기술, 그리고 '특정 기업으로부터의 자유'를 보장하는 개방형 표준이 결합된 매우 정교하고 안전한 시스템인 것입니다.

거래와 채굴: 기록하고 도장 찍기

비트코인 이야기를 하다 보면 빠지지 않는 단어가 바로 '채굴(Mining)'입니다. 많은 분이 채굴이라는 단어를 듣고 "진짜 어디 가서 곡괭이로 땅을 파는 건가?"라고 생각하시기도 합니다. 이번 시간에는 내 비트코인 거래가 어떻게 확정되고, 채굴이란 정확히 무엇인지 그 과정을 아주 명쾌하게 설명해 드리겠습니다.

블록체인 거래 과정

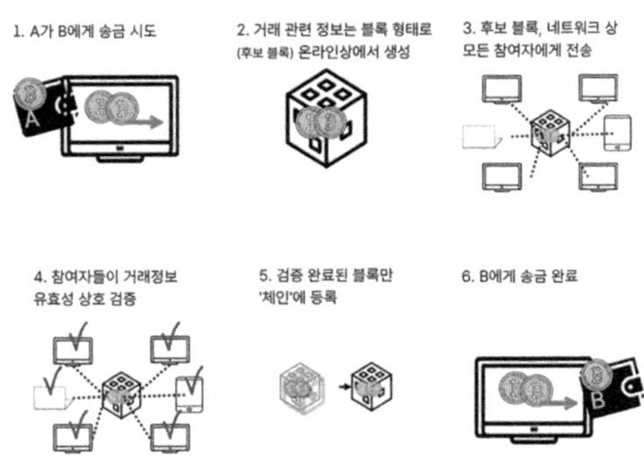

| 1단계: 거래 생성과 전파 - "저 송금합니다!"

여러분이 친구에게 비트코인 0.1개를 보내기 위해 지갑 앱에서 '전송' 버튼을 눌렀다고 상상해 봅시다. 이 버튼을 누르는 순간, 여러분의 개인키가 작동합니다. "내 지갑에서 친구 지갑으로 0.1 BTC를 보냅니다"라는 디지털 메시지에 여러분의 인감도장(개인키 서명)을 쾅 찍는 것입니다. 이렇게 서명된 거래 내역은 가장 가까운 비트코인 노드에게 전달됩니다. 이때 노드는 무작정 소문을 퍼뜨리지 않습니다. "이 서명이 진짜 주인의 것이 맞는지", "보내려는 0.1 BTC가 실제로 잔고에 있는지" 꼼꼼하게 검증한 후, 문제가 없을 때만 다시 옆 노드에게 전달하며 단 몇 초 만에 전 세계 비트코인 네트워크로 퍼져나갑니다.

| 2단계: 멤풀(Mempool) - 온라인 거래 대기실

전 세계로 퍼져나간 거래는 바로 처리되는 것이 아닙니다. '멤풀(Mempool)'이라는 곳에 도착합니다.멤풀은 일종의 '온라인 거래 대기실'입니다. 이곳에는 여러분의 거래뿐만 아니라, 지금 이 순간 전 세계에서 발생한 수천, 수만 개의 미확인 거래들이 바글바글 모여 있습니다. 비트코인 블록은 약 10분에 한 번씩만 생성되기 때문에, 이 모든 거래를 실시간으로 다 태워 보낼 수는 없습니다.여기서 중요한 것이 바로 '수수료(Fee)'입니다. 수수료는 "제 거래를 먼저 처리해 주세요!"라고 외치는 '급행료'와 같습니다. 멤풀이라는 붐비는 터미널에서, 채굴자들은 기왕이면 수수료를 많이 낸 승객(거래)을 골라 다음 버스(블록)에 태우려고 할 것입니다. 만약 수수료를 너무 적게 냈다면 어떻게 될까요? 버스를 타지 못하고 멤풀에서 하염없이 기다리다가, 결국 네트워크에서 잊히거나 취소될 수도 있습니다.

| 3단계: 채굴(Mining) - 수학 문제 풀기 경쟁

이제 '채굴자(Miner)'들이 등장합니다. 이들은 비트코인 네트워크의 회계사이자 기록 관리자입니다. 채굴자들은 먼저 멤풀을 들여다보며 수수료가 높은(돈이 되는) 거래들을 쏙쏙 골라 담아 '후보 블록'을 만듭니다. 하지만 후보 블록을 만들었다고 해서 바로 장부에 기록되는 것은 아닙니다. 진짜 장부에 기록할 권한을 얻으려면, 아주 어려운 수학 문제를 풀어야 합니다. 이를 '작업 증명(Proof of Work)'이라고 합니다. 이 수학 문제는 고차원적인 미적분 문제가 아닙니다. 오히려 해변에서 특정한 모양의 모래알 하나를 찾을 때까지 모든 모래알을 하나씩 다 뒤져보는 것과 같습니다. 쉽게 말해, 입력값은 정해져 있는데(후보 블록 내용), 결과값이 '특정 목표값(Target)'보다 낮게 나오도록 만드는 '단 하나의 숫자'를 찾는 게임입니다. 이때 채굴자들이 찾는 정답을 '넌스(nonce)'라고 부릅니다. 'Number used once(단 한 번 쓰이는 숫자)'의 줄임말입니다. 채굴 컴퓨터는 [블록 데이터 + 넌스(0, 1, 2...)]를 해시 함수에 넣고 돌립니다. 0을 넣어보고 꽝이면 1, 아니면 2... 이렇게 무작위 숫자를 1초에 수억 번, 수조 번 대입해 보며, 우연히 목표값보다 낮은 해시값(정답)이 튀어나올 때까지 무한 반복 작업을 수행합니다. 엄청난 전기와 컴퓨터 성능이 필요한 이유가 바로 여기에 있습니다.

| 4단계: 컨펌(Confirm) - 도장 쾅!

치열한 경쟁 끝에, 마침내 한 채굴자가 정답(넌스)을 찾아냈습니다! 그는 "내가 찾았다!"라고 전 세계 네트워크에 외칩니다.

다른 노드들은 그 정답이 맞는지 재빨리 검증합니다. 채굴자가 찾은 넌스 값을 식에 대입해 보면 정답인지 아닌지 0.001초 만에 알 수 있습니다. 모두가 "정답이 맞다"고 인정하면, 그 채굴자가 만든 블록은 기존 블록체인에 '철컥'하고 연결됩니다. 바로 이 순간, 멤풀에서 대기하던 여러분의 거래는 첫 번째 확인, 즉 '1 컨펌(Confirm)'을 받게 됩니다. 그렇다면 채굴자들은 왜 그 비싼 전기세를 내며 이 고생을 할까요? 확실한 보상이 있기 때문입니다. 경쟁에서 승리한 채굴자는 두 가지 수입을 얻습니다.

첫 번째는 블록 보상입니다. 매월 정기적으로 따박따박 나오는 월급이라고 생각하시면 편합니다. 채굴자들이 블록을 생성해내면 세상에 없던 새로운 비트코인이 생성되어 지급됩니다. 2024년 4월 반감기 이후 채굴보상은 3.125BTC이고 4년마다 이 채굴보상은 반으로 줄어듭니다. 두 번째는 거래 수수료입니다. 월급 이외의 수당같은 것이라고 생각하시면 좋습니다. 채굴자들이 블록을 생성하게 되면 자신이 생성한 블록에 포함된 모든 거래들의 수수료를 몽땅 가져갑니다. 이러한 비트코인 채굴의 경제적 보상 덕분에, 전 세계의 수많은 채굴자가 자발적으로 참여하여 비트코인 네트워크의 보안을 철통같이 지키고 있는 것입니다. 참고로, 큰 금액의 비트코인을 거래할 때는 보통 '6 컨펌'을 기다립니다. 1 컨펌도 안전하지만, 혹시 모를 아주 희박한 확률의 전산 충돌까지 완벽하게 배제하기 위해, 내 거래가 담긴 블록 뒤에 5개의 블록이 더 연결될 때(약 1시간)까지 기다리는 것입니다. 이때가 되면 수학적으로 거래를 되돌리는 것은 불가능에 가깝습니다. 결국 채굴은 단순한 돈벌이가 아니라, 신뢰할 수 있는 투명한 장부를 만들기 위한 가장 공정하고 치열한 증명 과정입니다.

블록체인:
세상에서 가장 안전한 공공 가계부

비트코인 이야기를 하다 보면 필연적으로 '블록체인'이라는 단어를 마주하게 됩니다. 많은 분이 비트코인과 블록체인을 혼동하거나, 기술적인 용어라는 생각에 어렵게만 느끼십니다. 하지만 개념을 알고 나면 생각보다 아주 단순합니다. 저는 블록체인을 한마디로 '세상에서 가장 안전한 공공 가계부'라고 표현하고 싶습니다.

| 중앙화된 장부의 위기

블록체인이 왜 필요한지 알기 위해서는 먼저 우리가 현재 사용하고 있는 금융 시스템, 즉 '중앙화된 장부'의 문제점을 들여다봐야 합니다. 대표적인 예가 은행입니다. 여러분이 친구에게 10만 원을 이체한다고 가정해 봅시다. 이 거래 기록은 오직 은행이라는 하나의 회사가 관리하는 중앙 서버에만 저장됩니다. 우리는 은행이 실수를 하지 않을 것이며, 내 돈을 안전하게 지켜줄 것이라고 맹목적으로 믿을 수밖에 없습니다.

하지만 이런 중앙화된 시스템은 '단일 실패 지점(Single Point of Failure)'이라는 치명적인 약점을 가지고 있습니다. 모든 권한과 데이터가 한곳에 모여 있기 때문에, 그곳이 무너지면 모든 것이 마비

됩니다. 2022년 발생한 '카카오 데이터 센터 화재 사건'을 기억하십니까? 건물 한 곳에 불이 났을 뿐인데, 전 국민이 사용하는 메신저와 뱅킹 서비스, 택시 호출이 며칠간 먹통이 되었습니다. 또한 얼마전에는 '국가정보자원관리원 화재 사태'로 인해 모든 행정망 서비스가 올스톱되기도 했습니다. 이처럼 중앙화된 시스템은 물리적 사고나 해킹에 구조적으로 취약합니다.

만약 은행 서버가 치명적인 해킹을 당하거나, 2023년 미국 실리콘밸리은행(SVB)처럼 하루아침에 파산한다면 어떻게 될까요? 내 예금을 찾기 위해 하염없이 줄을 서거나, 최악의 경우 자산을 돌려받지 못하는 상황이 발생할 수도 있습니다. 또한 중앙화된 시스템은 '통제와 검열'에 취약합니다. 내 돈이지만 내 마음대로 쓸 수 없는 상황이 언제든 발생할 수 있습니다. 은행이나 정부는 법률적 판단, 혹은 행정 착오로 인해 언제든 개인의 계좌를 동결할 수 있습니다. 가상자산 시장에서도 마찬가지입니다. 세계 3위 거래소였던 FTX가 파산했을 때, 혹은 국내 거래소들의 입출금 중단 사태 때를 보시기 바랍니다. 거래소라는 '중앙 관리자'에게 문제가 생기니, 내 잘못이 아님에도 내 자산이 인질처럼 묶여버리는 일을 우리는 수없이 목격해 왔습니다.

즉, 중앙화된 장부는 효율적일지는 몰라도, 결코 완벽하게 안전하지는 않습니다. 블록체인은 바로 이 중앙화된 신뢰의 한계를 기술적으로 극복하기 위해 탄생했습니다.

| 블록체인: 모두가 함께 쓰는 마법의 공책

이러한 중앙화된 시스템의 한계를 극복하기 위해 등장한 것이 바로 블록체인입니다. 블록체인은 기술 용어로 '분산 원장(Distributed Ledger)'이라고 부릅니다. 쉽게 비유하자면 일종의 '모두가 함께 쓰는 마법의 공책'과 같습니다. 이 공책은 은행장 혼자 금고에 숨겨두고 쓰는 것이 아닙니다. 전 세계 모든 참여자(풀 노드, Full Node)가 똑같은 공책 사본을 각자 하나씩 나누어 가집니다. 만약 A가 B에게 비트코인을 보냈다면, 그 내용은 단 하나의 중앙 서버가 아니라 전 세계에 흩어져 있는 수만 개의 공책에 실시간으로 전파되어 동시에 똑같이 기록됩니다.

이 공책은 2009년 1월 3일 비트코인이 처음 탄생한 '제네시스 블록'부터 현재까지 약 15년 이상의 모든 거래 내역을 빠짐없이 담고 있으며, 누구나 원하면 인터넷을 통해 첫 페이지부터 마지막 페이지까지 투명하게 열람할 수 있습니다.

그리고 무엇보다 중요한 규칙이 하나 있습니다. 이 공책은 '지우개'나 '화이트'를 쓸 수 없는, 오직 펜으로 쓰기만 가능한(Append Only) 장부라는 점입니다. 한번 공책에 적힌 내용은 절대로 지우거나 고칠 수 없습니다. 만약 누군가 몰래 자기 공책의 숫자를 100에서 1,000으로 고친다 하더라도, 나머지 수만 명의 공책과 대조하는 순간 즉시 가짜임이 들통나서 무시당하게 됩니다. 이것이 블록체인이 해킹되지 않는 강력한 보안의 비밀입니다.

| 블록(Block)과 체인(Chain): 끊어지지 않는 연결

도대체 어떤 원리로 기록을 지울 수 없다는 걸까요? 그 비밀은 '블록체인'이라는 이름 속에 숨어 있습니다.

① 블록(Block): 데이터가 담긴 투명한 상자

블록은 약 10분 동안 발생한 거래 기록들을 묶어놓은 데이터 덩어리입니다. 마법 공책의 '한 페이지'라고 보시면 됩니다. 이 블록 안에는 누가 누구에게 얼마를 보냈는지에 대한 거래 정보, 페이지가 생성된 시간(타임스탬프)뿐만 아니라, 체인을 연결하는 가장 중요한 연결고리인 '이전 블록의 해시값(Previous Block Hash)'이 함께 담겨 있습니다. 즉, 현재 페이지 맨 윗줄에 "앞 페이지의 내용은 이것이다"라고 요약본을 적어두는 것과 같습니다.

② 체인(Chain): 암호학으로 엮인 쇠사슬

블록체인은 이 페이지(블록)들을 단순히 순서대로 쌓아두는 것이 아니라, 강력한 암호학적 쇠사슬로 묶어버립니다. 이해를 돕기 위해 우리가 즐겨 먹는 '소떡소떡' 꼬치를 상상해 보겠습니다. 소떡소떡은 떡과 소시지가 하나로 연결되어 있어 중간에 있는 떡만 쏙 빼낼 수가 없습니다. 블록체인의 연결은 이보다 훨씬 더 강력합니다.2

번 블록은 1번 블록의 고유한 지문(해시)을 재료로 삼아 만들어집니다.그리고 3번 블록은 2번 블록의 지문을 재료로 삼아 만들어집니다. 만약 어떤 해커가 과거의 기록을 조작하려고 1번 블록의 거래 내역을 단 1원이라도, 점 하나라도 수정한다면 어떻게 될까요? 데이터가 변했으므로 1번 블록의 지문(해시) 값이 완전히 다른 값으로 변해버립니다. 이를 '눈사태 효과'라고 합니다.

그러면 2번 블록이 기억하고 있던 '이전 블록 지문'과, 실제 변해버린 1번 블록의 지문이 서로 맞지 않게 됩니다. 즉시 연결 고리가 '툭' 하고 끊어지는 것입니다.2번 블록과의 연결을 다시 잇기 위해 2번 블록을 수정하면? 이번엔 3번 블록과의 연결이 끊어집니다.결국 해커가 과거의 기록 하나를 수정하려면, 그 뒤에 연결된 수십만 개의 블록을 전부 다시 채굴(재계산)해야 합니다. 앞서 채굴은 엄청난 전기와 에너지가 들어가는 '고된 작업'이라고 말씀드렸죠? 이미 전 세계 채굴자들이 쌓아 올린 15년 치의 에너지 장벽을 혼자 힘으로 단숨에 다시 쌓아 올려야 한다는 뜻입니다. 이는 물리적으로 전 세계의 슈퍼컴퓨터를 모두 동원해도 불가능에 가까운 일입니다. 이것이 블록체인이 '불멸의 장부'라 불리는 이유입니다.

| 노드(Node): 장부의 수호자들

이 완벽한 장부를 지키는 것은 누구일까요? 바로 전 세계에 흩어져 있는 수만 명의 '노드(Node)'들입니다. 이들은 각자 자신의 공책(블록체인)을 가지고 서로를 감시합니다. 노드는 단순한 구경꾼이 아닙니다. 모든 거래가 비트코인의 규칙(프로토콜)에 맞는지 검사하는 '깐깐한 검수관'입니다.

만약 어떤 해커가 기적적으로 자신의 컴퓨터에 있는 장부를 위조해서 "이게 진짜야!"라고 네트워크에 내밀었다고 해보겠습니다. 그러면 나머지 수만 명의 노드가 자신이 가지고 있는 '진본 장부'와 대조해 봅니다. "어? 우리 거랑 내용이 다른데? 너는 규칙을 어겼어. 네 장부는 위조됐어!" 이 과정은 인간이 회의를 해서 결정하는 것이 아니라, 소프트웨어에 의해 0.1초 만에 자동으로 이루어집니다. 대다수의 노드가 해커의 장부를 '유효하지 않음(Invalid)'으로 판정하여 즉시 기각하고, 해커의 연결을 끊어버립니다.

블록체인 네트워크에서는 다수가 가지고 있는 장부가 '진실'이 됩니다. 즉, 위조에 성공하려면 전 세계에 흩어진 수만 대의 컴퓨터 중 과반수(51%)를 동시에 해킹하여 장악해야 합니다. 이를 '51% 공격'이라고 하는데, 현실적으로 불가능합니다. 비트코인 네트워크의 방어력(해시레이트)은 이미 구글이나 아마존 같은 거대 IT 기업의 슈퍼컴퓨터를 모두 합친 것보다 더 강력합니다. 이 과반수를 넘어서려면 국가 예산급의 천문학적인 전기세와 장비 비용이 들기 때문에, 경제적으로도 실행할 이유가 전혀 없습니다.

정리하자면 블록체인이란 '데이터를 블록 단위로 묶어 암호학적 쇠사슬로 연결하고, 이를 전 세계 수만 대의 컴퓨터에 분산 저장하여 위변조를 원천 봉쇄한 기술'입니다. 우리는 이제 은행이나 정부 같은 거대 권력을 맹목적으로 믿을 필요가 없습니다. 대신 투명하게 공개되고, 수학적으로 증명되며, 전 세계가 함께 감시하는 '시스템 그 자체'를 믿으면 됩니다. 블록체인은 단순한 데이터 저장 기술이 아닙니다. 인류가 수천 년간 유지해 온 '중앙 집중형 신뢰' 방식을 '탈중앙화된 신뢰'로 송두리째 바꾼 '신뢰의 혁명'이라고 할 수 있습니다.

결정적 차이: 통제 당하는가?

비트코인의 본질이 무엇인지 찾아가기 위한 긴 여정도 거의 끝에 다다랐습니다. 우리는 돈의 역사부터 시작해 은행 시스템의 비밀, 그리고 비트코인의 작동 원리인 블록체인까지 숨 가쁘게 달려왔습니다. 마지막으로 여러분께 가장 본질적인 질문을 하나 던지고 싶습니다. "여러분은 어떤 장부를 믿으시겠습니까?" 원화나 달러 같은 법정화폐와 비트코인은 겉보기에는 비슷해 보입니다. 둘 다 물건을 살 수 있고, 숫자로 표현되며, 가치를 가집니다. 하지만 그 내면을 들여다보면 DNA가 완전히 다른 돈이라는 것을 알 수 있습니다. 그 결정적인 차이는 바로 '누가 돈의 규칙을 만들고 통제하는가'에 달려 있습니다.

| 탄생의 주체: 권력인가, 알고리즘인가

우리가 쓰는 법정화폐(Fiat Currency)는 오직 정부와 중앙은행만이 만들 수 있습니다. 이를 '피아트 머니(Fiat Money)'라고도 부르는데, 이는 라틴어로 '명령하다(Let it be done)'라는 뜻입니다. 즉, 정부의 명령과 권위에 의해서만 가치가 유지되는 돈입니다.

문제는 이 시스템에서 소수의 엘리트들이 회의를 통해 공급량을 얼마든지 늘릴 수 있다는 점입니다. 2008년 금융위기나 최근의 코로나 팬데믹을 떠올려 보시기 바랍니다. 위기가 닥치면 정부는 손쉽게 돈을 찍어내는 선택을 합니다. 국채를 발행하고 양적 완화를 단행합니다.

2008년 당시 벤 버냉키 연준 의장은 "디플레이션을 막기 위해서라면 헬리콥터에서 돈을 뿌려서라도 경기를 부양하겠다"라고 말해 '헬리콥터 벤'이라는 별명을 얻기도 했습니다. 하지만 그 결과는 무엇이었습니까? 시중에 돈이 넘쳐나면서 살인적인 물가 상승(인플레이션)으로 돌아왔고, 내가 열심히 모은 자산의 가치는 물에 탄 듯 희석되었습니다. 성실하게 저축한 사람들의 부가 돈을 먼저 찍어낸 사람들에게로 이전되는 것, 이것이 통제되는 돈의 한계입니다. 반면,

비트코인은 철저하게 '통제되지 않는 돈'입니다. 비트코인에는 주인이 없습니다. 창시자인 사토시 나카모토조차 비트코인을 마음대로 조작할 수 없습니다. 왜냐하면 2009년 처음 배포된 비트코인 코드에 '총발행량 2,100만 개'라는 규칙이 영원히 박제되어 있기 때문입니다. 이 규칙은 단순히 글자로만 적혀 있는 것이 아닙니다. 전 세계 1만 5천 개 이상의 노드가 눈에 불을 켜고 이 규칙을 감시하고 있기 때문에, 누군가 몰래 코드를 수정하려 해도 즉시 거부당합니다. 비트코인은 인간의 정치적 판단이나 개입 없이, 오직 정해진 수학적 알고리즘과 코드, 그리고 참여자들의 합의에 의해서만 발행되고 운영됩니다. 누군가의 말 한마디에 내 돈의 가치가 희석될 걱정을 할 필요가 없는 것입니다.

| 장부의 관리: 밀실인가, 광장인가

두 번째 차이는 '돈이 어디에 기록되는가'입니다. 앞서 돈의 본질은 은행 서버에 기록된 숫자라고 말씀드렸습니다. 그런데 이 서버는 은행 관계자만이 접근하고 수정할 수 있는 철저한 '비공개 중앙 장부'입니다. 이 방식은 치명적인 약점을 가집니다. 바로 '단일 실패 지점(Single Point of Failure)'입니다. 은행 서버가 해킹을 당하거나, 데이터 센터에 화재가 발생해 백업 장비까지 타버린다면 어떻게 될까요? 물론 최첨단 백업 시스템 덕분에 돈의 기록 자체가 완전히 사라질 확률은 낮습니다. 하지만, 시스템 복구를 위해 며칠 동안 금융망이 마비되어 내 돈을 단 한 푼도 꺼내 쓸 수 없는 '자산 동결' 상황은 언제든 발생할 수 있습니다.

더 무서운 것은 '검열'입니다. 정부나 권력 기관이 마음만 먹으면 법적 절차를 통해, 혹은 행정 명령만으로도 언제든지 내 계좌를 동결하거나 압류할 수 있습니다. 내 돈이지만 내 허락 없이 타인에 의해 통제될 수 있는 것입니다. 우리는 그저 "은행이 내 돈을 잘 지켜주겠지", "정부가 내 계좌를 막지 않겠지"라고 그들의 선의를 믿는 수밖에 없습니다.

하지만 비트코인은 '탈중앙화된 공공 장부'입니다. 내 비트코인 잔고는 전 세계 수만 개의 컴퓨터(노드)에 똑같이 복제되어 저장됩니다. 비트코인을 없애거나 장부를 조작하려면 어떻게 해야 할까요? 전 세계 100여 개국에 흩어져 있는 수만 대의 비트코인 노드를 찾아내, 미사일을 쏘든 전기를 끊든 '한날한시'에 동시에 파괴해야 합니다. 이것은 사실상 불가능합니다. 또한, 비트코인에는 '검열 저항성(Censorship Resistance)'이라는 강력한 특성이 있습니다. 내 개인키 없이는 그 누구도, 심지어 국가의 대통령이나 사법부조차도 내 자산을 동결하거나 강제로 뺏어갈 수 없습니다. 비트코인은 누구의 허락도 필요 없는, 온전히 나만이 통제할 수 있는 유일한 자산입니다.

| 가치의 담보: 신용인가, 증명인가

마지막 차이는 '무엇이 가치를 담보하는가'입니다.

법정화폐의 가치는 '국가에 대한 신용'에서 나옵니다. 우리가 종이 쪼가리에 불과한 지폐를 돈으로 믿고 쓰는 이유는, 정부가 그 가치를 보증하고 국민에게 세금을 그 돈으로 걷겠다고 강제하기 때문입니다. 하지만 이 신용은 영원하지 않습니다. 베네수엘라나 짐바브웨의 사례처럼 국가가 경제 정책에 실패하거나, 하이퍼인플레이션처럼 빚을 갚기 위해 돈을 무제한으로 찍어내 신뢰를 잃으면, 그 돈은 순식간에 불쏘시개나 휴지 조각이 되어버립니다. 반면 비트코인의 가치는 '수학적 증명'과 '투입된 에너지'에서 나옵니다. 비트코인은 2,100만 개라는 절대적인 희소성을 가집니다. 하지만 단순히 희소하다고 해서 가치가 생기는 것은 아닙니다. 비트코인의 가치는 전 세계 채굴자들이 막대한 전기와 장비를 투입하여 구축한 '해시레이트(Hashrate)'라는 철옹성 같은 보안 장벽이 담보합니다. 해커가 장부를 조작하려면 이 전 세계적인 에너지 비용을 넘어서야 하는데, 이는 물리적으로 불가능합니다. 즉, 비트코인은 누군가의 약속이 아니라, 위변조를 불가능하게 만드는 '비용(에너지)'과 이 시스템을 신뢰하는 사용자들의 견고한 '네트워크 효과'가 그 가치를 단단하게 지탱하고 있는 것입니다.

무엇을 선택하시겠어요?

이야기를 마치며 다시 처음의 질문으로 돌아가겠습니다. 여기 두 개의 장부가 있습니다. 하나는 소수의 결정권자가 밀실에서 관리하며, 위기가 닥치면 화폐를 무제한으로 찍어내 내 자산의 가치를 희석시키고, 필요하면 내 계좌를 동결할 수도 있는 '불투명한 장부'입니다. 다른 하나는 전 세계 모두가 감시하고 검증하며, 수학적 규칙(프로토콜)에 의해 발행량이 2,100만 개로 엄격히 제한되어 있고, 그 누구도 내 자산을 건드릴 수 없는 '투명한 장부'입니다.

여러분은 소중한 자산을 어디에 보관하시겠습니까? 언제 바뀔지 모르는 인간의 약속을 믿으시겠습니까, 아니면 거짓말을 하지 않는 수학과 코드의 시스템을 믿으시겠습니까? 비트코인은 단순한 투기 수단이 아닙니다. 이것은 불완전한 금융 시스템에 대한 대안이자, 내 자산의 주권을 온전히 나에게로 가져오는 '자산의 독립 선언'입니다. 더 나아가, 과거 종교와 정치가 분리되었듯(정교분리), 마침내 '화폐와 국가가 분리'되는 인류 역사의 거대한 전환점이라고도 할 수 있습니다.

비트코인의 가격은 시장의 심리에 따라 오르내릴 수 있지만, 본질적인 가치와 '탈중앙화'라는 철학은 절대 변하지 않습니다. 부디 눈앞의 가격이 아닌, 거대한 변화의 흐름을 보시길 바랍니다.

세금은 선택이 아니라
재테크의 기본입니다.

평소 얼마나 세금에 대해 알고 계시나요? 사실 저도 세금을 인식하고 대비를 하기까지 얼마 되지 않았습니다. 불과 2년 전까지도 저는 세금에 대해 전혀 알지 못 했습니다.

제가 재테크를 처음 시작하고 1년 뒤인 2023년에 세금에 대한 무서움을 처음 느끼게 되었습니다. 바로 해외주식 수익으로 인한 양도소득세 납부였는데요. 지금 생각해보면 별 것 아니지만 당시에는 양도소득세라는 존재도, 세금납부 준비도 되지 않았던 상태라서 마냥 무섭게만 느껴졌던 것 같습니다.

당시에 납부한 양도소득세는 48만원이었습니다. 월 120만원으로 생활을 했던 저희 가정에는 48만원이라는 돈은 너무나도 크게 다가왔습니다. 관리비, 통신비, 주유비, 식비를 포함한 생활비였기에 그 달은 정말 허리를 졸라매며 지냈습니다.

그리고 생각했습니다. '세금에 대한 준비가 전혀 되지 않았구나! 미리 알았더라면 여유있는 달에 준비를 해놓을걸..!' 이라는 후회도 들었습니다.

해외주식 수익이 있었기 때문에 양도소득세는 반드시 납부를 했어야 했고, 갑자기 생긴 것이 아니었습니다. 단지 제가 세금에 대해 무지했기 때문에 준비가 안되었던거죠.

사실 양도소득세의 존재를 알기 전까지만 해도 저는 세금은 성공한 사업가, 자산을 몇 백억씩 보유하고 있는 부자들만 내는 것 인줄 알았습니다. 작은 돈이라도 수익이 생기면 반드시 세금을 내야한다는 것을 그때 알게 되었고, 세금이 무섭게 느껴졌습니다. 그래서 공부를 시작했습니다.

공부를 하고 보니 사실 저는 이미 세금을 납부하고 있는 납세자였습니다. 매월 받는 봉급에서 빠져나가는 소득세, 소비를 할 때마다 부가되는 소비세 등 돈이 들어온 것만 생각을 했지 납부를 하고 있다는 사실을 크게 인지하지 못했습니다.

납세는 국민의 고결한 의무입니다. 그러나 아낄 수 있는 세금은 합법적인 절세방법을 이용하여 불필요한 금액이 낭비되지 않게, 가산세를 물지 않게 할 필요는 있겠죠? 제가 나눠드리는 이야기를 통해서 재테크 초보인 우리가 반드시 알아야 할 기본 세금상식과 절세전략에 대해서 알아가셨으면 좋겠습니다.

| <손해없이 재테크 하는 쉬운 세금상식> 커리큘럼

강의는 총 4강으로 구성되어 있습니다.

1강 : 세금의 기본구조 이해하기

2강 : 부동산 세금과 전세전략

3강 : 금융 · 주식투자 세금과 연말정산

4강 : 가족 증여 · 상속 절세전략

1강. 세금의 기본 구조 이해하기

본격적으로 세금의 기본 구조를 이해하는 과정을 시작하겠습니다. 세금은 선택이 아니고 세금은 구조다. 내가 내고 싶어서 내는 것도, 피하고 싶다고 피할 수 있는 것도 아니다. 돈을 벌고, 쓰고, 옮길 때마다 반드시 세금이 발생한다. 이 구조를 이해하는 순간, 세금은 두려움의 대상이 아니라 관리의 대상이 된다.

우리가 돈을 벌 때 가장 먼저 마주하는 세금은 소득에 대한 세금이다. 직장생활을 한다면 근로소득세를 납부하게 되고, 사업을 한다면 사업소득세가 부과된다. 적금이나 주식을 통해 이자 또는 배당금을 받게 되면 금융소득세가 발생한다. 이렇게 소득의 종류에 따라 세금이 달라지지만, 공통점은 '버는 순간 세금이 따라온다'는 사실이다.

돈을 가진 상태에서도 세금은 지속적으로 발생한다. 특히 부동산을 보유하면 그 자체만으로도 보유세를 내야 한다. 이 보유세는 재산세와 종합부동산세로 이루어져 있다. 단지 부동산을 가지고 있는 것일 뿐인데도 납부해야 하는 세금이 존재한다는 점에서 많은 사람들이 처음으로 '세금의 구조'를 체감하게 된다.

재산을 움직일 때 역시 세금은 빠지지 않는다. 명의를 바꾸는 순간 새로운 세금이 발생한다. 재산을 취득한 사람은 취득세를 납부해야 하고, 재산을 팔 때는 양도소득세가 부과된다. 누군가로부터 증여나 상속을 받아 내 소유가 되었을 때는 증여세와 상속세가 각각 발생한다. '내가 벌어서 산 것도 아닌데 왜 세금을 내야 하지?'라는 의문이 들 수도 있지만, 이것 역시 재산이 옮겨지는 구조 속에서 자연스럽게 따라오는 세금이다.

흥미로운 점은 '돈을 쓰는 순간'에도 세금이 존재한다는 사실이다. 우리가 구매하는 거의 모든 물품에는 10%의 부가가치세가 포함되어 있다. 편의점에서 커피 한 잔을 사는 단순한 행위조차 세금과 연결되어 있다. 소비를 하는 매 순간, 우리는 알게 모르게 세금을 내고 있다.

이처럼 돈이 움직이는 모든 단계, 버는 순간, 가지고 있는 순간, 이동하는 순간, 사용하는 순간마다 세금이 발생한다. 세금은 내지 않거나 마음대로 줄일 수 있는 것이 아니다. 세금은 이미 구조 속에 존재하며, 이를 이해하는 것부터가 절세의 출발점이다.

따라서 세금을 무작정 피하려고 하기보다, 발생하는 구조를 정확히 이해하고 그 안에서 절세 방법을 활용하는 것이 중요하다. 이것이 바로 이 파트에서 다루고자 하는 핵심이다.

세금의 기본 구조를 이해하면, 재테크의 길은 훨씬 선명해진다. 세금은 우리 재정 활동의 그림자처럼 따라오지만, 그 그림자를 제대로 파악하는 순간 우리는 훨씬 주도적인 선택을 할 수 있다.

이제 세금의 구조에 한 발 더 들어가는 여정을 시작해 보자.

| 세금의 종류

세금은 크게 '국세'와 '지방세'로 나뉜다. '국세'는 국가에 내는 세금으로, '홈택스'를 통해 납부하거나 신고 내역을 확인할 수 있다. 우리가 일상적으로 접하는 소득세, 법인세, 상속세, 증여세, 양도세 등이 모두 국세에 해당한다. 국가 차원에서 관리되는 세금인 만큼, 대부분의 소득과 재산 이동에 관한 세금이 여기에 포함되어 있다.

반면 '지방세'는 각 지자체에 납부하는 세금으로, '위택스'를 통해 납부와 확인이 가능하다. 대표적인 지방세로는 재산세, 취득세, 자동차세 등이 있다. 거주하는 지역에서 관리되는 세금들이며, 우리가 생활 속에서 가장 자주 접하게 되는 세금이기도 하다. 자동차세 고지서나 재산세 납부 안내문처럼, 일상 속에서 마주치는 세금 대부분이 지방세라는 점을 생각하면 이해가 쉽다.

세금은 이렇게 '국세'와 '지방세'로 나뉘는 동시에, '직접세'와 '간접세'라는 또 다른 기준으로도 분류된다. '직접세'는 납세자가 직접 납부하는 세금으로, 주로 소득과 재산에 부과된다. 소득세와 재산세가 대표적이다. 납세자가 자신의 이름으로 직접 신고하고 납부하는 만큼, 부담이 명확하게 드러나는 세금이라고 할 수 있다.

반면 '간접세'는 세금을 납부하는 사람과 실제로 세금을 부담하는 사람 즉, 담세자가 서로 다른 세금이다. 부가가치세와 소비세가 대표적인 간접세다. 예를 들어, 우리가 소비를 할 때마다 10%의 부가가치세를 내고 있지만, 실제로 그 세금을 납부하는 사람은 가게의 사장님이다. 소비자는 가격에 포함된 세금을 부담하지만, 국세청에 부가가치세를 신고하고 납부하는 주체는 판매자다. 이 구조 때문에 간접세라고 부르게 된다.

이처럼 세금은 '누가 관리하는가'에 따라 국세와 지방세로, '누가 실제로 부담하는가'에 따라 직접세와 간접세로 다시 구분된다. 이러한 기본 구조를 이해하는 것만으로도 각 세금이 어떤 방식으로 부과되고 납부되는지 훨씬 명확하게 파악할 수 있다. 앞으로 다양한 세금을 마주하게 될 때, 이 분류 체계를 기반으로 생각하면 훨씬 쉽게 세금의 성격을 이해할 수 있을 것이다.

| 세금 신고방식

우리나라의 국세는 대부분 납세자가 직접 세금을 신고하는 '신고납부방식'을 따른다. 이는 납세자에게 세금결정권이 있기 때문이다. 국가가 일방적으로 세금을 책정해 고지하는 것이 아니라, 납세자가 스스로 계산하고 신고하며 납부하는 것이 원칙이라는 점에서 중요한 특징을 가진다. 내가 벌어들인 소득을 기준으로 어떤 세금을 내야 하는지 판단하고, 그에 따라 신고하는 과정이 모두 개인에게 달려 있다.

국세 가운데에서도 예외가 존재한다. 증여세와 상속세는 세금을 축소하거나 신고하지 않는 탈루의 우려가 크기 때문에, 여전히 '부과징수방식'으로 고지된다. 즉, 이 두 가지 세금만큼은 국가가 먼저 세액을 결정하여 고지하는 형태를 유지하고 있다. 이는 재산의 무상 이전이 은밀하게 이루어질 가능성이 높기 때문에, 국가가 주도적으로 관리하고자 하는 의도가 반영되어 있다.

한편 지방세는 부동산 취득 시 납부하는 취득세를 제외하고는 대부분 '부과징수방식'으로 이루어진다. 자동차세나 재산세가 여기에 해당한다. 매년 정해진 공시가격을 기준으로 지자체가 세금을 결정하고, 각 개인에게 고지서를 발송한다. 세액을 개인이 직접 계산하는 과정 없이, 지자체가 산정한 금액을 받아 납부하는 방식이다.

이처럼 국세는 스스로 신고해야 하는 구조, 지방세는 대부분 지자체가 고지하는 구조라는 점이 큰 차이다. 이러한 기본적인 세금 부과 방식의 차이를 이해하는 것만으로도 앞으로 세금을 관리하는 과정에서 어떤 준비가 필요한지 보다 명확하게 파악할 수 있다.

그렇다면 납세자가 직접 세금을 신고하는 구조를 이용해서, 수익을 축소하거나 일부를 누락시키면 세금을 적게 낼 수 있을까? 이런 생각이 들 수도 있다. 그러나 절대로 그렇게 해서는 안 된다. 그리고 실제로도 그렇게 되지 않는다.

국세청에는 '경정'이라는 제도가 있다. 이는 납세자가 신고한 내용을 국세청이 꼼꼼히 확인하는 절차라고 할 수 있다. 국세청은 납세자의 신고 내역을 자세히 살펴보며, 신고 내용에 이상이 있는지,

누락되거나 축소된 부분은 없는지를 검토한다. 이렇게 확인 과정에서 식별된 사항이 있다면, 단순히 누락된 세금만 다시 내고 끝나는 것이 아니다.

누락된 세금을 추가로 납부해야 하는 것은 물론이고, 그에 더해 벌금 형태의 가산세까지 함께 부담해야 할 수 있다.

즉, 순간의 편의나 욕심으로 소득을 축소 신고하거나 일부를 누락시키는 행동은 오히려 더 큰 손해로 돌아올 수 있다. 그렇기 때문에 처음부터 정확하게 신고하는 것이 중요하며, 자신의 신고 내용은 반드시 꼼꼼히 확인해야 한다.

| 세금을 반드시 알아야 하는 이유

이처럼 납세자의 세금 신고 능력과 납세 의식은 갈수록 더 중요해지고 있다. 스스로 신고해야 하는 구조라면, 당연히 신고를 제대로 할 수 있는 기본 지식이 필요하다. 세금과 관련된 내용을 전혀 모른 채 신고를 한다면 실수나 누락이 생길 수밖에 없기 때문이다.

세무사나 회계사 같은 세무대리인에게 업무를 맡긴다고 해서 예외가 되는 것도 아니다. 대리인에게 일을 믿고 맡기더라도, 기본적인 세금 상식은 반드시 알고 있어야 한다. 내가 어떤 세금을 내고 있는지, 어떤 구조에서 세금이 발생하는지 이해하지 못한다면 나에게 필요한 판단을 스스로 할 수 없다. 결국 세금을 공부해야 하는 이유는 바로 여기에 있다.

세금은 피하고 싶어서 피할 수 있는 것이 아니라, 정확히 알고 관리해야 하는 영역이다. 그렇기 때문에 납세자로서 기본 지식을 갖추는 일은 선택이 아니라 필수다.

| 세금을 아는 경우 VS 모르는 경우

세금을 알고 있을 때와 모르고 있을 때의 차이는 생각보다 크다. 양도세의 대표적인 절세 방법인 '일시적 2주택' 규정을 몰랐던 경우, 내지 않아도 될 양도세를 그대로 납부해야하거나, 부동산을 취득할 때 신고기한 내에 신고하지 않아 가산세 10%를 추가로 부담하는 경우도 있다. 이처럼 충분히 절세방법을 적용할 수 있었음에도 불구하고, 세금을 몰라서 필요 이상의 세금을 납부하는 경우가 실제로 발생한다.

반대로 세금 구조를 잘 알고 있다면 상황은 완전히 달라진다. 예를 들어, 부동산 비과세 기간과 매도 시점을 고려해 양도세를 아예 내지 않는 선택을 할 수 있다. 증여세 절세 방법을 알고 있다면 자녀에게 재산을 증여하면서도 증여세를 납부하지 않는 사례가 가능하다. 같은 재산을 가지고도 '세금을 아는가, 모르는가'에 따라 최종 결과가 크게 달라진다.

세금은 재테크의 마침표가 아니라, 첫 시작부터 설계를 해야 하는 출발점이다. 세금을 모르면 내지 않아도 되는 세금을 내야 하므로, 수익이 있어서 결국 손에 남는 돈이 크지 않다. 세금 납부로 인해 최종 수익률이 낮아지는 구조 때문이다. 결국 재테크에서 세율을 확인하고 전략적으로 움직이는 일은 선택이 아닌 필수다.

이 모든 이유가 바로 세금을 미리 공부해야 하는 이유다. 세금을 아는 것만으로도 지킬 수 있는 자산이 늘어나고, 재테크의 효율성은 훨씬 높아진다. 세금 지식은 재테크의 기반이며, 그 출발선에서부터 당신의 자산 흐름에 결정적인 차이를 만들어낸다.

| 세금의 3대 축 – 부동산, 금융, 가족

세금은 크게 세 가지 영역으로 나눌 수 있다. 먼저 '부동산' 관련 세금이 있다. 부동산을 취득할 때 부과되는 취득세, 보유하면서 매년 납부하는 재산세와 종합부동산세, 그리고 부동산을 팔 때 발생하는 양도세가 여기에 해당한다.

이 분야의 절세 포인트는 '시기'와 '보유 기간'이다. 비과세 조건을 충족하기 위해서는 언제 사고, 언제 팔고, 얼마나 보유하는지가 핵심 요소가 된다.

두 번째는 '금융' 분야의 세금이다. 금융 소득에는 이자소득세, 양도세, 금융소득종합과세 등이 포함된다. 이 영역에서는 '계좌를 분리하는 것'과 '증여'가 중요한 절세 전략으로 활용된다. 금융 소득의 성격과 금액에 따라 세금이 달라지기 때문에, 계좌 구조를 어떻게 구성하느냐가 절세에 직접적인 영향을 미친다.

세 번째는 '가족' 간 재산 이전에서 발생하는 세금으로, 증여세와 상속세가 여기에 포함된다. 이 부분의 절세 포인트는 공제 시기와 한도를 미리 파악하고 설계를 하는 것이다. 같은 재산을 주고받더라도 '언제', '어떤 방식으로', '얼마까지' 공제가 가능한지를 알고 움직이는 것만으로도 큰 차이가 생긴다.

앞으로 2강부터 4강까지의 과정에서 이 세 가지 핵심 분야 부동산, 금융, 가족 간 세금을 중심으로 구체적인 내용을 단계적으로 배워보게 될 것이다. 세금의 전체 구조를 이해한 지금부터는, 각 영역에서 어떻게 절세 전략을 세울 수 있는지를 본격적으로 살펴볼 시간이다.

우리는 모두 부자가 되고 싶다. 그렇다면 당연히 부자들의 행동을 따라야 한다. 부자들은 세금을 바라보는 관점부터가 다르다. 그들은 세금을 단순히 '내야 하는 돈'으로 보지 않는다. 세금을 돈의 흐름을 통제하는 수단으로 바라보고, 매월 혹은 매 분기별로 자신의 세금 상태를 점검한다. 그리고 무엇보다 중요한 것은, 부자들은 세금을 매기는 기준인 과세표준의 금액 자체를 줄이는 데 집중한다는 점이다.

| 부자들의 세금 인식

즉, 부자들은 세금이 정해지는 구조를 이해하고, 그 구조 안에서 어떻게 하면 과세표준을 최소화할 수 있는지를 치밀하게 설계한다. 같은 소득과 같은 자산을 가지고 있더라도, 세금 구조를 이해하고 설계하는 방식에 따라 최종적으로 부담하는 세금은 크게 차이가 난다. 부자들은 바로 이 지점을 누구보다 명확하게 알고 실천하고 있다.

이 글을 읽는 모든 분들 역시 부자들의 관점을 익히고, 세금을 구조화하여 설계하는 과정을 직접 경험해 보길 바란다. 세금은 피할 수 없는 것이지만, 구조를 알고 절세 혜택을 최대한 활용하는 것은 선택할 수 있는 일이다. 세금의 흐름을 이해하고 계획적으로 접근한다면, 누구든 부자의 관점으로 재정을 관리하며 더 큰 자산을 지킬 수 있다.

| 세금을 확인 할 수 있는 도구

세금을 확인할 수 있는 몇가지 도구들이 있다. 가장 기본이 되는 것은 홈택스와 위택스다. '홈택스'에서는 국세를 납부하고 과거 납부 내역을 조회할 수 있으며, '위택스'에서는 지방세를 납부하거나 이전 기록을 확인할 수 있다. 국세와 지방세 모두 온라인으로 관리할 수 있기 때문에, 이 두 가지 도구만 잘 사용해도 세금 관리가 훨씬 수월해진다.

또 하나 중요한 도구는 '부동산공시가격알리미'다. 이곳에서 공시가격을 확인하면, 재산세를 사전에 예측할 수 있다. 공시가격은 부동산 관련 세금의 기준이 되기 때문에, 정기적으로 확인해 두면 향후 세금 부담을 미리 판단하는 데 도움이 된다.

마지막으로 '부동산 계산기'가 있다. 이를 이용하면 부동산과 관련된 거의 모든 금액을 손쉽게 확인할 수 있다. 취득세부터 중개수수료, 기타 부동산 거래 시 발생하는 다양한 비용까지 계산이 가능하다. 단순한 참고용이 아니라, 실제 의사결정을 할 때 유용하게 활용할 수 있는 도구다.

이처럼 다양한 세금 확인 도구들을 알고 활용해 두면, 세금을 예상하고 준비하는 과정이 훨씬 명확해진다.

2강. 부동산 세금과 절세전략

부동산을 통해 자산을 만들고 싶다면, 가장 먼저 이해해야 할 것이 바로 세금이다. 부동산 세금은 크게 취득세, 보유세, 양도세, 이렇게 세 가지로 이루어져 있다. 각각의 세금은 부동산을 취득할 때, 보유할 때, 그리고 양도할 때 부과되며, 이 흐름을 이해하면 부동산 재테크의 구조가 자연스럽게 보이기 시작한다. 부동산 재테크에서 세금은 피할 수 없는 요소다. 하지만 구조를 알고 대비하면 전략이 되고, 전략이 결국 자산을 지키고 키우는 힘이 된다.

| 취득세

부동산 세금 가운데 가장 처음 마주하게 되는 것이 바로 취득세다. 취득세는 부동산의 명의가 바뀔 때마다 납부해야 하는 세금이다. 단순히 새로운 부동산을 구입할 때만 적용되는 것이 아니라, 남편이 보유하고 있는 부동산을 아내에게 이전하더라도 동일하게 취득세를 납부해야 한다.

그래서 부동산을 계획할 때는 사전에 명의분산 등을 이용해 절세 전략을 세우는 것이 중요하다.

취득세는 부동산의 종류에 따라 세율이 다르게 적용된다. 토지, 상가, 오피스텔의 경우 4%가 적용되며, 주택의 경우 금액에 따라 1~3%의 세율이 적용된다. 여기에는 지방교육세 0.1%가 포함되어 있고, 이것이 취득세의 기본 세율이 된다. 전용면적 85㎡ 이하의 주택을 취득할 경우에는 가격에 따라 해당 세율이 적용된다. 하지만 주택 수가 늘어나 다주택자가 되는 경우에는 취득세 중과가 적용된다.

<취득세 기본 세율>

(0.1% 지방세 포함)

주택 (전용면적 85제곱미터 이하)

- 6억 이하 : 1.1%

- 6억 초과 ~ 9억 이하 : {(취득가액 * 2/3억원) - 3} * 1/100

- 9억 초과 : 3.3%

단, 다주택자인 경우 취득세 중과 적용

최근에는 누구나 쉽게 사용할 수 있는 부동산 계산기를 통해 취득세를 미리 확인할 수 있다. 실제로 부동산을 매수하기 전에 예상 세금을 시뮬레이션해보면 불필요한 지출을 미리 피할 수 있다. 전용면적 85㎡를 초과하는 경우에는 기본 세율에 더해 농어촌특별세 0.2%를 추가로 적용해야 한다는 점도 기억해야 한다.

취득세 중과

구 분		조정지역	비조정지역
개 인	1주택	1~3%	
	2주택	8%	1~3%
	3주택	12%	8%
	4주택이상	12%	12%
법 인		12%	

다주택자의 취득세 중과는 더욱 복잡해진다. 개인이 1주택자인 경우에는 조정지역이든 비조정지역이든 관계없이 기본세율인

1~3%만 적용된다. 하지만 2주택부터는 조정지역인지 비조정지역인지에 따라 취득세 세율이 달라진다.

특이한 점은 일시적 2주택자의 경우다. 새로 구입한 주택을 구입한 뒤 3년 내에 기존 주택을 매매한다면 기본세율이 적용된다. 하지만 3년 이후에 기존 주택을 팔게 되면 5~7%의 취득세를 추가로 납부해야 하고, 여기에 가산세까지 붙게 된다. 따라서 일시적 2주택자라면 매도시기를 반드시 신중하게 결정해야 한다.

4주택 이상 또는 법인의 경우 취득세는 최고 세율인 12%까지 적용된다. 예를 들어 5억 원의 주택을 취득한다고 가정하면, 취득세만 무려 6천만 원을 납부해야 한다. 이 정도 규모라면 취득 단계에서 세금만으로도 투자 수익 구조가 크게 흔들릴 수 있다.

취득세는 단순한 '초기 비용'이 아니라, 부동산 투자 전체의 흐름을 좌우하는 중요한 요소다. 명의 이전의 순간마다 발생하고, 주택 수와 지역에 따라 세율이 달라지며, 일시적 2주택 규정과 같은 세부 요건에 따라 부담이 크게 달라질 수 있다. 그렇기 때문에 부동산을 계획할 때는 취득세 구조를 정확히 이해하고, 조세 부담을 최소화할 수 있는 전략을 사전에 세우는 것이 필수다.

취득세 절세방법

취득세를 줄이는 가장 확실한 방법은 명확한 전략을 세우는 것이다. 취득세 절세전략의 핵심은 똘똘한 한 채에 집중하는 것에서 시작된다. 가용 자금 내에서 가장 좋은 곳을 매수하는 것이 중요하며, 1주택의 경우에는 조정지역이든 비조정지역이든 관계없이 기본세율인 1~3%가 적용된다. 그렇기 때문에 가능한 범위 안에서 조정지역의 주택을 먼저 구매하는 것이 유리할 수 있다.

또 한 가지 중요한 절세 포인트는 미래 주택 보유 계획을 미리 세워두는 것이다. 단순히 한 채를 사는 것이 아니라, 앞으로 몇 채를 보유할 것인지, 어떤 지역에서 취득할 것인지 등을 구매 전에 계획해두면 불필요한 취득세 부담을 크게 줄일 수 있다.

예를 들어 최소 2채 보유를 고려하고 있다면, 전략은 더욱 중요해진다.

만약 1번 주택을 조정지역, 2번 주택을 비조정지역으로 선택한다면, 2주택자라고 해도 기본세율 1~3%의 취득세를 적용받을 수 있다. 하지만 반대로 1번을 비조정지역, 2번을 조정지역으로 취득할 경우 상황은 완전히 달라진다. 2주택부터 조정지역 주택을 취득하는 것이 되기 때문에 취득세는 8%가 적용되고, 이는 기본세율보다 5%나 높은 세율이다. 이 차이는 단순해 보이지만 결코 작지 않다.

예를 들어 10억 원 주택을 취득한다고 가정하면, 세율 5%의 차이는 무려 5,000만 원의 차이를 만든다. 취득 순서 하나만 올바르게 세워도 5,000만 원을 아낄 수 있다는 의미다. 이처럼 취득세 절세는 복잡한 계산보다 사전 계획이 훨씬 큰 효과를 가져온다.

결국 취득세 절세전략의 핵심은 단순하다. 똘똘한 한 채를 먼저 확보하고, 조정·비조정지역을 고려한 취득 순서를 미리 설계하는 것! 이 두 가지만 지켜도 수천만 원의 절세 기회가 눈앞에서 사라지는 일을 막을 수 있다.

| 보유세

보유세는 부동산을 보유하고 있을 때 매년 부과되는 세금이며, '매년 6월 1일 기준으로 주택을 보유한 사람'에게 부과된다. 부동산을 오래 보유하든, 최근에 취득했든, 기준일인 6월 1일에 주택을 보유하고 있다면 그 해 보유세 납부 대상이 된다. 따라서 부동산을 사고 파는 시점에 따라 보유세 부담이 달라질 수 있어, 거래 시기 또한 중요한 고려 요소가 된다.

보유세는 크게 '재산세'와 '종합부동산세'로 나누어진다. 먼저 재산세는 지방세로, 공시가격을 기준으로 주택을 보유한 사람 전체에게 부과되는 세금이다. 재산세는 한 번에 납부하는 것이 아니라 매년 7월과 9월, 두 차례에 걸쳐 나누어 납부하게 된다. 공시가격이 매년 변경되기 때문에 재산세도 그에 따라 달라질 수 있어, 공시가격 확인은 필수적이다.

종합부동산세는 재산세와는 부과 기준이 다르다. 종합부동산세는 1주택자의 경우 공시가격 12억 원을 초과하는 고가 주택, 그리고 공시가격 6억 이상의 다주택자를 대상으로 부과되는 세금이다. 이는 재산세를 납부한 뒤 매년 12월에 추가로 납부하게 된다. 부동산을 여러 채 보유한 경우나 고가 주택을 보유한 경우에는 재산세뿐 아니라 종합부동산세까지 함께 고려해야 한다.

재산세

보유세 중에서도 재산세를 직접 계산해보면 구조를 더 명확하게 이해할 수 있다.

공정시장가액 공시가격	세율	과세표준	세율
3억이하	43%	6,000만원이하	0.1%
3억초과~6억이하	44%	1억5천만원이하	0.15%
6억초과	45%	3억이하	0.25%
다주택자 및 법인	60%	3억초과	0.4%

<재산세 계산방법>

공시가격 × 공정시장가액

= 과세표준 × 세율

= 재산세액 + 지방교육세 (재산세액 0.2%) + 도시지역분 (과세표준 0.14%)

= 최종세액

예를 들어 공시가격 2억 9천만 원의 주택이 있다고 가정하면, 여기에 공정시장가액비율 43%를 적용하게 된다. 그러면 과세표준은 1억2,470만원이 된다. 이 과세표준에 따라 재산세율을 적용하여 금액을 산출하는 방식이다.

재산세는 누진공제액이 따로 존재하지 않기 때문에, 과세표준 구간별 세율을 그대로 적용하면 된다.

과세표준 6,000만원까지는 0.1%, 그리고 차액인 6,470만원에는 0.15%를 적용해 계산한다. 이렇게 구한 금액에 지방교육세와 도시지역분을 더하면 재산세 총액을 계산할 수 있다.

보유세는 복잡해 보일 수 있지만, 기본 구조는 단순하다.

1. 6월 1일 기준 보유 여부
2. 공시가격 변화
3. 재산세와 종합부동산세의 구분
4. 과세표준 산출

위 항목만 정확히 이해하면 매년 반복되는 세금에 안정적으로 대비할 수 있다.

보유세를 정확히 이해하고 대비하기 위해서는 내가 보유한 주택의 공시가격을 확인하는 과정이 필수적이다. 공시가격을 알고 싶다면 간단한 방법으로 조회할 수 있다. 포털사이트에서 '공시지가조회'를 검색한 후 '부동산공시가격알리미' 사이트에 접속하면 된다. 사이트에 들어가 공동주택 공시가격 메뉴를 선택하고, 해당 지역과 아파트 동·호수를 입력하면 공시가격을 바로 확인할 수 있다.

공시가격은 보유세뿐 아니라 여러 가지 부동산 세금과 규제의 기준이 되기 때문에, 매년 발표되는 시점에 반드시 확인해야 하는 중요한 정보다.

종합부동산세

보유세 가운데 종합부동산세는 비교적 복잡한 세금으로, 먼저 개인이 보유한 주택 전체의 공시가격을 모두 더하는 과정에서 시작된다. 이를 인별합산 공시가격이라고 한다.

종합부동산세는 이 인별합산 공시가격에서 다주택자는 9억, 1세대 1주택자는 12억을 공제받는다. 이 공제를 적용한 뒤, 재산세와 마찬가지로 공정시장가액비율을 적용하여 과세표준을 계산하게 된다.

종합부동산세는 재산세와 구조상 겹치는 부분이 있어, 실제 계산에서는 재산세 납부 금액과 세액공제 부분을 제외한 금액을 기준으로 산정한다. 계산 방식 자체는 복잡해 보일 수 있지만, 기본 흐름은 공시가격 합산 → 기본공제 적용 → 공정시장가액비율 적용 → 과세표준 산출의 순서로 이루어진다. 계산의 구체적인 예시는 제공된 표에서 확인할 수 있다.

<종합부동산세 계산방법>							
(	인별합산 공시가격	-	공제금액 9억 1세대1주택 12억	) ×	공정시장 가액비율		
=	과세표준	×	세율				
=	종부세액	-	재산세 납부액 중 종 부세 과표 상당액	-	세액공제 (장기, 고령자)	-	세부담상한 초과세액 공 제
=			최종세액				

과세표준	2주택이하 (조정 2주택포함)	3주택이상 (지역불문)
3억이하	0.5%	
3억초과 ~ 6억이하	0.7%	
6억초과 ~ 12억이하	1.0%	
12억초과 ~ 25억이하	1.3%	2.0%
25억초과 ~ 50억이하	1.5%	3.0%
50억초과 ~ 94억이하	2.0%	4.0%
94억초과	2.7%	5.0%
법인	2.7%	5.0%

종합부동산세는 과세표준 구간별 세율에 따라 세금이 달라진다. 여기서 중요한 점은 2주택까지는 조정지역과 비조정지역을 구분하지 않고 동일한 세율을 적용한다는 점이다. 하지만 3주택 이상부터는 지역을 불문하고 중과세율이 적용된다. 주택 수가 늘어날수록 부담이 커지는 구조로 되어 있기 때문에 세대분리, 보유 전략 등이 중요해진다.

종합부동산세에는 여러 가지 공제제도도 존재한다. 먼저 장기보유특별공제가 있다. 부동산을 일정 기간 보유하면 일정 금액을 공제받아 세금을 낮출 수 있는 제도로, 1세대 1주택자의 경우 보유기간과 거주기간이 각각 적용되며 최대 80%까지 공제받을 수 있다. 또한 양도소득세 고령자 감면도 있다. 만 60세 이상 1세대 1주택자가 10년 이상 보유한 주택이라면 혜택을 받을 수 있으며, 이 고령자 감면은 장기보유특별공제와 중복 적용이 가능하다.

종합부동산세 납부 대상자라면 반드시 고려해야 할 부분이 단독명의와 공동명의 중 어떤 방식이 유리한가이다. 단독명의인 경우에는 12억 공제와 장기보유 특별공제, 고령자 감면 세액공제를 적용받을 수 있다. 반면 공동명의인 경우 인당 9억씩, 총 18억을 공제받을 수 있다. 즉, 기본공제만 놓고 보면 공동명의의 공제 혜택이 더 크다.

예시를 통해 비교해보면 차이가 더욱 뚜렷해진다.

1. 공시가격 14억 원의 주택인 경우, 단독명의라면 12억 공제를 제외한 2억 원에 대해 종부세를 납부해야 한다. 하지만 공동명의는 기본공제가 18억이기 때문에 종부세를 납부할 필요가 없다.

2. 공시가격 21억 원의 주택이라면 차이는 더욱 커진다. 단독명의는 12억 공제 후 남은 9억에 대해 264만 원의 종부세를 납부하게 된다. 반면 공동명의는 총 18억 공제를 적용하고 남은 3억에 대해서만 59만 원의 종부세를 납부하면 된다.

이 비교만 보더라도 종합부동산세 대상자라면 공동명의가 훨씬 유리하다는 점을 명확히 알 수 있다. 세금 부담을 실질적으로 줄이기 위해서는 공시가격, 공제 구조, 세율, 그리고 명의 방식까지 종합적으로 고려하는 것이 필수적이다.

보유세 절세방법

보유세를 절세하기 위한 가장 기본적인 전략은 공동명의를 통해 과세표준을 낮추는 것이다. 공동명의는 명의자 각각에게 공제금액을 적용할 수 있기 때문에 전체 과세표준을 줄이는 효과가 있어 절세하기에 유리하다.

또 하나 중요한 요소는 보유세의 과세기준일인 6월 1일을 활용하는 것이다. 보유세는 해당 날짜 기준으로 주택을 보유한 사람에게 부과되기 때문에, 매도자라면 6월 1일 전에 매도를 완료해야 그 해 보유세를 피할 수 있다. 반대로 매수자라면 6월 1일 이후에 매수하여 그 해의 보유세 부과를 피할 수 있는 방법이 있다. 같은 주택이라도 매매 시점에 따라 보유세 부담이 크게 달라질 수 있기 때문에 이 기준일은 반드시 기억해야 한다.

또한 이 시기는 시장 흐름에서도 중요한 의미가 있다. 보유세 부담을 피하고자 하는 다주택자들이 6월 이전에 급매물을 내놓는 경우가 있기 때문이다. 보유세를 줄이기 위해 매도시기를 앞당겨 상대적으로 낮은 가격의 매물이 등장하기도 한다. 이러한 시기를 활용해 주택을 구매하는 것도 하나의 전략이 될 수 있다.

보유세는 단순히 매년 같은 비용을 납부하는 것이 아니라, 명의방식·과세기준일·시장흐름까지 연결되는 전략적 판단의 영역이다. 이 구조를 이해하고 계획적으로 움직이면 보유세 부담을 최소화하는 것은 물론, 더 좋은 매수 기회를 포착하는 데도 도움이 된다.

| 양도소득세

마지막으로 가장 중요한 세금이 바로 양도소득세다. 양도소득세는 자산을 양도해 얻은 이익에 대해 부과되는 세금으로, 부동산을 매도할 때 반드시 고려해야 하는 핵심 요소다. 양도세 역시 다른 세금과 마찬가지로 과세표준에 세율을 적용하여 계산하게 된다.

양도소득세	=	과세표준	×	세율

과세표준 = 양도가액 - (취득가액 + 필요경비 + 장기보유특별공제 + 기본공제)

필요경비 : 취득세, 법무 / 중개수수료, 자본적지출 (샷시, 발코니확장, 시스템에어컨 등)

양도소득세의 과세표준은 제시된 기준에 따라 계산되며, 이때 괄호 안의 금액이 클수록 과세표준이 낮아져 양도소득세를 아낄 수 있다. 여러 항목 가운데 직접 조절할 수 있는 부분은 '필요경비'뿐이다. 따라서 필요경비를 증빙할 자료를 얼마나 잘 준비했느냐가 실제 세금 부담에 큰 차이를 가져올 수 있다.

필요경비에는 취득세, 법무사 수수료, 중개수수료 등이 포함되며, 이를 인정받기 위해서는 각 납부 내역을 확인할 수 있는 영수증 또는 이체내역을 반드시 보관해두어야 한다. 필요경비의 마지막 항목인 자본적 지출은 주택의 가치를 높이는 수리 항목을 의미한다. 샷시 교체, 발코니 확장, 배관 공사, 시스템 에어컨 설치 등이 여기에 포함되며, 이러한 공사를 진행할 때 역시 증빙 자료를 보관해야 필요경비로 적용받을 수 있다. 반면 도배와 장판은 소모성 공사이기 때문에 필요경비에 포함되지 않는다.

양도소득세는 기본적으로 2년이상 보유한 양도가액 12억 이하인 1세대 1주택자에게는 부과되지 않는다. 또한 보유기간에 따라 세율이 달라지는데, 2년 이상 보유했을 때만 기본세율이 적용된다. 주택과 달리 분양권은 2년 이상 보유하더라도 60%의 양도세가 발생하기 때문에, 단순히 분양권을 되팔기 위한 목적으로 분양을 받는 경우 절반 이상의 세금이 부과된다는 점을 반드시 유의해야 한다.

양도소득세는 부동산 세금 중에서도 부담 규모가 크고, 보유 기간·필요경비·증빙 여부에 따라 실제 납부 금액이 크게 달라진다. 따라서 양도를 계획하고 있다면 사전에 구조를 정확히 이해하고 필요한 자료를 정리하는 것이 가장 확실한 절세 전략이다.

과세표준	세율	속산표
1,400만원이하	6%	과표*6%
1,400 ~ 5,000	15%	과표*15%-126만원
5,000 ~ 8,800	24%	과표*24%-576만원
8,800 ~ 15,000	35%	과표*35%-1,544만원
15,000 ~ 30,000	38%	과표*38%-1,994만원
30,000 ~ 50,000	40%	과표*40%-2,594만원
5억 ~ 10억	42%	과표*42%-3,594만원
10억초과	45%	과표*45%-6,540만원

2년 이상 보유했을 때 적용되는 양도소득세의 기본세율은 과세표준을 구한 뒤 해당 세율을 곱하고, 우측에 있는 공제 금액을 빼주는 방식으로 계산된다. 이 구조만 이해해도 양도소득세의 흐름을 쉽게 파악할 수 있다.

양도소득세 절세방법

양도소득세에서도 첫 번째 절세 방법은 공동명의다. 종합부동산세와 마찬가지로 공동명의가 유리하며, 실제 예시를 통해 그 차이를 빠르게 확인할 수 있다.

예를 들어 3억 원에 산 아파트를 8억 5천만 원에 파는 경우를 가정해보자. 이때 양도차익은 5억4,350만원이다. 단독명의라면 기본공제금액 250만 원을 제외한 과세표준은 5억4,100만원이 된다. 여기에 해당 세율인 42%를 적용하고, 누진공제금액 3,594만 원을 빼준다. 이렇게 계산된 산출세액에 0.1% 지방세를 포함하면 최종 발생하는 양도소득세는 210,408,000원이 나온다.

구분	단독명의	공동명의
양도가액	850,000,000	
(-) 취득가액	300,000,000	
(-) 필요경비	6,500,000	
양도차익	543,500,000	
양도소득금액	543,500,000	543,500,000÷2 =271,750,000
(-) 기본공제	2,500,000	2,500,000

= 과세표준	541,000,000	269,250,000
세율	42%	38%
누진공제	3,594만원	1,994만원
산출세액	191,280,000	82,375,000
최종(지방세 포함)	210,408,000	90,612,500×2 =181,225,000

반면 공동명의라면 상황은 완전히 달라진다. 양도차익 5억4,350만원을 절반으로 나누면 인당 2억7,175만원이 된다. 기본공제금액 250만 원을 제외하면 과세표준은 2억6,925만원이며, 여기에 세율 38%를 곱한 뒤 누진공제금액 1,994만 원을 빼준다. 지방세를 포함했을 때 인당 9,061만원 정도가 나오며, 이는 부부 각각에게 적용된다. 따라서 공동명의의 총 양도소득세는 181,225,000원이 된다.

같은 양도소득금액이라도 공동명의를 했을 때는 인당 각각 250만 원의 기본공제를 받을 수 있으며, 과세표준 자체가 낮아짐에 따라 세율 구간이 내려간다. 이 사례에서는 공동명의를 통해 약 3,000만원의 양도소득세를 절세할 수 있다.

양도세는 계산 방식만 보면 복잡해 보이지만, 공동명의를 통해 세율 구간이 낮아지고 공제가 늘어나는 구조를 이해하면 절세 효과가 분명해진다.

양도소득세를 줄일 수 있는 또 다른 절세방법은 일시적 2주택 비과세 혜택을 이용하는 것이다. 이 제도를 적용받기 위해서는 반드시 충족해야 하는 세 가지 조건이 있다.

첫 번째는 기존 주택 취득 1년 후 새로운 주택을 취득해야 한다는 점이다. 취득 시점의 간격이 중요하며, 이 요건을 맞추지 못하면 일시적 2주택 비과세가 적용되지 않는다.

두 번째 조건은 기존 주택을 2년 이상 보유 또는 거주해야 한다는 것이다. 다만 '보유'와 '거주' 중 무엇이 필요한지는 조정지역인지 비조정지역인지에 따라 달라진다. 각 지역의 요건을 정확히 확인해야 실수 없이 비과세 조건을 충족할 수 있다.

세 번째는 새로운 주택 취득 후 3년 내에 기존 주택을 매매해야 한다는 것이다. 이 세 가지 요건을 모두 충족할 때 비로소 일시적 2주택 비과세 혜택을 받을 수 있다.

또 한 가지 중요한 점은 분양권도 주택 수에 포함된다는 사실이다. 간혹 분양하는 회사에서 홍보할 때 주택 수에 포함되지 않는 것처럼 설명하는 경우도 있다고 하지만, 실제로는 포함되므로 주의해야 한다. 단순 광고나 영업 문구에 휘둘려서는 안 된다.

두 번째 주택이 분양권인 경우에는 요건이 조금 달라진다. 기존 주택을 3년 내에 매도하는 것이 아니라, 분양권의 아파트가 완공되어 입주한 후 3년 내에 기존 주택을 매도하면 된다. 기존 주택을 급하게 팔기 아깝거나, 시간이 지나면 가치가 더 오를 것으로 예상된다면 이 방법이 유리할 수 있다. 분양권의 완공 시점을 기준으로 일시적 2주택 혜택을 활용하면 보다 여유 있게 매도 전략을 세울 수 있다.

일시적 2주택 비과세는 양도세 절세에서 매우 중요한 제도이기 때문에, 요건과 시점을 정확히 이해하고 적용하는 것이 절세의 핵심이다.

일시적 2주택 혜택을 받기 위해서는 여러 요건이 있지만, 그중에서도 가장 중요한 것은 세대분리다. 세대분리가 제대로 이루어져야만 주택 수 산정이 달라지고, 일시적 2주택 비과세 요건 또한 충족할 수 있기 때문이다.

세대분리가 가능한 조건은 명확하다. 자녀가 혼인, 만 30세 이상, 일정 소득 보유 이 세 가지 항목 중 한 가지 이상에 해당하면 세대분리가 가능하다. 단순히 서류상 주소지만 옮기는 방식으로는 인정되지 않는다. 실제로 분리하여 생활하고 있다는 점이 중요하다.

특히 소득 대비 지나치게 비싼 주택을 자녀 명의로 구매하거나, 세대분리를 통해 취득세·양도세를 줄이려는 목적이 명확해 보일 경우 국세청 PCI 조사가 진행될 수 있다. 이 조사는 세대분리의 실질 여부를 확인하기 위한 것으로, 실제로 따로 거주하고 있는지, 경제적 독립이 이루어져 있는지 등을 꼼꼼히 검증한다.

이때 실제 분리 생활을 하지 않았다면 양도세 폭탄과 가산세가 부과될 수 있다. 단순한 주소 이전으로는 절대 해결되지 않으며, 일시적 2주택 혜택을 받기 위해서는 실질적인 분리 생활이 필수다.

부동산 세금에 대한 총정리

주택 수가 늘어날수록 세금 부담은 구조적으로 커지기 때문에, 각 세금마다 주택 수 변화에 따른 영향을 정확히 이해하는 것이 중요하다.

먼저 취득세 중과를 유의해야 한다. 두 번째 주택부터 조정지역에 주택을 취득하는 경우 취득세 8%가 발생한다. 단순히 한 채가 늘어나는 것처럼 보이지만 실제 세 부담은 상당하다. 그렇기 때문에 주택을 취득할 때는 취득 순서 계획을 미리 세워두는 것이 무엇보다 중요하다.

다음으로 종합부동산세 중과세율은 3주택부터 적용된다. 종합부동산세는 주택 수가 많아질수록 공제 범위가 줄고 세율이 높아지는 구조이기 때문에, 3주택 이상 보유 시점부터는 종부세 부담이 본격적으로 커진다.

양도세의 경우에는 일시적 2주택 비과세 혜택을 적용할 수 있다. 주택이 3채 이상일 때는 다주택 중과가 문제 될 수 있지만, 이때 양도세가 적게 나오는 일부 주택을 먼저 처분하고, 남은 2개의 주택을 일시적 2주택 규정을 이용해 비과세를 받는 방법이 있다. 구조적으로 주택 수를 조정하면서 비과세 요건을 맞추는 전략이 필요한 부분이다.

주택 수가 늘어나면 단순히 '채수가 증가했다'의 문제가 아니라, 취득세·종부세·양도세가 서로 얽혀 복합적인 영향을 주기 때문에,

세금 규정을 정확히 알고 계획적으로 움직이는 것이 절세의 핵심이다.

3강. 금융 · 주식투자 세금과 연말정산

금융소득은 크게 이자, 배당, 양도 이렇게 세 가지로 나뉜다. 이 구조를 정확히 이해해야 어떤 금융상품에 세금이 붙는지, 그리고 어떻게 절세할 수 있는지 방향을 잡을 수 있다.

먼저 이자소득이다. 가장 기본적인 금융소득이며 예금, 적금, 채권 이자와 같은 고정 이자가 여기에 포함된다. 이자소득의 세율은 15.4%이며, 은행에서 이자를 지급할 때 이미 세금을 원천징수한 뒤 나머지 금액만 지급하는 방식이다.

다음으로 배당소득이 있다. 주식 또는 펀드에서 배당금이 발생할 때 생기는 소득이며, 세율은 국내 주식은 15.4%, 미국 주식은 15%로 마찬가지로 원천징수 방식이 적용된다.

세 번째는 금융투자소득, 즉 양도소득세이다. 일반 개인 기준 국내 상장주식은 과세하지 않지만, 해외 주식의 경우 22%의 양도소득세를 납부해야 한다. 이 세금은 원천징수가 아니라 개인이 직접 신고 및 납부해야 하므로 더욱 주의해야 한다.

마지막으로 환차익이 있다. 해외 투자 시 환전을 하기 때문에 반드시 발생하게 되는 항목이며, 환전을 통해 얻은 수익을 말한다. 환차익은 양도소득세와 합산되어 수익이 계산되고, 동일하게 22%의 세율이 적용된다.

금융소득은 종류에 따라 세금 구조가 다르고, 원천징수인지 직접 신고인지 여부도 다르다. 따라서 각각의 특성을 정확히 이해하는 것이 절세와 투자 전략의 기초가 된다.

| 국내주식

국내주식에 투자할 때는 세금 구조를 정확히 이해하는 것이 중요하다. 국내주식과 관련된 세금은 크게 배당소득세, 증권거래세, 양도소득세 세 가지로 나뉜다.

먼저 배당소득세다. 배당소득세는 소득세 14%, 지방소득세 1.4%를 합한 15.4%의 세율로 원천징수된다. 배당을 받을 때 이미 세금이 자동으로 빠지기 때문에 별도의 신고가 필요하지 않다. 다만, 연간 금융소득이 2,000만 원을 초과할 경우 종합소득세 신고 대상이 되므로 이 기준을 주의해야 한다.

다음은 증권거래세다. 주식을 사고 팔 때마다 자동으로 부과되는 세금으로, 수익 여부와 상관없이 무조건 발생한다. 코스피와 코스닥 모두 약 0.15%의 세율이 적용되며, 거래 시점에서 바로 원천징수된다. 투자자 입장에서는 매매가 잦을수록 비용이 증가하는 구조다.

마지막으로 양도소득세가 있다. 국내 주식에 투자하는 일반 개인 투자자는 양도세가 없다. 양도세는 대주주 또는 비상장주식 투자자만 대상이 되며, 이 경우 양도차익이 3억 원 이하일 때는 22%, 3억 원 초과일 때는 27.5%의 세율이 적용된다.

국내주식 세금은 비교적 단순한 구조지만, 거래 빈도, 배당 규모, 투자 유형에 따라 실제 부담이 달라질 수 있다. 기본적인 세율과 과세 기준을 정확히 이해하는 것이 안정적인 주식 투자 전략의 기반이 된다.

| 해외주식

해외주식 투자를 할 때도 국내와 마찬가지로 세금 구조를 이해하는 것이 중요하다. 해외주식 세금은 배당소득세, 증권거래세, 양도소득세로 구분된다.

먼저 배당소득세다. 해외 배당은 나라별로 세율이 다르게 적용되며, 미국은 15%, 중국은 10%의 세율이 적용된다.

국내주식과 동일하게 해당 국가에서 원천징수되기 때문에 배당을 받을 때 별도의 신경을 쓸 필요는 없다. 다만, 연간 금융소득이 2,000만 원을 초과하면 종합소득세 신고 대상이 된다는 점은 동일하게 적용된다.

두 번째는 증권거래세다. 국내주식은 사고 팔 때마다 거래세가 자동으로 붙지만, 해외주식은 나라별로 거래세 구조가 다르다. 미국 주식시장 기준으로는 SEC fee가 2025년 5월 14일 기준으로 없어졌다(2025년 12월 기준). 다만, 이 수수료는 수시로 조정되는 항목이기 때문에 내년에는 다시 거래세가 발생할 가능성도 있어 주기적인 확인이 필요하다. 거래세는 없어졌지만, 증권사 자체 수수료는 존재하며 각 증권사마다 수수료 무료 또는 환전 할인 혜택 이벤트가 있으므로 자신에게 맞는 증권사를 선택하면 된다.

마지막은 양도소득세다. 국내주식은 대주주가 아닌 개인 투자자의 경우 양도소득세가 없지만, 해외주식은 수익이 발생하면 양도소득세 대상이 된다. 세율은 양도세 20% + 지방세 2%로 총 22%가 적용된다. 연간 250만 원까지 공제가 되지만, 그 이상의 수익이 발생하면 반드시 개인이 직접 신고해야 한다.

해외주식 투자는 시장 접근성과 투자 기회가 넓은 만큼, 세금 체계 또한 나라별로 차이가 크다. 기본 구조를 이해해두면 불필요한 세금 부담 없이 안정적으로 투자 전략을 세울 수 있다.

해외주식의 양도소득세는 주식 매매수익에서 기본 공제금액 250만 원을 제외한 차익에 대해 22%를 과세하는 구조다. 그래서 일부 투자자들은 연간 수익을 250만 원까지만 확정하여 양도소득세를 아끼는 전략을 사용하기도 한다.

해외주식 양도세 신고는 그 다음 해 5월에 직접 신고해야 한다.

이때 단순히 매매차익만 계산하는 것이 아니라, 환율 변화에 따른 환차익도 양도소득세에 포함되어 최종 수익이 확정된다. 환율이 변동되는 만큼 실제 과세 대상 금액에도 영향을 줄 수 있기 때문에 주의가 필요하다.

계산 예시를 통해 구조를 살펴보면 더 이해가 쉽다.

미국주식 A종목을 기준으로 250만 원어치를 매수한 후 1,000만 원에 매도했다고 가정해보자. 이 경우 수익은 750만 원이다. 여기에 기본공제금액 250만 원을 제외하면 과세표준은 500만 원이 된다. 이 500만 원에 22% 세율을 적용하면 110만 원이 양도소득세로 발생한다.

해외주식 양도세는 원천징수가 아닌 직접 신고 방식이기 때문에, 수익 구조와 공제 규칙을 정확히 이해하는 것이 무엇보다 중요하다.

해외주식 양도소득세 신고방법

해외주식은 반드시 양도소득세 신고가 필요하다고 앞서 설명했다. 그렇다면 실제로 어떻게 신고해야 할까? 신고 방법은 크게 두 가지로 나뉜다.

첫 번째는 증권사 대행신고 서비스 이용하기다. 매년 3월이면 각 증권사에서 무료로 양도소득세 대행신고 서비스를 제공한다. 방법도 매우 간단하다. 각 증권사 어플에서 '양도소득세'를 검색하면 3월경에 양도소득세 신청 대행이라는 문구가 생기며, 해당 버튼만 누르면 신고 절차가 끝난다. 복잡한 계산이나 서류 입력 없이 자동으로 처리가 되기 때문에 많은 투자자들이 이 방식을 선호한다.

두 번째는 직접 신고하는 방법이다. 이 방식은 각 증권사의 홈트레이딩시스템(HTS)을 이용하여 1년간 양도소득세 내역 전체를 다운로드한 후, 국세청 양도세 신고 배너에 거래 내역을 모두 입력해야 한다. 이후 기본공제금액인 250만 원을 입력하면 직접 신고가 완료된다. 다만 이 방법은 과정이 복잡하고, 특히 거래 내역이 누락될 가능성이 있어 부담이 크다.

이러한 이유로, 매년 3월 제공되는 증권사 대행 서비스를 이용하는 것이 가장 좋은 방법이다. 절차가 간단하고 누락 위험이 적어 개인 투자자에게 가장 안전한 선택이 된다.

| 기타 금융상품 세금

기타 금융상품의 세금 구조는 상품 종류에 따라 크게 달라진다. 특히 ETF와 파생상품은 국내 여부에 따라 과세 방식이 완전히 다르기 때문에 정확한 이해가 필요하다.

먼저 ETF는 국내 ETF와 해외 ETF로 나뉘며, 세금 체계도 완전히 다르다.

국내 ETF는 배당소득세 15.4%가 자동으로 원천징수되므로 따로 신고할 필요가 없다. 국내 ETF의 경우 일반적으로 배당형보다 성장형이 더 유리한 경우가 많다. 배당을 많이 지급하는 ETF는 그만큼 15.4%의 세금을 매번 내야 하기 때문이다. 그래서 장기 투자자들은 배당이 적은 성장형 ETF를 통해 절세를 하는 경우가 많다.

반면 해외 ETF는 해외주식과 동일하게 양도소득세 22%를 본인이 직접 신고해야 한다. 다만 ISA 계좌를 통해 매수하면 수익의 400만 원까지 비과세가 적용되기 때문에 절세 효과가 크다.

다음은 파생상품 과세다.

코스피 선물·옵션은 국내 파생상품이기 때문에 11%가 원천징수된다. 국내 선물옵션 거래는 자동처리 방식이라 비교적 간단한 편이다.

반면 해외 선물과 FX 마진거래는 해외 파생상품이기 때문에 해외 ETF와 마찬가지로 22% 세율이 적용되며 직접 신고 대상이다.

파생상품의 중요한 절세 포인트는 결손금 이월공제다. 손실이 발생하면 향후 3년간 수익에서 차감하여 절세할 수 있다. 예를 들어 2024년에 300만 원의 손실이 발생하고 2025년에 500만 원의 수익이 생기면, 수익 500만 원에서 손실 300만 원을 차감한 200만 원만 과세된다.

이때 주식이 아닌 파생상품이기 때문에, 해외주식 양도소득세의 기본공제금액인 250만 원은 적용되지 않는다. 따라서 200만 원 전체에 22% 세율을 적용하여 세금을 납부해야 한다.

기타 금융상품은 종류가 다양하고 세법 적용 범위가 다른 만큼,

상품별 특성과 과세 기준을 정확히 이해하는 것이 절세 전략의 핵심이다.

| 금융소득종합과세

금융소득종합과세는 배당소득과 이자소득을 합한 금융소득이 연간 2,000만 원을 초과할 경우 추가로 납부해야 하는 세금이다. 금융소득이 일정 수준 이상 발생한다면 그해 소득세에 큰 영향을 주기 때문에 미리 구조를 알고 대비하는 것이 필요하다.

특히 만기 적금의 경우 주의가 필요하다. 예를 들어 5년 만기 적금에서 이자가 1,000만 원 나왔다면, 이 금액을 5년에 분할해 계산하지 않고 만기하는 해에 금융소득 전체로 잡힌다. 따라서 적금이 만기되는 해에 배당금을 많이 받는다면 금융소득종합과세 대상자가 될 수 있어 주의해야 한다. 금융소득이 한 해에 집중되면 2,000만 원 기준을 쉽게 넘길 수 있기 때문이다.

금융소득종합과세의 계산방법을 이해하기 위해서는 각 항목을 정확히 알아야 한다. '금융소득'은 배당소득과 이자소득으로 이루어져 있으며, '종합소득'은 금융소득을 제외한 근로·사업·연금·부동산 임대 등에서 발생한 소득을 말한다.

금융소득종합과세의 과세표준은 이 금융소득과 종합소득을 더한 금액이다.

{(금융소득 + 다른종합소득) - (2,000만원 + 누진공제액)} × 세율

= 금융소득종합과세

과세표준	세율	누진공제액
1,400만원이하	6%	-
1,400만원초과 ~ 5,000만원이하	15%	126만원
5,000만원초과 ~ 8,800만원이하	24%	576만원
8,800만원초과 ~ 1억5,000만원이하	35%	1,544만원
1억5,000만원초과 ~ 3억원이하	38%	1,944만원
3억원초과 ~ 5억원이하	40%	2,594만원
5억원초과 ~ 10억원이하	42%	3,594만원
10억원초과	45%	6,594만원

과세표준이 정해지면 누진공제액과 세율을 적용하여 납부해야 할 세금이 계산된다. 예를 들어 금융소득이 2,000만 원, 종합소득이 4,000만 원인 경우 과세표준은 6,000만 원이 된다. 이 구간에 적용되는 세율은 24%, 누진공제금액은 576만 원이다. 공식에 맞춰 계산하면, 내년 5월에 5,136,000원의 금융소득종합과세를 추가로 납부해야 한다.

금융소득종합과세는 금융소득이 일정 금액을 넘는 순간 세 부담이 급격히 증가하는 구조이기 때문에, 만기 상품이나 배당·이자 수령 시점을 잘 분배하는 것이 절세 전략의 핵심이다.

| 절세계좌

ISA와 IRP는 성격은 다르지만, 모두 세금을 줄이는 데 큰 도움을

주는 절세계좌다. 두 계좌의 구조를 정확히 이해하면 매년 부담하는 세금을 크게 줄일 수 있다.

먼저 ISA 계좌는 예금과 ETF를 한 번에 관리할 수 있는 절세통장이다. ISA의 가장 큰 장점은 수익 200만 ~ 400만 원까지 비과세 혜택을 받을 수 있다는 점이다. 즉, ISA 계좌 안에서 ETF를 사고 팔아 400만 원의 수익이 발생하더라도 세금을 전혀 내지 않는다. 해외 ETF 등 양도세 과세상품을 다룰 때 특히 유리한 구조다.

반면 IRP 계좌는 노후 준비를 위한 퇴직연금 계좌지만, 절세 측면에서 두 가지 큰 혜택이 있다.

첫째는 세액공제 혜택이다. 최대 900만 원까지 납입할 수 있으며, 총 급여가 5,500만원 이하일 경우 납입금액의 16.5%, 총 급여가 5,500만 원을 초과한다면 13.2%를 세액공제를 받을 수 있다. 예를 들어 총 급여가 5,000만원인 직장인이 900만 원을 납입하면 1,485,000원을 환급받을 수 있다.

둘째는 과세이연 혜택이다. IRP 계좌 내에서 수익이 발생하더라도 바로 과세되지 않고, 나중에 인출할 때 3~5.5%의 저율 분리과세가 적용된다. 즉, 현재 내는 세금을 줄이고, 미래에 납부할 세금도 낮출 수 있다는 점이 IRP의 큰 장점이다.

결론적으로 ISA는 투자계좌, IRP는 연금계좌로 성격은 다르지만, 두 계좌를 함께 활용하면 절세효과를 두 배로 키울 수 있다. 이 두 계좌를 병행하는 것이 재테크의 기본 전략이다.

지금까지 알아본 금융·주식 세금과 절세전략을 종합적으로 정리해보면 핵심은 명확하다. 세금을 이해하고 전략적으로 활용하는 것이 수익을 지키고 키우는 가장 확실한 방법이다.

먼저 명의분산이다. 가족끼리 투자 계좌를 분리하여 이자 및 배당소득에 대한 수익을 나누는 방식으로, 부부가 함께 재테크를 할 때 금융자산뿐 아니라 부동산 등 전체적인 재산을 나누는 것이 절세 효과가 있다. 단순히 계좌를 나누는 것이 아니라, 소득과 자산 흐름을 분산해 금융소득종합과세와 같은 세금을 유연하게 활용할 수 있다.

다음으로 ISA와 IRP 계좌를 병행하는 전략이다. ISA를 통해 비과세 한도를 활용하고, IRP를 통해 세액공제와 저율 분리과세 혜택을 동시에 누리면 세금도 아끼고 노후 준비까지 할 수 있다. 직장인이라면 이 두 계좌를 함께 활용하는 것이 가장 효율적이다.

또 하나 중요한 전략은 손익통산이다. 해외 투자자라면 특히 유용한 절세 방법으로, 연초에 손실이 발생한 주식이 있다면 그 손실에서 끝내는 것이 아니라, 손실금액 + 기본공제금액(250만원)까지 수익을 낸 주식을 일부 매도하면 양도세를 납부하지 않고도 수익을 낼 수 있다.

반대로 양도소득세 대상자라면 납부해야 할 양도세와 주식 매도를 통한 이익을 비교해 더 유리한 쪽으로 선택하면 된다.

해외 투자자의 경우에는 환율도 중요한 절세 요소다. 세금이 매도일·매수일 각각의 당일 환율로 계산되기 때문에, 환율 변동에 따라 수익을 더 내거나 세금을 줄일 수도 있다. 환율이 낮을 때 매수하고 높을 때 매도하면 수익뿐 아니라 세금에도 차이가 생긴다.

미국 주식 양도세 신고 누락으로 양도세와 가산세를 함께 납부하는 경우가 있을 수 있고, 배당소득을 한 계좌로 받았다가 금융소득 종합과세 대상자가 될 수도 있다. 또한 IRP 세액공제 한도를 정확히 알지 못해 충분히 받을 수 있는 환급을 덜 받는 등, 세금은 알고 활용해야 비로소 절세 효과를 누릴 수 있다.

세금을 아는 것은 선택이 아니라 필수다. 세금 구조를 이해하면 불필요한 지출을 줄이고, 같은 투자라도 훨씬 효율적으로 수익을 지켜낼 수 있다.

| 연말정산

마지막으로 연말정산에 대해 알아보자. 근로자는 매년 정해진 근로소득세를 월마다 나누어 납부하고 있다. 하지만 이때 납부한 근로소득세는 확정된 금액이 아니다. 12월이 지나야 비로소 연간 총 급여가 정해지고, 그에 따라 월별 근로소득세가 다시 산정된다.

매년 1월이 되면 지난 1년 동안의 지출과 소득을 다시 계산하여 정확한 세금을 매기는 과정, 이것이 바로 '연말정산'이다.

연말정산은 세금을 덜 내고 더 내는 문제가 아니라, 1년 동안 이미 납부한 세금을 기준으로 정확한 세액을 확정짓는 절차다.

연말정산에서는 두 가지 중요한 개념이 있다. 바로 '소득공제'와 '세액공제'다.

먼저 소득공제는 세금의 기준이 되는 소득 금액 자체를 줄여주는 것이다. 쉽게 말해 과세표준을 낮추는 역할을 한다.

소득공제에 해당하는 항목으로는 신용카드, 국민연금, 건강보험, 부양가족 인적공제, 주택자금 공제 등이 있다. 이런 항목들이 많을수록 과세표준이 낮아지고, 결과적으로 납부해야 할 세금도 줄어든다.

반면 세액공제는 산출된 세금에서 직접 금액을 차감해주는 방식이다. 즉, 세금 계산의 마지막 단계에서 세액을 직접 줄여주는 효과가 있다. 세액공제에 해당하는 항목은 교육비, 의료비, 연금저축, 기부금 등이 있다.

결국 연말정산의 핵심은 소득공제는 기준을 낮추고, 세액공제는 결과에서 직접 빼준다는 구조를 이해하는 데 있다. 이 두 가지 개념을 제대로 알고 활용하면 매년 환급을 더 정확하게 받을 수 있고, 불필요한 세금 부담을 줄일 수 있다.

연말정산에서 가장 많이 활용되는 항목들을 구체적으로 살펴보면 공제 구조를 더 명확하게 이해할 수 있다.

먼저 신용카드 소득공제다. 총 급여의 25%를 사용해야 그 초과 금액의 15%를 공제받을 수 있다. 예를 들어 연봉 6,000만 원인 사람이 신용카드를 2,000만 원 사용했다면, 6,000만 원의 25%는 1,500만 원이고 초과 금액은 500만 원이다. 이 초과 500만원의 15%인 75만원을 소득에서 공제받게 된다. 이때 현금영수증은 30%, 대중교통 및 전통시장은 40%로 공제비율이 더 크다.

다음은 자녀 세액공제다. 자녀 및 손자녀가 해당되며, 자녀 수에 따른 공제 금액이 정해져 있다. 이는 세액공제이기 때문에 산출된 세금에서 해당 금액을 직접 차감해준다.

* 1인 15만 원, 2인 35만 원, 3인 : 35만 원 + 2명 초과시 1인당 30만 원

보험료 세액공제는 보험납부액의 12%를 공제받을 수 있다. 예를 들어 100만 원의 보험료를 납부했다면 12만 원의 세액공제를 받을 수 있다.

의료비 세액공제는 신용카드 공제 방식과 비슷하다. 총 급여의 3%를 초과해야 초과 금액의 15%를 공제받을 수 있다. 연봉 6,000만 원이면 180만 원을 초과하는 금액이 대상이다. 의료비는 본인은 물론 가족의 의료비도 포함되기 때문에, 부부 중 공제를 받을 사람의 카드로 결제하는 것이 유리하다.

교육비 세액공제는 교육비의 15%를 공제받을 수 있다. 초·중·고는 최대 300만 원, 대학교는 최대 900만 원까지이며, 본인의 교육비는 한도 없이 15% 공제가 가능하다.

기부금 세액공제는 기부액의 15%를 공제받으며, 기부액이 1,000만원을 넘는 경우 초과 금액에 대해서는 30%를 공제받을 수 있다.

마지막으로 월세 공제다. 총 급여가 8,000만원 이하인 무주택자라면 연간 지급한 월세의 15%를 공제받을 수 있다. 단, 전용면적 85㎡ 이하의 주택에 거주해야 하며, 공제를 받을 근로자가 직접 월세를 납부해야 적용된다.

연말정산은 항목별 구조를 알고 활용할수록 환급금이 커지며, 불필요한 세금 부담을 줄이는 데 큰 도움이 된다.

4강. 가족 증여 · 상속 절세전략

상속세와 증여세를 내는 이유는, 부자들의 재산 일부를 사회에 환원함으로써 사회적 불만을 억제하고 빈부격차를 해소하며, 사회적 측면에서 부를 재분배하기 위해서라고 설명된다.

많은 사람들이 "이미 세금을 납부한 돈에 또 세금을 매기니 이중과세 아닌가?"라는 의문을 가진다. 하지만 재산을 물려주는 증여자는 소득세를 납부하고, 상속세와 증여세는 수증자가 납부한다. 즉, 한 개인이 동일한 세금 구조를 두 번 부담하는 것이 아니기 때문에 이중과세에 해당하지 않는다.

흥미로운 점은, 2012년부터 2022년까지 지난 10년간 상속세와 증여세를 납부하는 사람의 수가 각각 4배, 3배 이상 증가했다는 사실이다. 이 증가의 원인이 단순히 부자가 많아졌기 때문만은 아니다. 핵심 이유는 상속세와 증여세의 공제 한도 금액이 오랫동안 변경되지 않았기 때문이다.

상속세 기본공제 5억원은 1997년, 증여세 공제 5,000만원은 2014년에 지정되었다. 자산 가치는 매년 2~3%씩 꾸준히 상승했지만, 공제 한도는 과거에 멈춰 있다. 그 결과 과거에는 상속세 대상이 아니었던 재산도 현재는 과세 대상이 되는 경우가 많다.

예를 들어 1997년 서울 학군지로 유명한 아파트의 시세는 약 1.5억원이었기 때문에 세 채를 상속받아도 상속세를 내지 않았다.

그러나 지금은 경기도에 위치한 아파트 한 채만 보유해도 상속세 납부 대상이 된다.

이처럼 상속세와 증여세는 이제 더 이상 일부 부자에게만 해당되는 세금이 아니다. 자산 가치가 꾸준히 상승하는 환경에서는 누구에게나 적용될 수 있는 세금이 되었기 때문에, "나와는 상관없다"라고 생각할 것이 아니라 미리 공부하고 대비해야 하는 세금으로 받아들여야 한다.

상속세는 사망으로 인해 재산이 가족이나 친지들에게 이전될 경우 그 재산에 부과되는 세금이다. 상속세는 고인의 상속재산 전체를 기준으로 계산되며, 공제 또한 한 번만 적용된다. 따라서 상속세는 상속인 개별이 아니라 전체 재산을 기준으로 과세되고, 세금은 상속인들끼리 협의하여 나누어 납부한다. 이 때문에 자신이 받은 재산이 적더라도 총 상속재산가액의 세율이 적용되기 때문에 부담이 클 수 밖에 없다.

또한 상속은 예고 없이 갑자기 발생하는 경우가 많다. 미리 상속세를 준비하지 못한 상황에서 상속을 받는다면 세금 납부가 더욱 어려울 수 있다. 특히 상속재산이 대부분 토지나 부동산으로 구성되어 있다면, 해당 재산을 처분해야만 세금을 납부해야 하는 사례도 자주 발생한다.

이러한 문제점을 완화하기 위해 유산취득세 제도가 2028년에 도입 될 예정이라고 한다. 유산취득세는 기존 상속세와 달리 상속인별로 상속공제와 세율을 적용한다. 즉, 상속인이 받은 재산의 가격만큼 세금을 부담하는 방식이다.

예를 들어 부모님의 상속자산 25억원 중 아들에게 15억 원, 딸에게 10억 원을 상속했다고 가정해보자.

기존 상속세 방식에서는 아들과 딸에게 각각 상속하더라도 공제는 5억 원 한 번만 적용된다. 과세표준 자체가 크기 때문에 세율도 높아지고, 계산된 6억4,000만원의 상속세는 아들과 딸이 협의해서 나누어 납부해야 한다.

유산취득세 방식에서는 아들과 딸이 받은 재산을 각각 구분하여 계산한다. 공제도 각각 적용되기 때문에 과세표준과 세율이 낮아진다. 그 결과 15억 원을 상속받은 아들은 2억4,000만원, 10억 원을 상속받은 딸은 9,000만원의 상속세를 납부하면 된다. 기존 상속세와 비교하면 총 3억 1천만 원의 세금을 절약할 수 있는 셈이다.

다만 유산취득세는 2028년 도입 예정이며, 그 전까지는 기존 상속세 기준으로 과세가 이루어진다. 즉, "앞으로 이런 제도가 생길 예정이다" 정도만 알고 있으면 된다. 당장 적용되는 것은 아니므로 현재 기준에서는 상속세 규정대로 준비해야 한다.

| 상속세

상속세는 예금, 부동산, 주식, 자동차 등 경제적 가치가 있는 모든 재산에 과세된다. 심지어 사망보험금과 퇴직금까지도 상속세 대상에 해당된다. 상속받는 재산의 종류가 무엇이든, 경제적 가치가 있다면 모두 과세하는 구조다.

상속세 절세의 최선의 방법은 10년 이상 장기 계획을 세워 재산을 이전하는 것이다. 상속세는 상속일 기준 10년 내 증여한 재산을 상속재산에 합산하여 과세하기 때문이다. 다만 사전에 납부한 증여세는 상속세에서 세액공제 받을 수 있다. 그래서 상속받을 재산이 많다면 사전 증여가 가장 확실한 절세 전략이 될 수 있다.

사전에 부동산을 증여받았다면 주의해야 할 점도 있다. 증여 후 10년 이내 양도하면 양도세 계산 시 증여자의 최초 취득가액이 적용되어 양도세가 크게 발생한다. 반면 상속받은 부동산을 즉시 양도한다면 취득가액은 피상속인의 최초 취득가액이 아니라 상속재산의 현재 시가가 적용된다. 그 결과 양도세가 거의 발생하지 않는다.

따라서 상속받을 부동산이 있다면 향후 매도 계획까지 포함해 증여세·양도세·상속세를 종합적으로 계산한 뒤, 가장 절세가 가능한 방식을 선택해야 한다. 증여와 상속은 단기 대응으로 해결되는 문제가 아니며, 장기적 계획이 절세의 핵심이다.

또한 토지·상가·단독주택을 상속받을 경우, 상속 재산 평가는 공시가격을 기준으로 진행되는데 공시가격은 실제 가치보다 낮은 경우가 많다. 이 때문에 나중에 양도할 때 양도소득세가 크게 발생할 위험이 있다. 이런 경우에는 당장의 상속세와 감정평가 비용을 부담하더라도, 감정평가를 받거나 상속 후 6개월 이내 재산을 처분하는 것이 오히려 유리할 수 있다.

예를 들어 공시가격으로 상속받아 상속세를 내지 않았더라도, 이후 양도차익이 발생하여 양도세를 납부한 사례가 있을 수 있다. 반면 감정평가를 받아 상속세를 납부했더라도, 상속 직후 바로 처분했다면 양도세가 발생하지 않을 수 있다.

즉, 재산을 상속받는 과정은 단순히 "받는 것"이 아니라 최적의 계산을 바탕으로 계획하는 것이 핵심이다. 어떤 방식으로 상속받을 것인지, 언제 증여할 것인지, 어떻게 평가할 것인지에 따라 세금 차이는 수천만 원에서 억 단위까지 벌어질 수 있다. 상속은 계획하는 사람이 절세한다.

상속세 공제

상속세는 상속인의 수대로 나누어 과세하는 것이 아니라 피상속인의 전체 재산을 기준으로 과세되기 때문에 세금 부담이 크다. 하지만 상속세는 다른 세금에 비해 적용할 수 있는 공제 금액이 매우 크기 때문에, 공제를 제대로 활용하는 것이 절세의 핵심이다.

<table>
<tr><th colspan="3">구 분</th><th>공제액</th></tr>
<tr><td colspan="3">배우자 공제</td><td>법정상속지분 내 실제 상속가액(30억한도)
과 5억원 중 큰 금액</td></tr>
<tr><td rowspan="5">공제①</td><td colspan="2">기초공제</td><td>2억원</td></tr>
<tr><td rowspan="4">그 밖의
인적 공제</td><td>자녀</td><td>1인당 5,000만원</td></tr>
<tr><td>미성년자</td><td>1,000만원×19세까지의 잔여연수</td></tr>
<tr><td>연로자</td><td>1인당 5,000만원</td></tr>
<tr><td>장애인</td><td>1,000만원×기대연명연수(통계법 제 18조)</td></tr>
<tr><td>공제②</td><td colspan="2">일괄공제</td><td>5억원</td></tr>
<tr><td colspan="3">공제적용금액</td><td>배우자공제+공제① 또는 공제② 중 큰 금액</td></tr>
</table>

특히 배우자가 있을 경우에는 기본 배우자공제와 공제 ① 또는 공제 ② 중 더 큰 금액을 적용하여 상속공제를 극대화할 수 있다.

배우자 공제의 기본 구조는 이렇다. 배우자 공제는 실제 상속가액과 5억 원 중 더 큰 금액을 적용할 수 있다. 공제① 방식은 기초공제금액에 인적공제 금액을 각각 적용하는 방식이다. 이 금액이 5억 원 이상이라면 공제①을 선택하면 되고, 5억 원 미만이라면 공제② 방식이 더 많은 상속공제를 받을 수 있다.

상속세 공제 항목을 살펴보면 구조가 더욱 명확해진다. 예를 들어 자녀 1명과 배우자가 상속인이라면 각각 5억 원씩 기본 공제를 적용받아 총 10억 원을 공제받을 수 있다.

이때 자녀가 모든 재산을 상속받더라도 배우자 공제는 그대로 적용 가능하다.

<배우자 상속공제>

예) 상속재산 40억, 배우자, 자녀2명

법정상속분 = 40억 × 1.5/(1.5+1+1) = 약 17억1,400만원

배우자 상속공제 역시 중요한 요소다. 배우자의 법정 상속분은 자녀보다 1.5배 많다. 예를 들어 상속 재산이 40억 원이고 자녀가 두 명이라면, 배우자의 법정 상속분은 계산에 따라 약 17억1,400만원이 된다. 배우자 상속공제는 최대 30억 원 한도 내에서 적용받을 수 있기 때문에, 이 경우 배우자는 약 17억1,400만원을 배우자 상속공제로 받을 수 있다. 물론 공제한도 이상의 금액을 상속받을 경우에는 상속세 납부 대상이 된다.

<금융재산 상속공제 금액>

순금융자산	금융재산 상속공제
2,000만원이하	전액
2,000만원초과 ~ 1억원이하	2,000만원
1억원초과 ~ 10억원이하	순금융자산 × 20%
10억원초과	2억원

또한 금융재산 상속공제도 있다. 금융기관에서 취급하는 재산에 한해 최대 2억 원까지 공제받을 수 있다. 만약 부모님의 건강이 위

독한 상황인데 금융재산이 거의 없고 부동산만 보유하고 있다면, 일부 부동산을 처분하여 은행에 입금해 두는 것도 하나의 전략이 된다. 이렇게 하면 금융재산 상속공제를 추가로 받을 수 있을 뿐 아니라, 상속세를 납부할 자금도 마련할 수 있다.

마지막으로 동거주택 상속공제가 있다. 피상속인과 함께 살던 주택을 상속받는 경우 최대 6억 원까지 공제받을 수 있다. 공제 금액은 크지만, 해당 공제를 받기 위해서는 아래항목을 동시에 반드시 충족해야 하기 때문에 실제 적용은 쉽지 않다. 그럼에도 요건만 충족된다면 매우 큰 절세 효과를 기대할 수 있는 공제다.

<동거주택 상속공제>

① 무주택자 자녀
② 10년동안 1세대 1주택자인 고인과 동일세대를 이루며 동거(미성년시기 포함X)
③ 피상속인이 다주택자일 경우 공제X
④ 피상속인이 10년동안 다른주택 보유 또는 상속인 세대분리했을 경우 공제X

상속공제는 종류가 많고 구조도 복잡하지만, 제대로만 활용하면 상속세 부담을 크게 줄일 수 있다. 상속은 계획이 절세를 결정하며, 공제 활용 여부가 세금 차이를 만드는 핵심 요소다.

상속세의 핵심 '사전증여재산'

상속세를 계산할 때 많은 사람들이 간과하는 부분이 있다. 바로 사전 증여재산이다. 상속세는 사망 당시 고인이 소유한 재산뿐만 아니라 사망일 기준 10년 내에 미리 증여한 재산까지 포함하여 과세한다. 이미 증여한 재산도 상속재산에 산입되며, 사전에 납부한 증여세는 상속세에서 세액공제 받을 수 있다. 이는 사전 증여를 통해 상속세를 줄이려는 꼼수를 방지하기 위해 마련된 제도이다.

10년 내 증여를 포함시키므로 상속재산가액은 커질 수밖에 없다. 그러나 사전 증여재산으로 포함되지 않는 경우도 있다.

첫 번째는 10년이 지난 사전 증여재산이다. 특히 부동산의 경우 시간이 지날수록 가치가 상승하기 때문에, 일찍 증여할수록 증여세와 상속세를 절약할 수 있다. 설령 10년 내에 증여하여 사전 증여재산에 포함된다고 하더라도, 증여받을 당시의 시가로 상속재산에 반영되기 때문에 시가가 더 오르기 전에 미리 증여하는 것이 재산가액을 낮추는 효과를 가져온다.

두 번째는 5년이 지난 비상속인의 사전 증여재산이다. 법정상속인은 배우자와 자녀만 해당되며, 자녀의 배우자나 손주는 법정상속인이 아니다. 따라서 이들에게 증여한 재산은 증여 후 5년이 지나면 상속세 과세 대상에서 제외된다. 부모님의 건강 상태를 고려하여, 자녀가 아닌 자녀의 배우자나 손주에게 미리 증여하는 것도 절세의 한 방법이 될 수 있다.

세 번째는 수증자가 먼저 사망한 경우의 사전 증여재산이다. 예를 들어 부부가 모두 생존해 있을 때 배우자에게 증여했는데, 그 배우자가 먼저 사망한 경우라면, 10년 이내의 증여라도 상속세를 과세하지 않는다. 꼭 건강이 좋지 않은 배우자에게 증여해야 하는 것은 아니며, 배우자 증여 공제 한도를 활용해 미리 재산을 나누는 것 역시 절세 전략이 된다.

사전 증여는 상속세 절세에서 매우 중요한 요소다. 상속세에 포함되는지 여부, 증여 시점, 증여 대상에 따라 세금 규모가 크게 달라질 수 있기 때문이다. 상속과 증여는 단기적으로 결정할 문제가 아니라, 장기적인 전략을 통해 준비해야만 효과적인 절세가 가능하다.

상속세 계산

<상속세 계산방법 및 세율>

(상속세 과세표준 × 세율) - 누진공제액

과세표준	1억이하	5억이하	10억이하	30억이하	30억초과
세율(%)	10	20	30	40	50
누진공제액	-	1,000만원	6,000만원	1.6억원	4.6억원

〈사례 1〉

금융재산 5억, 부동산 15억이 있고 전세보증금 5억이 있는 경우이며, 상속인은 배우자와 자녀 1명이다. 상속재산은 금융재산 5억과 부동산 15억을 합한 20억에서 전세보증금 5억을 제외한 15억이 된다.

공제 가능한 금액은 ① 배우자 공제 5억, ② 일괄공제 5억, ③ 금융재산공제 1억 총 11억이며, 이를 차감하면 상속세 과세표준은 4억, 상속세는 7천만 원이 된다.

〈사례 2〉

금융재산 5억, 부동산 20억, 금융부채 5억이 있고, 상속인은 배우자와 자녀 1명이며 배우자가 12억을 상속공제로 받는 상황이다.상속재산은 금융재산과 부동산 합계 25억에서 금융부채 5억을 제외한 20억이다.

공제 가능한 금액은 ① 일괄공제 5억, ② 배우자 공제 12억 총 17억이다. 금융재산이 있어도 금융부채가 있기때문에 공제 대상에서 제외된다. 상속세 과세표준은 3억, 상속세는 5천만 원이 된다.

〈사례 3〉

금융재산 7억, 부동산 18억, 사전 증여금액 5억(증여세 9,000만 원 납부), 금융부채 2억이 있으며 상속인은 배우자와 자녀 2명이고, 배우자가 15억을 상속받는 상황이다.

상속재산은 금융재산 7억, 부동산 18억, 사전증여재산 5억을 합한 30억에서 금융부채 2억을 제외한 28억이다.

공제 가능한 금액은 자녀가 2명이라도 일괄공제 5억을 선택하고, 배우자 법정상속분은 계산에 따라 12억이다. 하지만 배우자에게 15억을 상속한다고 했으니, 법정상속분 12억을 초과한 3억은 과세 대상이 된다. 금융재산공제는 금융재산 7억에서 부채 2억을 제외한 5억의 20%인 1억이 적용된다. 총 공제 금액은 18억이다.

상속세 과세표준은 [28억 - 18억 = 10억] 이며, 세율 적용 결과

상속세는 2억 4천만 원이 된다. 여기서 사전 증여한 재산은 이미 증여세를 9,000만 원 납부했기 때문에 해당 금액을 상속세에서 공제한다. 따라서 최종 납부해야 하는 상속세는 1억 5천만 원이다.

이처럼 앞에서 설명한 상속세 공제를 실제 수치로 계산해보면 구조가 훨씬 명확해진다. 사례별로 어떤 공제가 적용되고, 어떤 항목이 과세 대상이 되는지 직접 계산해보면 상속세 절세 전략이 보다 선명하게 이해될 것이다.

상속세 절세전략

상속세는 사전에 얼마나 준비하느냐에 따라 부담이 크게 달라진다. 지금까지 살펴본 내용을 토대로 상속세 절세전략을 정리해보자.

첫 번째 전략은 70세가 되면 사전 증여를 고려하는 것이다. 대한민국 평균 기대수명을 기준으로 보면 70세에 증여를 할 경우 사전증여재산으로 포함되지 않는다. 따라서 미리 증여를 진행하는 것을 추천할 수 있다.

두 번째는 손주들에게 재산을 상속할 경우 유언장이 필수라는 점이다. 세대생략으로 인해 30%의 할증이 붙기는 하지만, 자녀에게 증여한 재산을 다시 손주가 물려받는다면 증여세를 두 번 부담해야 한다. 상속재산이 많다면 처음부터 손주에게 상속하는 것도 하나의 방법이다.

세 번째 전략은 부부의 재산 비율을 공평하게 유지하는 것이다. 한 사람에게 재산이 편중되어 있으면 상속재산가액이 커지고, 그만큼 상속세 부담도 크다. 배우자 증여 등을 활용하여 사전에 재산을 나누고 비율을 조정하면 과세표준을 줄일 수 있어 절세효과가 발생한다.

네 번째는 부모님의 재산이 대부분 부동산이라면 양도차익이 적은 부동산부터 처분하는 것이다. 처분한 부동산을 통해 금융재산 상속공제를 적용받을 수 있으며, 동시에 상속세를 납부할 자금을 마련할 수도 있다.

다섯 번째 전략은 부모님 명의 부동산을 저가 매수하는 방법이다. 가족 간 부동산 저가 매매는 증여세와 상속세 절세에 도움이 될 수 있다. 다만 저가 매수하더라도 부모님이 납부하는 양도세는 시가 기준으로 계산되기 때문에, 상속세 절세액과 양도세 부담을 비교해 유리한 쪽을 선택해야 한다.

마지막 여섯 번째 전략은, 부모님의 상속재산이 모두 부동산이라면 임대 중인 부동산을 전세로 전환하는 것이다. 전세보증금을 은행에 입금하면 금융재산 상속공제를 받을 수 있으며, 전세보증금이 부채로 잡히지 않기 때문에 순 금융자산으로 인정된다.

이처럼 상속세 절세는 단기적인 선택이 아니라 장기적인 준비와 세심한 설계가 핵심이다. 상속 구조를 미리 이해하고, 적용 가능한 공제와 전략을 적절히 활용한다면 상속세 부담을 효과적으로 줄일 수 있다.

| 증여세

다음은 증여세에 대한 내용이다. 무상으로 재산을 받는 것을 증여라고 하며, 이때 내는 세금이 바로 증여세다.

상속세와 달리 증여세는 증여를 받는 사람(수증자)이 원하는 시기를 선택할 수 있다. 즉, 수증자가 증여세를 납부할 준비가 되었을 때 재산을 받을 수 있도록 미리 증여계획을 설계할 수 있다는 장점이 있다. 상속처럼 예고 없이 갑자기 발생하는 것이 아니기 때문에, 본인이 감당할 수 있는 시점에 맞춰 체계적으로 준비가 가능하다.

생활비와 교육비는 증여세 비과세 대상이다. 하지만 이때는 반드시 실제로 생활비나 교육비로 지출해야 하며, 사용 목적이 명확해야 한다. 또한 지원을 받는 대상자가 소득이 있을 경우에는 생활비·교육비라 하더라도 일반 증여로 간주되기 때문에 주의해야 한다. 즉, 생활비 명목으로 지원했더라도 실제 용도와 수급자의 소득 여부에 따라 과세 여부가 달라질 수 있다.

증여세는 단순히 재산을 직접 물려받을 때만 발생하는 것이 아니다. 당장의 증여받은 재산이 없어도 증여세가 발생하는 경우가 여러 가지 있다. 아래는 대표적인 네 가지 사례다.

첫 번째는 채무를 대신 갚아주는 경우다. 자녀의 대출금을 부모가 대신 상환하면, 그만큼의 경제적 혜택을 자녀가 누린 것으로 보기 때문에 증여로 간주된다.

두 번째는 무상 또는 저가로 부동산을 사용하는 경우다. 예를 들어 상가를 무상으로 제공받아 사용한다면, 그 상가의 월세 상당액을 증여받은 것으로 본다.

세 번째는 부모님의 부동산을 가족 간 저가 매매하는 경우다. 가족 간 저가 매매는 시가의 30%에 해당하는 금액 또는 3억 원 중 적은 금액을 기준금액으로 삼는다. 예를 들어 시가 10억 원짜리 아파트를 1억 원에 매매한다면, 차액인 9억 원을 증여한 것으로 간주한다.

네 번째는 부모님으로부터 무상 또는 저이율로 돈을 빌리는 경우다. 바로 상환하면 증여세는 발생하지 않지만, 무이자로 빌린 경우에는 이자에 해당하는 금액을 증여로 본다. 이때 부모와 자녀 간 차용금액과 이자율은 뒤에서 더 자세히 다룰 예정이다.

이처럼 재산을 직접 받지 않아도 증여세가 부과될 수 있기 때문에, 금전거래나 부동산 이용 방식에서도 증여세 규정을 정확히 이해하는 것이 중요하다.

증여세에는 일정 금액까지 비과세로 인정되는 증여세 공제금액이 있다. 공제기간은 10년을 기준으로 하며, 관계에 따라 공제 한도가 달라진다.

<증여세 공제금액>		
관 계	증여공제금액	공제기간
기타친족	1,000만원	10년
배우자	6억원	
미성년자 직계존비속	2,000만원	
직계존비속	5,000만원	
혼인출산	1억원	1회

2024년 개정으로 혼인 또는 출산에 대한 증여 공제 1억 원이 신규 도입되었다. 이 공제금액은 수증자 기준이기 때문에 양가에서 각각 5천만 원씩 증여해도 모두 비과세가 된다. 혼인·출산 공제는 인생에서 단 한 번만 적용되지만, 그 외의 기존 증여 공제는 10년이 지나면 다시 비과세 한도를 적용받을 수 있다.

이처럼 증여세 공제는 관계·상황·시기에 따라 다르게 적용되므로, 계획적인 증여 전략을 세우는 것이 절세의 핵심이다.

<증여세 계산방법 및 세율>

(증여재산가액 × 세율) - 누진공제액 = 증여세

과세표준	1억이하	5억이하	10억이하	30억이하	30억초과
세율(%)	10	20	30	40	50
누진공제액	-	1,000만원	6,000만원	1.6억원	4.6억원

세율은 상속세와 동일한 구조를 따른다. 계산 방법은 간단하다. 과세표준에 해당 세율을 곱한 뒤, 누진공제액을 차감하면 증여세가 산출된다.

증여세는 증여받은 날이 속한 달의 말일부터 3개월 이내에 신고

해야 한다. 이 기한을 지키는 것이 중요하다. 기한 내에 신고할 경우 3%의 세액공제 혜택을 받을 수 있기 때문이다. 반대로 기한을 넘길 경우 가산세가 부과될 수 있어 불필요한 비용이 발생한다.

증여세는 비과세 한도와 공제 항목을 적절히 활용하는 것도 중요하지만, 신고 기한을 정확히 지키는 것 역시 절세 전략의 핵심이다.

증여세는 증여를 받는 사람(수증자)이 직접 신고해야 한다. 증여세는 국세이므로 국세청 홈택스를 통해 신고할 수 있다.

증여세 신고 절차

먼저 '홈택스' 홈페이지에 접속하여 상단 배너의 '세금신고' 메뉴를 클릭한다. 그러면 좌측 메뉴에 '증여세 신고' 항목이 보이고, 그 안에서 '일반증여 신고'를 선택한 뒤 '정기신고'를 클릭한다.

가장 먼저 증여자와 수증자의 관계 및 기본정보를 작성한다. 이후 증여재산명세를 입력하는 단계로 넘어간다. 다음으로 증여자와의 관계에 맞추어 증여재산 명세를 한 번 더 입력해야 한다.

신고서를 제출한 후에는 증빙서류를 반드시 첨부해야 한다. 해외주식 증여, 현금 증여, 부동산 증여 등 증여 유형에 따라 제출해야 하는 서류가 다르다.

<증여세 신고 증빙서류>

해외주식	현금	부동산
① 가족관계증명서 ② 주식증여계약서 ③ 거래내역서 ④ 잔고증명서 ⑤ 증여종목 전일종가 (ETF 경우) ⑥ 증여일 당일 환율	① 증여계약서 ② 주민등록등본 ③ 가족관계증명서 ④ 증여받은 통장사본 ⑤ 계좌거래내역	① 증여세과세표준신고서 ② 증여재산 평가명세서 ③ 자진납부계약서 ④ 증여계약서 ⑤ 증여자 인감증명서 ⑥ 주민등록등본 ⑦ 부동산등기부등본 ⑧ 부동산공시가격확인서 ⑨ 취득세 납부영수증 ⑩ 감정평가서

증여세 신고는 기한 내에 정확히 처리해야 불필요한 가산세를 피할 수 있으며, 신고 절차 자체는 홈택스를 통해 비교적 간단하게 진행할 수 있다.

| 차용증

마지막으로 차용증 작성 방법에 대해 알아보자. 차용증은 증여세를 피하면서 부모님께 자금을 받을 수 있는 방법이다. 이렇게 받은 돈은 부동산이나 주식 투자에도 활용할 수 있다. 또한 차후 자금출처조사에서 합법적인 자금으로 인정받을 수 있다는 장점이 있다.

차용증에는 특별한 법정 양식이 있는 것은 아니다. 그러나 반드시 포함해야 하는 내용이 있다. 채권자·채무자의 인적사항, 차용금액, 차용일, 변제기한, 변제방법, 이자율 등이 그것이다. 이 항목들이 빠져 있다면 차용증으로 인정받기 어렵기 때문에 반드시 기재해야 한다.

또 하나 중요한 점은 차용증은 반드시 돈을 빌리기 전에 작성해야 한다는 것이다. 그리고 사전에 작성된 서류임을 증명하기 위해 우체국 내용증명이나 등기소 확정일자를 받아 두는 것이 좋다. 이는 추후 세무조사를 받을 때 실제로 차용을 전제로 작성한 문서라는 사실을 증명하기 위해 필요하다.

차용증 작성 후에는 원리금 상환 내역이 반드시 남아 있어야 한다. 특히 이자 지급 기록이 중요하다. 기준금리 4.6%보다 낮은 이율로 빌리면, 원금을 상환하더라도 이자를 증여로 간주할 수 있다.

또한 빌린 돈의 이자를 지급할 때는 이자소득세 27.5%가 붙는다. 따라서 부모에게 이자를 지급할 때에는 이자소득세를 제외하고 원금과 이자를 지급해야 한다. 부모와 자식 간의 금전거래임에도 불구하고 이자소득세 신고와 납부가 필요한 점은 매우 번거롭고 복잡하다.

하지만 이자를 내지 않아도 되는 차용금액 범위가 있다. 세법상 인정되는 이자액과 실제 차용증 이자액의 차이가 연간 1,000만 원 미만이라면 이자를 납부하지 않아도 증여세를 과세하지 않는다. 기준금리 4.6%를 적용할 때 2억 1,700만원의 연 이자는 998만 원이 되므로, 2억 1,700만원까지는 무이자 차용이 가능하다.

단, 이자를 지급하지 않더라도 원금 상환 기록은 반드시 남겨야 한다. 그래야 증여가 아니라 실제 차용이라는 점을 객관적으로 입증할 수 있다.

차용증은 올바르게 작성하고 제대로 상환만 해도 증여세를 피하면서 자금을 활용할 수 있는 매우 실용적인 절세 도구다. 다만 서류 준비와 상환 기록 관리가 필수이기 때문에 꼼꼼한 관리가 필요하다.

마치며

| 세금공부는 일회성이 아닌 매년 해야한다.

〈손해없이 재테크 하는 쉬운 세금상식〉 파트를 보시고 세금에 대한 이해가 되셨나요? 사실 처음 알게되는 내용이라면 용어도 생소하고 내용이 많이 어려울 것입니다. 세금은 직접 처리해보고 납부해봐야 진정으로 이해하게 되는 것 같습니다.

하지만 각 항목의 절세전략을 적용하여 재테크를 한다면 최고의 수익률을 낼 수 있을 것입니다! 수익이 높아도 그만큼 세금으로 인한 손실을 줄이는 위해 세금을 공부하는 것이니까요!

각 재테크 항목의 어떤 세금항목이 있는지에 대해서만 인지하고 있어도 준비가 될 것이며, 세금에 대한 확인이 필요하다면 반드시 그 때의 세율과 정책 등을 확인하셔야 합니다.

요즘 저를 소개하는 수식어가 있습니다. '재테크 3년만에 10억 자산 달성' 이라는 건데요. 아주 자랑스러운 수식어입니다. 재테크를 배우지 않고 실천하지 않았더라면 저는 30년 이상 군생활을 하여도 10억이라는 자산을 모을 수 없었을 것입니다.

하지만 이런 저에게도 한 가지 아쉬움이 있습니다. 재테크를 막 시작할 때 재테크 공부하느라 바빠 세금에 대한 준비를 미쳐 하지 못했습니다. 그래서 재테크 분야에서는 성공했지만, 절세분야에서는 성공하지 못 했습니다. 부부가 자산을 동등하게 나눴어야 했는데 그러지 못 했고, 그렇기 때문에 안내도 될 세금을 추가로 납부하고 있습니다.

그래서인지 저는 이제 막 재테크를 시작하는 분들에게 정말 진심으로 저 같은 실수를 하지 않기를 바라면서 이 책을 썼습니다.

손실없이 최고의 수익을 누리는 그런 부자가 되길 응원합니다!

부동산 스터디의 구성

| "자유시간 투자자"는 누구인가?

나는 두아이의 아빠이자 군인, 김지석이다. '자유시간 투자자'라는 필명으로도 활동하고 있다. 16년에 임관한 현역 대위이고, 부동산을 공부한지 1년 만에 아파트 한 채, 빌라 두 채를 취득했다. 그리고 "8년차 김대위는 어떻게 집 3채를 샀을까" 제목의 저서는 현역 군인 최초 경제/경영 부분 베스트셀러에 올랐다. 현재는 연년생 두 아이의 육아에 온전히 동참하기 위해 육아휴직중이며 군인과 군인 가족의 내 집 마련을 돕기 위해 무료로 부동산 스터디와 경매 스터디를 운영하고 있다.

내가 재테크를 시작했던 이유는 단순하다. 자유와 시간때문이다. 자유란 내가 옳다고 믿는 일을 내가 원하는 방식으로 할 수 있는 상태라고 정의한다. 시간은 내가 사랑하는 사람과 원하는 만큼 함께할 수 있는 것이다. 투자자는 노동 없이 소득을 가져오는 시스템을 만드는 사람이다. 이 세 가지를 평생의 방향성으로 삼아 나는 오늘도 같은 이야기를 반복한다.

내 꿈은 "모든 군인이 내 집을 가지는 것이다." 돈 걱정 때문에 원하지 않는 선택을 하는 모습을 너무 많이 보아왔다. 경제적 여유는 선택권을 넓혀준다. 부동산 투자는 결국 삶의 방향을 지키기 위한 수단이다.

| 군인 한명의 내 집 마련은 곧 군 전체의 발전이다

"한 명의 군인이 내 집을 마련하면, 한 가족의 삶이 바뀌고, 결국 군 전체가 더 강해진다."

그래서 나는 모든 군인이 '내 집 마련'을 해야한다고 믿는다. 단순히 자산을 늘리고 개인의 풍요를 누리기 위한 수단이 아니라, 군인의 삶의 안정이 곧 군의 성장과 전투력의 기반이 된다고 생각하기 때문이다.

혼자 공부하며 집 3채를 취득하는 과정을 직접 겪어보니 군인의 삶을 살며 재테크를 공부한다는 것은 시간도 부족하지만 정보접근도 쉽지 않았다. 그래서 나는 내 작은 경험과 배움을 숨김없이 제공하려한다. 이 작은 경험과 지식들로 군인들의 삶이 좀더 안정적이고 든든하게 바뀌었으면 한다. 지금 겪고있는 현실적인 어려움에 조금이라도 도움이 되길 진심으로 바란다.

| 부동산 스터디의 구성

부동산 스터디는 하루VOD강의와 10주간 실습으로 구성된다. 먼저 하루VOD를 시청하여 부동산 투자에 대한 이론을 습득하고

10주간 이어지는 실습에서 자신의 상황에 맞도록 실거주 또는 재테크용 아파트를 고른다. 이 모든 과정에 멘토인 나의 피드백이 추가된다. 그렇게 10주 뒤엔 총 10개의 나만의 아파트 투자리스트를 갖게 되는 것이다.

하루VOD의 강의목차는 아래와 같다.

1강: 온라인 임장하는 법

2강: 입지분석의 본질과 수도권 부동산 해야하는 이유

3강: 2025 서울 급지체계와 주택가격지수

4강: 2025 부동산 가격지수와 2026 서울급지체계

5강: 2040 서울도시기본계획: 직장

6강: 2040 서울도시기본계획: 교통

7강: 용도지역별 용적률과 건폐율, 지적도 보는법

8강: 리모델링과 재건축 사업 비교분석

9강: 아파트 단지 내 커뮤니티 시설

10강: 인테리어 꿀팁

11강: 부동산 세금

12강: 임차인셋팅 꿀팁

13강: 등기부등본 보는 법

부동산을 처음 공부하는 초보더라도 하루 VOD를 시청해보면 부

동산 재테크에 대해 어느정도 감이 올 것이다. 그렇다면 이어서 10주간의 '꼭 산다! 부동산 스터디'를 시작해보자.

거주와 투자를 분리하는 순간, 선택지가 달라진다

부동산을 처음 공부할 때 가장 먼저 정리했던 원칙이 있다.거주와 투자를 분리하자는 것이었다. 우리가 하려는 부동산 투자는 누구나 살고 싶어 하는 곳에 하고, 거주는 내가 살고 싶은 곳 어디든 전·월세로 살면 된다. 이 기준이 명확해지는 순간, 부동산을 바라보는 시선이 달라진다.

나는 가격이 아니라 가치에 투자해야 한다고 생각한다. 단순히 싸다고 해서 저평가된 자산이라고 말할 수는 없다. 이미 가치가 충분히 증명되어 있지만 아직 가격이 오르지 않은 물건, 그런 자산을 합리적인 가격에 매수해 보유한다면시간이 지날수록 우상향할 수밖에 없는 구조를 만들 수 있다.

부동산에서 변하지 않는 가치는 결국 입지다. 그래서 나는 입지 7요소를 기준으로 압도적인 곳에 투자해야 한다고 반복해서 말해왔다. 우리가 흔히 아는 압구정, 반포, 잠실, 용산, 여의도, 목동 같은 지역들이 바로 그런 상급지다. 이때 반드시 함께 봐야 하는 자료가 있다. 2040 서울 도시 기본계획이다. 2023년에 서울시가 제시한 중장기 발전 방향으로, 이 문서를 기준 삼아 투자를 병행하면 실패 확률을 상당히 줄일 수 있다고 생각한다.

| 입지를 나누는 기준, 일곱 가지 요소

입지를 볼 때 나는 일곱 가지 요소를 본다. 직장, 교통, 학군, 상권, 녹지, 문화시설, 공공기관이다. 이 가운데 핵심은 직장·교통·학군·상권, 즉 네 가지 인프라 요소다.

직장은 2040 서울 도시 기본계획에 제시된서울 중심지 체계를 기준으로 본다. 서울에는 3도심과 7광역 중심이 있다. 강남, 여의도, 서울도심을 포함해 용산, 잠실, 상암·수색, 마곡, 가산, 청량리·왕십리, 창동·상계까지 총 열 개 지역이다. 서울의 직장은 이 지역에 집중되어 있다고 이해하면 충분하다.

교통은 서울 지하철 노선과 GTX를 기준으로 본다. 직장과 바로 붙어 있는 아파트가 가장 좋겠지만, 그런 아파트들은 가격이 높다. 그래서 핵심 직장군으로 빠르게 접근할 수 있는 교통을 가진 역세권 아파트를 찾는 방향이 현실적이다.

학군은 서울의 3대 학군지인 대치동, 목동, 중계동이다. 학군의 규모가 크고 학원가가 밀집해 있다는 공통점이 있다.

상권은 백화점, 대형마트, 유명 프랜차이즈, 병원을 본다.병원은 1차(개인병원), 2차(종합병원), 3차(대학병원) 정도로 나눠 생각하면 된다. 반대로 유흥 상권이나 술집, 모텔 같은 숙박시설은 마이너스 요소로 본다.

녹지, 문화시설, 공공기관은 프리미엄 요소다. 있으면 좋고, 없어도 되는 요소다. 사실 직장·교통·학군·상권 네 가지를 모두 만족하는 지역은 이미 가격이 형성되어 있다. 그래서 이 네 가지를 어떻게 조합하고 타협할지가 매물을 찾는 과정에서 중요해진다.

| 급지 체계로 시장을 바라보다

서울은 급지로 나눠서 보면 이해가 쉽다. 1급지는 20억 이상, 2급지는 15억 이상, 3급지는 9억, 4급지는 6억 이상, 5급지는 6억 이하로 생각하면 된다.

수도권에도 이와 비슷한 시세 구조를 가진 도시들이 있다.투자금이 충분하다면 상급지로 바로 진입하면 되겠지만, 현실적으로 대부분은 그렇지 않다. 그래서 나는 현재 가진 투자금을 기준으로 3·4·5급지에서 기회를 찾는 접근이 필요하다고 말한다. 주요 직장군이 형성된 지역이 1급지고, 그 주변으로 2급지, 3급지, 4급지, 5급지가 퍼져 나간다. 이 흐름을 이해하는 것이 중요하다.

가격을 판단하는 또 하나의 기준은 주택가격지수다. 2022년 1월을 전고점(100)으로 봤을 때2025년 3월 기준으로 1급지는 이미 전고점을 넘어섰고, 2급지는 거의 회복했다. 3급지는 전저점과 전고점 사이에 있고, 4급지는 허리를 넘긴 곳과 아직 못 넘긴 곳이 섞여 있다. 5급지는 여전히 전저점 부근에 머물러 있다.

이 현상을 두고 양극화라고 말하는 경우도 있지만, 나는 키 맞추기 과정이라고 본다. 1급지가 먼저 오르고,시간 차이를 두고 나머지 급지가 따라온다.

| 목표는 구체적으로, 숫자로 세운다

투자를 시작했다면 막연한 기대가 아니라 구체적인 숫자가 필요하다. 스터디를 시작하기 전 아래 질문에 대한 답을 내보자.

내 투자금은 얼마인가?

내가 가진 예금, 적금, 공제회, 주식 등 현금성이 좋은 자산을 모두 더한 가용현금을 알아야한다. 대출 한도는 얼마인가? 신용대출과 주택담보대출의 한도를 알아야 한다. 은행에 가는 것이 가장 정확하겠지만 토스, 카카오뱅크 등 인터넷뱅킹에서도 비교적 정확하게 산출 가능하다. 연말정산때 사용된 세전 연봉을 기준으로 두 대출한도를 구해보자. 주담대 한도를 구할땐 최소 10억 원 이상의 아파트를 넣자. 그렇게 한다면 DSR 40%가 걸린 최대한도를 알려줄 것이다.

어느 지역을 공부할 것인가?

가용현금과 대출한도에 대한 답을 얻었다면 급지체계를 보자. 내 투자금으로 살 수 있는 지역을 공부하면 된다. 어떤 아파트를 조사할 것인가? 입지 7요소를 모두 만족하는 아파트를 고른다면 고민이 없겠지만, 그런 집은 매우 비싸다. 투자금이 한정적이라면 입지요소 중 일부를 선택하여 아파트를 고를수밖에 없다. 언제 계약하고 언제 등기를 칠것인가? 전출, 전역, 이사 등 나의 상황에 맞추어 계약시기를 전략적으로 가져가야한다. 관사에서 잘살고있는데 지역내 아파트를 취득하게 되면서 퇴거를 해야한다면 시기를 잘못선택한 것이다.

이렇게 계획을 세우고 실행하면계획했던 것보다 더 빠르고, 더 높은 수준에 도달하는 경험을 하게 된다.

| 입지의 본질은 시간이다

강의를 하다 보면 가장 먼저 받는 질문이 있다.

"입지 분석은 왜 해야 하나요?"

대답은 단순하다. 우리는 돈이 없기 때문이다.

부동산이던 주식이던, 어떤 투자에서든지 가장 좋은 방법은 대장을 사는 것이더라. 대장을 사는 것 주식이라면 가능하다. 한 주에 몇만 원, 비싸야 50만 원, 100만 원 수준이면 충분히 대장주를 살 수 있다. 하지만 부동산은 다르다. 부동산의 대장은 압구정 현대아파트다. 문제는 대부분의 사람들이 그 아파트를 살 돈이 없다는 데 있다. (압구정 현대아파트 61평형의 가격은 이 책을 쓰고있는 2025년 겨울 115억을 돌파했다.) 그래서 우리는 입지 분석을 한다. 내 예산 안에서 가장 좋은 아파트를 찾기 위해서다. 이것이 입지 분석의 목적이다.

그렇다면 어디를 분석해야 할까. 나는 항상 같은 대답을 한다. 서울과 수도권만 보면 된다. 큰 시장에 투자해야 한다. 수요가 많고 거래가 활발하며 가격이 상승할 확률이 높은 곳이기 때문이다. 지방에서도 높은 수익률을 올릴 수 있다. 하지만 그 확률은 매우 낮다. 좋은 매물을 고를 확률이 낮다. 주식으로 치면 테마주를 정확히 고르는 것이고, 코인으로 치면 알트코인에 올라타 폭등을 맞추는 것과 같다. 반대로 실패하는 경우가 훨씬 많다.

그래서 주식의 거장들은 모두 같은 이야기를 한다. 찰리 멍거, 워렌 버핏, 앙드레 코스톨라니까지, 모두 가장 큰 시장에 투자하라고 말한다. 미국 주식, 그리고 S&P500이나 나스닥 지수를 추종하는 ETF를 권한다. 그 이유는 분명하다. 웬만한 펀드 매니저보다 높은 수익을, 그것도 안정적으로 기대할 수 있기 때문이다.

나는 대한민국 인구의 절반 이상이 사는 서울·수도권에 부동산 투자를 해야 한다고 생각한다. “물려도 나스닥에 물려라”라는 말이 있듯이, “물려도 서울 부동산에 물려야 한다.”

입지를 분석할 때 반드시 이해해야 할 개념이 있다. 바로 시간이다. 시간은 생산할 수도, 제거할 수도 없다. 과거로 돌아갈 수도 없고 미래로만 흐른다. 그리고 누구에게나 동일하게 주어진다. 그래서 입지의 본질은 시간이다.

시간은 가장 공평하게 주어진 자원이지만, 대부분의 사람들은 자신의 시간을 팔아서 돈을 번다. 우리는 이를 근로소득자라고 부른다. 반면 소수의 사람들은 타인의 시간을 산다. 운전기사를 쓰고, 가사도우미를 쓰고, 누군가의 시간을 고용해 자신의 시간을 아낀다. 국가 역시 국민의 시간을 사서 군인으로 고용하고 국가 안보를 맡긴다. 세상은 시간을 파는 사람과 시간을 사는 사람의 관계로 연결되어 있다.

"시간은 금이다"라는 말을 우리는 알고 있다. 하지만 자산 규모가 크고, 소득이 높은 사람일수록 이 말을 더 잘 이해한다. 그들의 한 시간은 가져다주는 소득의 크기가 다르기 때문이다. 그래서 입지는 곧 시간이다. 집에서 직장, 학교, 백화점, 문화시설, 공원까지 얼마나 걸리는지를 보면 된다.

이를 분석하는 입지 요소는 일곱 가지다.

직장, 교통, 학군, 상권, 녹지, 문화시설, 공공기관.

일곱 가지가 모두 완벽한 아파트는 거의 없다. 있다면 최소 30억 원이 넘는다. 그래서 우리는 두세 가지, 많아야 네 가지에 집중해야 한다. 그중에서도 핵심은 직장과 교통이다. 여기에 학군까지 더해지면 가장 좋다. 나머지 요소들은 있으면 좋고, 없으면 아쉬운 요소로 보면 된다.

입지 분석은 실제로 손으로 해봐야 한다. 먼저 아파트 단지 지도를 캡처한다. 네이버 부동산에서 호가와 실거래가, KB 부동산 시세를 함께 확인한다. 대출은 KB 시세를 기준으로 나오기 때문이다. 실거래가의 분포를 확인하며 가격대를 파악한다.

직장은 2040 서울 도시기본계획을 참고한다. 서울은 도심, 광역중심, 지역 중심으로 나뉘어 개발된다. 도심은 국제문화 교류 중심지, 강남은 국제업무 중심지, 여의도는 국제금융 중심지로 계획되어 있다. 산업·경제 축을 보면 상암과 수색은 방송·미디어, 마곡은 대기업 연구시설, 가산·구로·여의도·용산도 업무지구로 이어진다. 강남과 삼성역 일대는 여전히 대한민국 최고의 업무지구다.

교통은 광역 교통축을 본다. GTX-A, B, C 노선은 부분운행중이지만 가까운 미래에 전 구간이 운행되며 현실이 될것이 분명하다. 여기에 지하철 노선까지 함께 분석해 집에서 주요 업무지구까지 걸리는 시간을 계산하면 된다.

학군은 초·중·고로 나누어 본다. 초등학교는 통학 동선과 횡단보도 여부를 본다. 중학교는 학업성취도를 확인한다. 고등학교는 대학진학 실적을 통해 판단한다. 학구도 안내 서비스와 아파트 투미를 함께 활용하면 직관적으로 확인할 수 있다.

상권은 백화점과 대형 마트가 핵심이다. 백화점은 유해시설이 없다는 점에서 중요하다. 반대로 유흥시설이 밀집된 상권은 마이너스 요소가 될 수 있다.

녹지는 서울에서 특히 프리미엄이 크다. 한강, 하천, 대형 공원은 서울이라는 도시의 희소한 자산이다. 한강이 보이느냐에 따라 가격 차이는 수억 원까지 벌어진다.

문화시설과 공공기관 역시 생활의 질을 좌우한다. 도서관, 공연장, 체육시설, 문화센터, 행정복지센터는 가까울수록 편리하다.

이렇게 입지는 막연한 감이 아니라, 시간을 기준으로 한 구조적인 분석이다. 그리고 이 과정을 반복하는 사람이 결국 좋은 자산을 갖게 된다. 반복적으로 입지분석을 한다면 좋은 부동산을 고르는 운이 아니라, 확률을 높여준다.

서울 급지 체계로 시장을 읽다

리치군인 카페에 오면 2025년, 2026년 버전의 급지체계를 볼 수 있다. 서울 급지체계는 서울의 지역구별 아파트 중위가격을 기준으로 5분위로 나눈것이다. 이 개념은 단순히 행정구역의 구분이 아니라, 사람들이 실제로 선호하고 가격이 형성되는 구조를 정리한 체계라고 이해하면 된다.

가장 높은 급지는 1급지다. 여기에 강남 3구, 서초·강남·송파가 들어간다. 그리고 서울의 정중앙에 위치한 용산, 영등포 중에서도 여의도, 양천구 중에서도 목동 일부가 포함된다. 이 지역들은 많은 사람들이 이미 알고 있는 핵심 지역이다.

그 다음이 2급지다. 강남 접근성과 여의도 접근성이 모두 우수한 지역들이다. 동작구가 대표적이고, 용산과 가까운 마포, 강남 3구와 용산에 인접한 성동, 광진도 여기에 해당한다. 여기에 서울 3도심 중 하나인 서울도심, 즉 종로와 중구를 중심으로 서대문, 종로, 중구, 동대문 일대가 함께 묶인다.

3급지는 여의도가 있는 영등포 전반과 강남 3구에 가까운 강동구까지 포함된 상급지다.

그 외 외곽 지역이 4급지, 그리고 서울의 가장 외곽에 위치한 곳들이 5급지다. 4급지와 5급지의 차이는 물리적으로 아주 크다고 보기는 어렵다. 다만 한 가지 분명한 차이는 있다. 아파트로 구성된 비율이 상대적으로 낮다는 점이다. 이 차이가 시간이 지나면서 가격과 회복 속도의 차이로 나타난다.

나는 이 급지 체계를 기준으로 주택가격지수를 계속 모니터링하고 있다. 주택가격지수라는 것은 2022년 1월 가격을 100으로 놓고, 현재 가격이 그때보다 얼마나 높아졌는지, 혹은 낮아졌는지를 숫자로 표현한 지표다. 100보다 낮으면 22년 1월보다 가격이 낮다는 뜻이고, 100보다 높으면 그보다 가격이 높게 형성되어 있다는 의미다.

나는 작년 12월부터 올해 1월, 2월까지 최근 3개월간 이 지수를 계속 확인했다.(이 책을 쓰고 있는 2025년 12월까지도.) 그리고 이를 5급지 체계로 나누어 정리했다. 급지별로 가격지수를 나열해 보고, 다시 오름차순으로 정리해 보면 흐름이 분명하게 보인다.

강남, 용산, 서초, 송파. 이 1급지 지역들은 공통점이 있다. 완연한 우상향이다. 이미 전고점을 넘어서 가격이 형성되고 있다는 점도 공통적이다. 2급지 역시 지수가 상당히 올라와 있고, 대부분 고점에 근접한 상태다. 3급지는 조금 다르다. 이미 고점에 다다른 곳도 있고, 아직은 절반 정도 회복한 곳도 섞여 있다. 4급지와 5급지는 더 명확하다. 아직 저점 부근에 머물러 있는 곳, 혹은 저점에서 이제 막 반등하기 시작한 곳들이 주를 이룬다. 지수가 80에 가까운 구간을 바닥이라고 본다면, 이 급지들은 이제 막 움직이기 시작한 상태라고 볼 수 있다. 이렇게 급지 체계를 통해 한 가지 사실을 정리할 수 있다. 서울의 3도심, 즉 서울도심·여의도·강남에 가까울수록, 그리고 아파트 비율이 높을수록 급지가 높고 가격도 높게 형성된다는 점이다. 그리고 그 순서대로 가격 회복이 일어난다. 높은 급지의 아파트들이 먼저 회복하고, 이후 그 흐름이 아래 급지로 내려온다. 이것이 급지 체계를 보는 이유다. 단순히 어디가 비싸고 싸다를 구분하기 위한 것이 아니다. 어디부터 회복되고 있는지를 보기 위함이다. 그래서 지금과 같은 타이밍에서는 이미 가격이 많이 회복된 높은 급지를 무작정 따라가기보다, 그 흐름을 따라 올라올 가능성이 있는 급지에 있는 입지좋은 아파트를 고민해보는 것도 하나의 방법이 될 수 있다.

급지는 감이 아니라 구조다. 이 구조를 이해하면 시장이 어디에 와 있는지, 그리고 내가 서 있는 위치가 어디인지를 훨씬 차분하게 바라볼 수 있다.

| 급지는 가격으로 증명된다

2025년 한해를 기준으로 2026년 급지체계를 다시 나눠 봤다(리치군인 클래스 무료 자료실에서 다운로드 가능). 그중에서 1급지와 2급지에 해당하는 상급지 아파트들 가운데, 내가 대장이라고 생각하는 단지들을 몇 개 가져왔다. 이 아파트들의 최근 1년간 상승률을 비교해 보니, 결과는 아주 명확했다. 급지가 높을수록 수익률이 높았고, 가격이 형성되는 절대적인 가격대 역시 훨씬 높았다.

반대로 4,5급지에 해당하는 노원과 금천의 대장 아파트를 함께 비교해 보았다. 이 지역의 대장 아파트들은 가격대 자체도 낮았고, 상승 폭 역시 상급지와는 확연히 다른 모습을 보였다. 같은 '대장'이라는 이름을 달고 있어도, 급지가 다르면 결과는 완전히 달랐다.

이 현상은 서울 안에서만 나타나는 것이 아니다. 전국적으로도 동일한 흐름이 관찰된다. 서울의 강세는 매우 뚜렷하다. 수도권, 즉 서울·경기·인천만 놓고 보더라도 차이는 분명하다. 서울은 상승 흐름이 확실하게 나타나고 있고, 가격지수 변동률 역시 매월 평균 1% 내외로 꾸준히 오르는 모습이다.

반면 경기와 인천은 아직 충분히 회복하지 못했다. 일부 지역은 오히려 하락하는 모습도 보였다. 시야를 전국으로 더 넓혀 지방까지 살펴보면 이 차이는 더 분명해진다. 세종이나 울산처럼 일부 회복하거나 상승하는 지역도 있었지만, 전체적으로는 하락 흐름이었다.

서울은 가파르게 오르고 있다. 심지어 1급지와 2급지는 20%, 30%에 달하는 상승률을 보이는 곳들도 있었다. 그런데도 다른 지역들 중에는 상승이 아니라 오히려 하락하는 곳들이 동시에 관찰된다. 이 흐름이 의미하는 바는 명확하다.

결국 서울 아파트는 더 비싸지고, 지방 아파트는 더 싸지는 구조다. 이 격차는 점점 더 벌어진다. 흔히 말하는 양극화를 넘어, 초양극화라고 표현할 수 있는 상황이다. 이미 가격이 비싼 상급지 아파트들은 하급지 아파트와 같은 수익률을 기록하더라도, 절대적인 가격 차이 자체가 크기 때문에 격차는 계속 벌어진다.

같은 수익률로 상승해도 가격 차이는 줄어들지 않는다. 오히려 더 커진다. 이미 가격이 여섯 배 가까이 차이 나는 상황에서는 구조적으로 벌어질 수밖에 없다. 그런데 지금은 상황이 더 극단적이다. 서울은 오르는데, 다른 지역은 떨어지고 있다. 그래서 이 격차는 더 빠른 속도로 벌어지고 있다.

전국의 가격 흐름을 보면, 서울의 가격 상승은 급지 체계를 거의 그대로 따라간다고 봐도 된다. 용산·서초·강남·송파 같은 1급지는 12% 이상 상승한 반면, 하급지인 5급지 지역들, 예를 들면 구로나 금천은 3%도 채 오르지 못했다. 강북·도봉·노원·중랑 역시 비슷한 흐름을 보였다.

전국 지도를 펼쳐 보면 이 대비는 더 선명하다. 서울만 빨갛게 표시되고, 나머지 지역들은 대부분 파란색이다. 경기와 인천 역시 전체적으로는 하락 흐름이었지만, 입지가 좋은 일부 지역은 예외였다. 과천은 상승률이 높았고, 성남 역시 판교와 분당을 중심으로 비슷한 흐름을 보였다. 하남도 마찬가지였다. 인천에서는 일부 지역을 제외하면 전반적으로 부진한 모습이 이어졌다.

이렇게 서울의 가격 변화율을 보고, 다시 평단가로 나누어 지역을 분류해 줄을 세워 보니, 2025년에서 2026년으로 넘어오며 급지 체계에 변화가 생긴 것이 보였다. 총 세 곳에서 급지의 변동이 있었다.

서부권의 은평, 동부권의 노원, 동남권의 강동, 이 세 지역이다. 이 중 은평구와 강동구는 한 단계 급지가 승급되었다. 은평구는 5급지에서 4급지로, 강동구는 3급지에서 2급지로 올라갔다. 반대로 노원구는 4급지에서 5급지로 강등되었다.

정리하면, 2026년 기준의 급지 체계는 변화했다. 급지는 고정된 것이 아니다. 가격과 흐름이 만들어 내는 결과다. 이 변화를 계속해서 관찰하는 것이 중요하다. 그래야 시장의 파도에 휩쓸리지 않고 우아하게 파도를 탈 수 있다.

서울 도시 기본계획으로 보는 미래

| 직장군 : 일자리는 어디에 가장 많을까?

2040서울 도시기본계획에 있는 중심 체계를 보자(리치군인 클래스 무료 자료실에서 다운로드 가능). 파란색은 3도심, 빨간색은 7광역 중심, 노란색은 12지역 중심이다. 이 3도심·7광역 중심·12지역 중심을 기점으로 해서 직장군을 형성하겠다는 계획을 가지고 있다. 기본 방향은 중심 체계를 유지하면서, 교통 체계와 산업 체계를 연계해 성장시키겠다는 것이다.

| 3도심 : 서울도심, 여의도, 강남

먼저 3도심부터 보자. 서울 도심은 시청과 광화문 일대다. 강남과 여의도가 개발되기 전, 조선시대 4대문 안에 있던 전통적인 업무지구다. 이후 여의도와 강남이 개발되면서 역할을 나누게 되었지만, 여전히 업무지구는 많이 남아 있다.

서울 도심은 국제문화교류 중심지로 육성하겠다는 방향을 제시했고, 이를 위해 4+1축을 설정했다. 동서 방향의 산업발전축, 남북 방향의 네 개 산업발전축을 통해 국가 중심축을 만들겠다는 계획이다. 청와대부터 시청까지는 역사문화를 기반으로 한 도심 비즈니스 허브, 인사동부터 명동까지는 상권 활성화, 창덕궁에서 한강까지는 녹지 생태 도심, 대학로와 장충동 일대는 동대문 DDP를 중심으로 한 패션·뷰티 산업 글로벌 상업축, 광화문에서 동대문까지를 동서로 연결해 상업지역을 통합하겠다는 내용이다.

여의도는 국제금융 중심지다. 한국의 월가라고 불릴 정도로 금융회사와 방송국이 몰려 있다. 영등포는 기존 산업지역을 재생·정비해 신산업 일자리 중심 공간으로 만들겠다고 했고, 국제 디지털 업무·금융 기능을 강화하며, 용산 국제업무지구 개발과 연계해 범위를 확산하겠다고 밝혔다. 여의도 외 영등포 지역은 혁신산업 공간으로 육성하고, 여의도와 용산의 연계를 강조하고 있다.

강남은 국제업무 중심지다. 삼성역 일대의 글로벌비즈니스센터와 영동대로 복합개발, 잠실운동장 일대의 MICE 기능을 통해 국제업무·관광 중심지로 육성하겠다는 계획이다. 여기서 결국 용산과 잠실까지 함께 언급되고, 이는 3도심을 넘어 7광역 중심까지 연결되는 구조다.

| 7광역중심: 용산, 청량리-왕십리, 창동-상계, 상암-수색, 마곡, 가산-대림, 잠실

다음은 7광역 중심이다. 용산 국제업무지구, 용산공원과 연계한 도심 속 녹지, 청량리·왕십리는 동북권 혁신 산업·문화 중심지로 육성된다. 청량리는 홍릉을 중심으로 R&D 시설과 연계한 복합 개발을 추진한다. 창동·상계는 바이오메디컬, 친환경 에너지, 문화 콘텐츠 중심지로 고도화하고, 창동 아레나와 같은 대형 공연장을 기반으로 일자리를 만들겠다는 계획이다. 상암·수색은 디지털미디어시티를 중심으로 서부권 산업·경제 거점으로 육성한다. 실제로 이 일대에는 비즈니스 시설들이 이미 많이 들어서 있다. 마곡은 LG 연구단지를 중심으로 한 업무지구로 잘 알려진 곳이다. 가산·대림은 G밸리로 불리며 산업·창업 지원과 함께 업무·주거·문화·쇼핑·여가 기능을 강화한다. 잠실은 강남 도심과 연계한 국제 업무·관광 중심지로 다시 한 번 강조된다.

| 12지역중심: 동대문, 성수, 망우, 미아, 연신내-불광, 신촌, 마포, 목동, 봉천, 사당-이수, 천호-길동, 수서-문정

마지막으로 12지역 중심이다. 동대문은 패션·문화 복합 기능을 담당하는 지역 중심이다. 중부권의 성수·망우·미아가 여기에 포함된다. 성수는 IT와 상업·업무 복합시설을 통해 강남 도심과 연계한다.

망우는 교통을 기반으로 생활 서비스 기능을 강화하고, 상봉터미널 이전 부지를 활용한 산업·업무 기능을 계획하고 있다. 미아는 미아·길음 뉴타운을 중심으로 상업·업무·문화·교육 기능을 확충해 권역 자족성을 높이겠다는 방향이다.

서북권의 연신내·불광은 GTX 신설과 교통 개선을 바탕으로 상업·문화·혁신 산업 중심지로 육성된다. 현재는 주거환경이 많이 낙후돼 있지만, 계획상으로는 강하게 밀어주는 지역이다. 신촌은 연세대를 중심으로 디자인·출판·문화·예술·의료·AI 기술 등 IT 융합 산업을 육성한다. 마포는 서울 도심과 여의도를 지원하는 서부권 업무 중심지로, 도심·여의도·용산 접근성이 모두 우수한 입지다.

서남권의 목동, 봉천, 사당-이수도 지역 중심으로 설정됐다. 목동은 상업·업무·문화 중심지이자 생활 서비스 기능을 강화하는 지역이다. 서부권의 연신내·불광을 서북권의 목동처럼 키우겠다는 계획으로 보면 된다. 봉천은 서울대와 연계한 R&D 기능을 강화하고, 사당·이수는 광역 교통 환승 거점으로서 쇼핑과 여가 기능을 함께 개발하겠다는 방향이다.

강남권에서는 수서·문정이 신성장 로봇·IT·첨단 산업 업무 중심지로 설정됐고, 천호·길동은 상업·업무 복합 중심지로 육성된다. 고덕 비즈밸리와 함께 동남권의 중심 기능을 맡게 된다.

이 문서의 핵심은 분명하다. 서울은 중심지를 기준으로 직장과 산업을 배치하고, 교통과 연계해 성장시키겠다는 계획을 이미 명확하게 제시하고 있다는 점이다. 이 구조를 이해하는 것이 입지를 이해하는 출발점이다. 다음 단계에서는 이 중심지를 잇는 교통축을 살펴볼 차례다.

| 교통 : 직장군까지 빨리 갈 수 있는 곳?

이제 2040 서울 도시 기본 계획 중에서 교통과 관련된 부분을 살펴보자. 이 문서는 서울특별시 홈페이지에서 누구나 확인할 수 있고, 내가 노션에 공유해 둔 링크를 통해서도 접근할 수 있다(리치군인 클래스 무료 자료실에서 다운로드 가능). 목차를 따라가다 보면 교통 파트에서 가장 눈에 띄는 것이 보인다. 바로 광역 철도망이다. 이 철도망은 서울의 중심지 체계를 연결하는 구조로 설계되어 있다. 앞서 다룬것처럼 서울은 크게 3도심, 7광역 중심, 12지역 중심으로 나뉘어 있는데, GTX를 비롯한 주요 철도 노선들은 이 중심지들을 관통하거나 연결하는 형태로 계획되어 있다.

먼저 GTX-A 노선을 보면, 지역 중심인 연신내·불광을 지나 서울 도심을 통과하고, 다시 강남과 수서 쪽으로 이어지는 구조다. 이 노선은 두 개의 지역 중심과 두 개의 도심을 직접적으로 연결하도록 설계되어 있다. 다음으로 GTX-B 노선은 가산·대림 광역 중심에서 시작해 여의도 도심, 용산 광역 중심, 서울 도심, 청량리·왕십리 광역 중심을 거쳐 창동·상계 광역 중심까지 이어진다. 결과적으로 네 개의 광역 중심과 두 개의 도심을 통과하는 노선이다. GTX-C 노선은 창동·상계 광역 중심과 청량리·왕십리 광역 중심을 지나 강남(삼성역)을 통과한 뒤 양재와 과천 쪽으로 빠져나간다. 이 노선은 두 개의 광역 중심과 한 개의 도심을 지나는 구조다. 지도에 표시된 화살표와 선들은 모두 의미를 가지고 있는데, 예를 들어 강북 순환선은 북한산을 관통하는 노선으로 계획되어 있고, 가산·대림에서 위로 올라오는 노선은 신안산선을 의미한다. 미아까지 연결되는 동북선 역시 별도의 노선으로 표시되어 있다.

이 교통망은 단순히 이동 편의만을 위한 것이 아니다. 앞서 직장군을 설명할 때 언급했듯이, 교통망은 결국 직장군과 산업 거점을 활성화하기 위해 연결되는 구조라고 이해하면 된다. 도심과 광역중심지와 지역중심지를 잇는 교통망이 곧 일자리인 직장군과 일하는 사람들이 사는 주거지를 묶는 역할을 하게 되는 것이다.

이를 조금 더 직관적으로 보기 위해 서울 전체 지적도를 함께 살펴볼 필요가 있다. 지도에서 빨간색, 혹은 분홍색으로 보이는 곳은 상업지역이고, 파란색으로 표시된 곳은 공업지역이다. 강남구의 중심 업무지구인 테헤란로 일대는 고층 빌딩이 밀집한 상업지역으로 형성되어 있다. 반면 서울숲 일대 성수 지역은 준공업 지역으로 분류된다.

영등포구와 구로구, 금천구 역시 공업지역이 많은 곳이다. 금천구에는 가산디지털단지, 이른바 가산디지털단지와 구로디지털단지가 있고, 영등포구는 당산과 영등포역 주변을 중심으로 역세권 개발이 진행되고 있다. 서울에서 공업지역은 개수가 많지 않기 때문에, 이 지역들은 쉽게 해제되기보다는 기존 성격을 유지한 채 이어질 가능성이 크다.

상업지역은 서울 곳곳에 분포해 있는데, 이를 직장군의 관점에서 보면 이해가 쉬워진다. 이 상업지역 위에 지하철 노선도를 그대로 얹어 보면, 교통망과 직장군이 어떻게 맞물려 있는지가 한눈에 들어온다. GTX를 포함한 주요 노선들이 왜 그 위치를 지나가는지, 왜 특정 중심지를 관통하도록 설계됐는지를 시각적으로 확인할 수 있다.

그래서 나는 항상 교통을 볼 때, 노선 하나만 따로 떼어 보지 말고 전체 지하철 노선도 위에서 함께 보기를 권한다. 이미 리치군인 카페와 개인블로그에 지하철 시리즈로 정리해 둔 자료들이 있는데, 그 자료들을 함께 보면 머릿속에 훨씬 잘 정리될 것이다. 저서인 "8년차 김대위…" 에도 자세히 정리되어 있다. 교통망은 지도 위에 올려놓고 볼 때 비로소 구조가 보이고, 서울이라는 도시가 어떤 방향으로 연결되고 있는지도 자연스럽게 이해할 수 있게 된다.

2040 서울 도시 기본 계획의 교통 파트는 결국 하나의 메시지를 반복해서 보여준다. 서울의 중심지 체계를 기준으로 교통망을 설계했고, 이 교통망은 산업과 직장군을 연결하기 위한 구조라는 점이다. 이 흐름을 이해하는 것이 이 문서를 읽는 가장 중요한 포인트다.

| 이미 땅마다 용도가 정해져있다.

이미 땅다 용도가 정해지고 지을 수 있는 건물종류가 다르다. 이것을 용도지역별 용적률과 건폐율, 그리고 함께 봐야 하는 개념으로 지적도에 대해 이야기하려고 한다.

용적률과 건폐율은 설명 자체가 비교적 쉬운 개념이기 때문에 간단하게 짚고 넘어가도 충분하다. 건폐율이란, 내가 가진 땅 위에 건물을 얼마나 넓게 지을 수 있는지를 나타내는 기준이다. 예를 들어 100평짜리 땅을 가지고 있다고 가정해 보자. 이 땅이 전용 주거지역이라면 건폐율이 50%다. 즉, 땅 100평 중 최대 50평까지만 건물이 바닥에 닿아 올라갈 수 있다는 의미다. 그렇다면 용적률은 무엇이냐 하면, 건물의 전체 연면적과 땅 면적의 비율이다. 연면적이란 모든 층의 면적을 합한 것이다. 100평짜리 땅에 용적률 100%가 적용된다면, 모든 층을 합한 면적이 100평 이하여야 한다. 앞선 예처럼 건폐율이 50%라서 한 층에 50평씩 건물을 지을 수 있다면, 1층 50평, 2층 50평으로 총 2층까지밖에 지을 수 없다.

우리가 투자 대상으로 주로 보는 아파트는 대부분 2종이나 3종 주거지역에 위치한다. 실제로 많은 아파트를 조사해 보면 건폐율이 25%를 넘는 경우는 많지 않다. 25%를 넘어가는 경우는 건폐율이 꽤 높은 편에 속하고, 동 간 거리도 상대적으로 좁은 편이다. 반대로 단지 내 조경이 잘 되어 있고, 동 간 거리가 충분히 확보돼서 살기 좋다고 평가받는 아파트들은 건폐율이 보통 20% 이내다. 15%에서 20% 사이가 많고, 15% 이하라면 동 간 거리가 매우 넓고 쾌적한 환경을 갖춘 단지라고 볼 수 있다.

다시 100평짜리 땅을 예로 들어보자. 건폐율이 20%라면, 건물은 20평만 바닥에 닿아 올라간다. 이 땅이 3종 일반주거지역이라면 용적률 기준은 300%다. 즉, 연면적이 300평 이하면 된다. 한 층에 20평씩 올라간다면 15층까지 건물을 지을 수 있는 구조가 된다. 이렇게 용적률이 많이 확보될수록 건물은 높아지고, 이 점은 특히 재개발·재건축에서 매우 중요하다. 기존보다 용적률이 얼마나 더 늘어나느냐에 따라 사업성이 크게 달라지기 때문이다.

결국 건폐율과 용적률은 건물이 얼마나 빽빽하게, 얼마나 높게 지어졌는지를 판단하는 핵심적인 지표라고 볼 수 있다.

지금까지는 주거지역 위주로 살펴봤다. 공업지역이나 녹지지역도 있지만, 녹지지역은 투자 대상이 되는 경우가 거의 없고 공업지역 역시 제한적이기 때문에 여기서는 상업지역과 주거지역만 비교해 보자. 주거지역과 비교했을 때 상업지역은 건폐율과 용적률이 압도적으로 높다.

우리가 흔히 보는 초고층 랜드마크 건물들, 주상복합으로 지어진 건물들은 대부분 주거지역이 아니라 상업지역에 위치한다. 주거, 상가, 업무 기능이 복합된 형태로 지어질 수 있고, 초고층으로 올라갈 수 있는 배경에는 상업지역의 높은 용적률이 있다.

이 지점에서 오피스텔 투자 이야기를 하지 않을 수 없다. 오피스텔은 실제로는 주거로 많이 사용되지만, 법적으로는 상가에 해당하고 상업지역에 지어진다. 용적률이 매우 높은 건물 안에 포함되다 보니, 한 세대가 차지하는 대지 지분은 극히 작다.

우리가 서울 수도권 중심지 부동산에 투자해야하는 이유는 단순히 세대가 가진 공간하나를 사는 데 있지 않다. 그 건물이 올라가 있는 땅의 지분을 함께 사는 의미가 훨씬 크다. 아파트의 가격은 건물 가격과 땅값으로 나눠 볼 수 있는데, 건물은 시간이 지날수록 감가되며 가치가 떨어진다. 반면 땅은 공급이 늘어나지 않는다. 태초부터 같은 양이 유지되고 있고, 수요는 계속 몰린다. 여기에 화폐 가치가 하락하면서 같은 땅을 사기 위해 더 많은 돈을 지불해야 하는 구조가 되기 때문에, 땅값은 인플레이션과 희소성, 수요로 인해 자연스럽게 우상향한다.

그래서 대지 지분이 중요하다. 오래전에 지어진 저층 아파트들은 상대적으로 대지 지분이 많고, 최근에 지어질수록, 용적률이 높을수록, 그리고 같은 땅에 세대 수가 많을수록 각 세대가 가져가는 대지 지분은 작아진다. 오피스텔은 그 극단적인 예다. 대지 지분이 매우 작기 때문에, 시간이 지날수록 건물 가치가 하락하고, 작은 땅의 지분에 대한 가치만 남게 된다. 이 구조에서는 차익형 투자로서의 매력이 크지 않다.

물론 나중에 현금 흐름이 정말 필요해졌을 때, 은행 금리보다 높은 수익을 기대하고 월세 중심의 수익형 부동산으로 접근한다면 이야기는 달라질 수 있다. 하지만 아직 자산을 불려 나가는 시기라면, 오피스텔을 차익형 투자 대상으로 삼는 것은 바람직하지 않다. 지금은 차익형 자산에 집중하고, 소득이 줄어들어 현금 흐름이 필요해질 때 수익형 부동산을 고려해도 늦지 않다.

마지막으로 지적도를 어떻게 보는지 간단히 짚어보자(리치군인 클래스 무료 자료실에서 다운로드 가능). 지적도에는 용도지역별 색깔이 정해져 있다. 노란 계열은 주거지역이고, 색이 진해질수록 용적률이 높아 고층 건축이 가능한 지역이다. 3종 주거지역이 가장 진하고, 1종 주거지역은 상대적으로 연하다. 녹지는 초록색으로 표시된다. 지하철역 주변을 보면 붉은 계열로 보이는 곳이 자주있다. 이곳은 상업지역으로, 용적률이 매우 높게 적용될 수 있는 지역이다. 주거지역 중에서 가장 용적률이 높은 것은 준주거지역이다. 성수 일대처럼 공업지역으로 표시된 곳도 확인할 수 있다. 지적도 필터를 켜서 성수동을 보면, 아크로서울포레스트나 SM엔터테인먼트 사옥 같은 고층 건물들이 왜 그 위치에 들어섰는지도 자연스럽게 이해가 된다. 결국 지적도와 용적률을 함께 보면, 왜 어떤 지역에 높은 건물이 올라가고, 왜 특정 형태의 부동산이 만들어질 수밖에 없는지가 보이게 된다.

얼어죽어도 신축?
신축이 될 입지좋은 구축!

최근 부동산 시장을 보면 얼죽신이라는 말이 생겼다. 부동산 시장에서 신축아파트의 공급이 귀한상태에서 신축을 선호하는 사람들이 많아지다보니 얼어죽어도 신축을 산다는 뜻이다. 신축아파트는 가격이 비싸다. 처음으로 내 집 마련을 하려는 사람이 덜컥 사기에는 부담스러운 가격이다. 그런데 생각을 바꿔보자. 특히 이미 아파트를 지을 수 있는 땅이 없는 서울같은 경우, 신축이 지어진곳이 무조건 입지가 좋은곳은 아니다. 입지가 좋은곳에 구축이 서있는가? 언젠가 신축이될 구축아파트를 사는것도 좋은 방법이다. 신축이냐 구축이냐는 문제 없다. 어디에 있느냐. 입지를 봐야한다. 그렇다면 이번엔 구축아파트를 투자할 때 고려할것들을 정리해보자.

| 구축이 신축이 되는 방법, 리모델링과 재건축

구축 아파트가이 신축이 되는 방법에는 크게 두가지가 있다. 리모델링과 재건축이다. 두 사업의 차이점에 대해 정리해 보겠다. 부동산을 공부하다 보면 이 두 단어가 마치 비슷한 개념처럼 사용되지만, 실제로는 출발점부터 적용 법령, 사업 구조, 그리고 투자 관점까지 상당한 차이가 있다.

리모델링과 재건축의 가장 큰 차이는 '기존 골조를 유지한 채 고치고 증축하느냐', 아니면 '부수고 새로 짓느냐'에 있다. 리모델링은 기존의 골조를 유지한 상태에서 개보수와 증축을 진행하는 방식이고, 재건축은 기존 건물을 철거한 뒤 새로 짓는 방식이다. 이 차이로 인해 적용되는 법령도 달라진다. 리모델링은 주택법의 적용을 받고, 재건축은 도시 및 주거환경정비법, 즉 정비법의 적용을 받는다.

사업을 시작할 수 있는 시점도 다르다. 리모델링은 준공 후 15년이 지나면 추진이 가능하지만, 재건축은 준공 후 30년이 지나야 할 수 있다. 공사 방식의 차이만큼 비용과 기대 효과도 다르다. 리모델링은 기존 골조를 활용하기 때문에 상대적으로 비용이 낮지만, 그만큼 기대할 수 있는 효과 역시 재건축보다는 제한적이다. 반대로 재건축은 철거 후 신축을 하기 때문에 비용은 높지만, 효과는 훨씬 크다.

공사 기간 역시 차이가 있다. 리모델링은 평균적으로 약 3년 정도가 소요되고, 재건축은 전체 기간이 약 5년 정도 걸린다고 보면 된다. 재건축의 경우 철거 이후 터를 다지고 건물을 다시 올리는 데만 약 2년이 더 소요된다.

증축 범위에도 명확한 제한이 있다. 리모델링은 국민주택 여부에 따라 달라진다. 전용면적 85㎡ 미만인 국민주택은 기존 연면적의 40% 이내, 국민주택 이상은 30% 이내에서 증축이 가능하다. 반면 재건축은 용도지역별 법정 용적률 범위 안에서 진행되며, 재건축 과정에서 종상향이 이루어지면 용적률이 상향되면서 사업성이 확보된다.

용적률 적용 방식도 다르다. 리모델링은 건축심의를 통해 법정 상한을 초과하는 용적률이 허용될 수도 있다. 반면 재건축은 기본적으로 법정 상한 이하에서 건축해야 하지만, 종상향을 통해 용적률 자체를 높이는 방식으로 사업성을 만든다.

세대수 증가 기준 역시 차이가 크다. 리모델링은 기존 세대수의 15% 이내에서만 세대수 증가가 가능하다. 이는 큰 평형을 잘게 쪼개 세대수를 과도하게 늘리는 것을 방지하기 위한 장치다. 반면 재건축은 용적률에 따라 세대수가 가변적으로 늘어나며, 별도의 상한 제한은 없다. 용적률이 높아질수록 세대수도 함께 증가한다. 그래서 기존 아파트의 용적률에 따라 재건축보다 리모델링이 유리한 단지들도 있다. 이미 용도지역별 용적률 범위에 꽉 차있는 단지인 경우 리모델링이 유리할수도 있다는 것이다.

사업성에 직접적인 영향을 미치는 제도 중 하나가 초과이익환수제다. 리모델링은 재건축 초과이익환수제의 적용을 받지 않는다. 따라서 사업성이 높아질수록 조합원이 부담해야 하는 추가 분담금은 줄어드는 구조다. 반면 재건축은 초과이익이 8천만 원을 초과할 경우, 최대 50%까지 환수되는 초과이익환수제의 적용을 받는다.

조합 설립 요건도 다르다. 리모델링은 토지등소유자의 약 67% 이상 동의가 있으면 조합 설립이 가능하지만, 재건축은 약 75% 수준의 동의가 필요하다. 동의율 자체가 재건축 쪽이 더 높다.

기부채납과 임대주택, 전매제한 역시 리모델링과 재건축을 가르는 중요한 기준이다. 리모델링은 기부채납, 임대주택, 전매제한 모두 적용을 받지 않는다. 반면 재건축은 이 세 가지 모두 적용을 받는다.

기부채납은 1960년대에 도입된 제도다. 당시 서울 도심이 무분별하게 개발되면서 공원, 학교, 체육시설 등 필수 공공시설이 부족해졌고, 이를 해결하기 위해 개발사업자가 공공시설을 설치해 국가나 지방자치단체에 무상으로 이전하도록 한 것이 기부채납의 시작이다. 이후 개발사업자는 토지의 일정 비율을 기부채납하고, 그에 상응하는 용적률 인센티브를 받는 구조가 만들어졌다.

예를 들어 3종 주거지역의 허용 용적률이 230%인 토지에서 10%를 기부채납하면, 약 26%의 용적률 인센티브를 받게 된다. 이를 면적으로 환산하면 5,000㎡를 기부채납했을 때 연면적이 약 5,200㎡로 늘어나, 결과적으로 연면적이 약 4% 증가하는 효과가 발생한다. 이 때문에 사업자 입장에서도 기부채납이 반드시 손해만 되는 구조는 아니다.

도심에서 새로 지어진 고층 빌딩 옆에 작은 공원이나 조형물이 조성돼 있고, '기부채납'이라는 문구가 적힌 비석을 볼 수 있다면, 바로 이런 구조의 결과물이다.

임대주택 역시 재건축에서는 필수 요소다. 지자체가 고시한 비율과 더불어, 재건축으로 늘어난 전체 세대수의 약 10%를 임대주택으로 공급해야 한다. 과거에는 임대동을 따로 빼거나 외관과 층수를 차별하는 방식이 많았지만, 최근에는 단지 전체의 완성도를 고려해 동일한 외관 속에 자연스럽게 섞는 방식이 일반화되고 있다. 전매제한 역시 재건축 사업에는 적용된다.

실제 사례를 보면 리모델링과 재건축의 차이는 더 명확해진다. 당산의 쌍용예가는 수직증축 리모델링을 통해 기존 건물 위로 층수를 올려 세대수를 늘린 사례다. 반면 개포동의 개포우성은 수평증축 방식으로, 세대수 증가는 없이 기존 세대의 주거 쾌적성을 높이기 위해 리모델링을 진행했다. 외관을 보면 옆으로 단지가 두터워진 모습이 확연히 드러난다.

재건축의 대표적인 사례는 둔촌주공이다. 과거 엘리베이터도 없는 5층짜리 단지(엘리베이터 없는 5층짜리 군관사와 비슷하게 생겼었다.)였던 둔촌주공은 재건축을 거쳐 총 1만세대가 넘는 올림픽파크 포레온이라는 대단지로 탈바꿈했다. 이 변화는 리모델링으로는 만들어낼 수 없는 수준이다.

정리하자면, 리모델링은 비교적 소규모 단지에서, 재건축은 부지가 크고 사업성을 크게 만들 수 있는 곳에서 주로 추진된다. 최근 1기 신도시 재건축 역시 단일 단지가 아니라 여러 블록을 하나의 섹터로 묶어 대규모로 진행하려는 이유도 여기에 있다. 과거 1천 세대 이하였던 단지들이 재건축 이후 3천 세대 이상의 대단지로 바뀌는 이유 역시, 바로 이 구조적 차이에서 나온다.

| 단지 내 커뮤니티 시설, 500세대 이상이 중요한이유

아파트 단지를 바라볼 때 많은 사람들이 먼저 떠올리는 것은 입지와 브랜드다. 하지만 실제 거주 만족도와 장기적인 가치에 큰 영향을 미치는 요소 중 하나가 바로 단지 내 커뮤니티 시설이다. 법정 명칭으로는 '주민 공동시설'이라 불리는 이 공간들은 공동주택에 거주하는 사람들이 공동으로 관리하고 이용하는 시설이며, 그 운영 비용 또한 관리비에 포함되어 청구된다.

커뮤니티 시설의 종류는 생각보다 다양하다. 운동 시설로 분류되는 헬스장이나 요가실이 있고, 휴게 시설로는 라운지나 사우나가 있다. 여기에 더해 도서관, 북카페, 북라운지, 독서실, 골프연습장, 수영장, 게스트룸, 경로당, 놀이터 등도 모두 커뮤니티 시설에 포함된다. 최근에는 공간 자체뿐 아니라 식사 서비스나 세탁 서비스를 제공하는 등 무형의 서비스까지 커뮤니티의 범주로 확장되는 추세다.

요즘 아파트 단지들은 브랜드 가치와 입지에 더해 이러한 커뮤니티 시설을 중요한 프리미엄 요소로 인식하고 상당히 공을 들인다. 그러나 몇십 년 전만 하더라도 상황은 지금과 많이 달랐다. 커뮤니티 시설이 단지의 이미지를 좌우하는 요소로까지 인식되지는 않았다. 그래서 법에서는 공동주택의 전반적인 주거 환경과 이미지를 일정 수준 이상으로 유지하기 위해 세대 수별로 의무 설치 기준을 두고 있다. 이는 '주택 건설 기준 등에 관한 법'에 명시되어 있으며, 세대 수에 따라 확보해야 할 면적과 반드시 설치해야 하는 시설들이 정해져 있다.

기본적으로 100세대 이상인 공동주택은 세대 수에 2.5제곱미터를 곱한 면적만큼의 주민 공동시설 공간을 확보해야 한다. 반대로 말하면, 100세대 이하의 이른바 '나홀로 아파트'는 이러한 의무 설치 기준이 적용되지 않는다. 극단적으로는 커뮤니티 시설이 아예 없는 단지도 가능하다는 의미다. 그래서 나는 실거주나 투자를 고려할 때 나홀로 아파트를 피하라고 말해왔다.

세대 수가 500세대를 넘어서면 이야기가 달라진다. 법적으로 경로당, 어린이 놀이터, 어린이집, 주민 운동시설, 작은 도서관, 돌봄센터 등 여섯 가지 주요 커뮤니티 시설을 최소한으로 갖추어야 한다. 그래서 아파트를 처음 알아볼 때 "가능하면 500세대 이상 단지를 보세요"라고 가이드라인을 드린다. 이 정도 규모의 단지는 법적으로 기본적인 주민 공동시설을 갖출 수밖에 없기 때문이다.

조금 더 세부적으로 살펴보면, 주민 공동시설의 설치 기준은 세대 수에 따라 달라진다. 1,000세대 미만의 경우에는 세대 수에 2.5제곱미터를 곱한 면적을 확보해야 하고, 1,000세대 이상이면 기본적으로 500제곱미터를 확보한 뒤 여기에 세대 수에 2제곱미터를 곱한 면적을 추가로 확보해야 한다.

시설별 기준도 구체적으로 정해져 있다. 경로당은 500세대 이상일 경우 의무 설치 대상이며, 일조와 채광이 양호한 위치에 배치해야 한다. 공용 다목적실과 남녀 공간이 구분된 구조여야 하고, 급수시설과 취사 공간, 화장실, 고정적인 정원이 포함되어야 한다. 면적은 최소 50제곱미터에 세대 수에 0.1제곱미터를 곱한 만큼을 추가로 확보해야 한다.

어린이 놀이터는 150세대 이상부터 의무 설치 대상이다. 300세대 미만일 때는 별도의 적정 면적 기준이 없지만, 300세대 이상이 되면 최소 200제곱미터에 세대 수에 1제곱미터를 곱한 면적을 확보해야 한다. 1,000세대 이상인 경우에는 500제곱미터에 세대 수별로 0.7제곱미터를 더하도록 되어 있다.

어린이집은 영유아보육법 기준에 따라 설치된다. 아이 한 명당 4.29제곱미터 이상의 면적을 확보해야 하며, 300세대 이상이면 의무 설치 대상이다. 이때 600세대 미만 단지는 세대 수의 0.1을 인원으로 산정해 어린이집 규모를 정한다. 예를 들어 300세대라면 30명 규모의 어린이집이 필요하다. 600세대 이상 1,000세대 미만일 경우에는 기본 30명에 세대당 0.05명을 더해 산정하고, 1,000세대 이상이면 80명 이상의 어린이집을 설치해야 한다.

주민 운동시설 역시 500세대 이상이면 의무 설치 대상이다. 이 경우 각 체육 시설의 종목별 경기 규칙에 맞게 조성해야 하며, 관련 기준은 '체육시설의 설치 및 이용에 관한 법률 시행령'을 확인해야 한다. 작은 도서관 또한 500세대 이상이면 의무적으로 설치해야 하며, 도서관법 시행령에 따라 조성해야 한다. 문화체육관광부 기준으로는 약 100제곱미터 내외의 면적, 건물 면적 33제곱미터 이상, 6석 이상의 열람 공간, 도서 자료 1,000권 이상을 권장하고 있다.

마지막으로 돌봄센터는 아동복지법을 기준으로 설치된다. 놀이 공간, 사무 공간, 화장실, 조리 공간이 각각 구분되어 있어야 하며, 전용 면적은 최소 66제곱미터 이상을 확보해야 한다.

이처럼 커뮤니티 시설은 단순한 부대시설이 아니라 법과 기준에 의해 설계된 주거의 기본 요소다. 세대 수가 곧 주거 환경의 질로 직결되는 이유가 여기에 있다. 아파트를 볼 때 숫자 하나, 기준 하나가 어떤 의미를 가지는지 이해하고 바라본다면, 단지는 전혀 다른 모습으로 보이기 시작한다. 그리고 그 차이가 결국 생활의 만족도와 선택의 결과를 만들어낸다. 구축일수록 500세대 이상의 기준을 엄격하게 적용하자.

| 전월세 가격을 올려주는 인테리어

인테리어 이야기를 하면 많은 분들이 먼저 비용부터 떠올린다. 그런데 나는 인테리어를 볼 때 항상 이렇게 설명했다. 인테리어는 마중물과 같다. 어쩌면 미끼에 가깝다. 작은 고기를 미끼로 써야 큰 고기를 잡을 수 있듯이, 어느 정도의 돈을 먼저 넣어야 그 다음 단계의 더 큰 결과가 나온다. 그렇다보니 인테리어는 레버리지의 한 형태로도 보인다. 그래서 가능하다면 반드시 인테리어에 투자하는 것이 좋다.

실제로 세입자가 살집에 들어간 인테리어 비용은 아쉽다. 내가 살집도 아닌데 남 좋은일만 해주는 것 같기도 하다. 그런데 인테리어에 투자한 결과는 두 배, 세 배, 많게는 네 배 이상으로 돌아온다. 큰 수익을 기대한다면 과감하게 바다에 미끼를 던져야 한다는 이야기다. 그래서 나는 인테리어를 '하면 좋은 선택'이 아니라 '가능하면 반드시 해야 하는 투자'라고 말한다.

인테리어의 방식은 크게 세 가지로 나뉜다. 셀프, 반셀프, 그리고 턴키다. 이 구분은 무엇을 하느냐가 아니라, 어떻게 진행하느냐의 차이다. 셀프 인테리어는 말 그대로 자재를 직접 구매해서 도배도 하고, 페인트도 하고, 필름지 작업이나 청소까지 전부 본인이 하는 방식이다. 비용은 가장 적게 든다. 대신 노동력이 엄청나게 들어간다. 시간도 쓰이고 체력도 갈린다.

반셀프는 전문가를 쓰되, 인테리어 업체 한 곳에 맡기는 것이 아니라 도배, 필름, 청소처럼 공정별로 각각 따로 고용하는 방식이다. 요즘은 다양한 플랫폼을 통해 전문가를 직접 구할 수 있어서, 일반적인 인테리어 업체보다 비용을 줄일 수 있다. 다만 단점도 분명하다. 하나의 일정만 어긋나도 전체 스케줄이 꼬이기 쉽다. 도배 일정이 밀리고, 그 다음 청소 일정이 밀리면 모든 계획이 흐트러지면서 스트레스를 받게 된다.

턴키는 가장 비용이 많이 들지만, 그만큼 가장 편하다. 인테리어 업체 한 곳에서 전문가들을 알아서 섭외해 공사를 처음부터 끝까지 진행한다. 내 노동력은 거의 들어가지 않는다. 신경 쓸 일도 많지 않다. 가장 수동적인 방식이고, 가장 편한 방식이 턴키다.

이 세 가지 방식 중 무엇을 선택하든, 나는 꼭 추천하는 작업들이 있다. 전체 도배, 필름지나 시트지 작업, 그리고 입주 청소다. 이 세 가지만 해도 공간의 인상이 완전히 달라진다. 실제로 나는 전용면적 40평대 공간에 이 정도 수준의 인테리어만 진행했고, 총 비용은 약 550만 원 정도였다.

이 인테리어는 내가 경매로 진행했던 두 건의 물건에 적용한 사례다. 한 곳은 전용 25평으로 약 300만 원, 다른 한 곳은 전용 18평으로 약 250만 원이 들었다. 당시 시세로 보면 각각 보증금이 2천만 원 수준이었는데, 인테리어 이후에는 한 곳은 보증금 약 4천만 원, 다른 한 곳은 3천만 원을 받았다. 시세보다 약 3천만 원 높은 보증금을 받은 셈이다.

물론 보증금은 언젠가 돌려줘야 하는 돈이다. 하지만 중요한 건, 550만 원을 투자해 3천만 원 이상의 보증금을 더 확보했다는 점이다. 투자금 대비로 보면 다섯 배가 넘는 효과다. 그리고 이 보증금을 활용해 투자금을 줄일수 있고 또 다른 투자를 할 수 도 있다. 이렇게 보면 인테리어 비용은 전혀 아깝지 않은 비용이 된다.

더 중요한 건 한 번 높여 놓은 시세는 쉽게 내려가지 않는다는 점이다. 다음 세입자를 받을 때도 이보다 낮게 맞추기는 어렵다. 보증금은 그대로 굳어버린다. 인테리어를 한 번만 잘해두면, 이후에도 높은 시세를 유지할 수 있는 힘을 갖게 된다.

실제 사례를 보면 더 분명해진다. 처음 상태의 거실은 구석에 얼룩이 있었고, 벽지와 틀에도 사용감이 많이 남아 있었다. 가까이서 보면 오래된 흔적이 그대로 드러나는 상태였다. 주방도 마찬가지였다. 붉은색 타일과 세월이 느껴지는 마감재 때문에 전체적으로 깔끔해 보이지 않았다.

이 공간을 전체 도배로 정리하고, 주방 수납장은 전부 흰색 시트지 작업을 했다. 공간을 가장 넓어 보이게 만드는 색은 흰색이다. 벽지도 흰색, 수납장도 흰색으로 맞춘 뒤 전체 입주 청소를 진행했다. 다른 공간 역시 마찬가지였다. 수납장에 붙어 있던 캐릭터 장식이나 원색 계열의 색상은 모두 제거하고 흰색으로 통일했다. 벽지도 전부 새로 했다.

방 안에는 무늬 유리 창호와 오래된 몰딩이 있었는데, 도배를 하면서 몰딩까지 흰색으로 정리했다. 몰딩 하나만 바뀌어도 공간의 인상은 완전히 달라진다. 문을 닫아두면 전체가 흰색 톤으로 이어지면서 훨씬 넓고 깔끔해 보인다. 천장에 있는 우물형 몰딩에도 시트 작업을 해 통일감을 줬다.

이렇게 가장 면적이 넓게 보이는 벽지와 수납장, 그리고 청소까지 깔끔하게 해두면 집은 전혀 다른 상품이 된다. 세입자는 잘 들어오고, 보증금은 높아진다. 이것이 인테리어가 단순한 비용이 아니라 투자라고 말하는 이유다. 인테리어를 어떻게 보느냐에 따라, 집주인 취향에 맞추는 소비재가 되기도 하고 임차인 시장에서 높은 수익을 만드는 자산이 되기도 한다.

부동산 세금, 종류와 전략

부동산 세금은 생각보다 단순하다. 복잡해 보이지만 구조를 나누어 보면 딱 세 가지다. 살 때 내는 세금, 가지고 있을 때 내는 세금, 팔 때 내는 세금이다. 이 세 가지를 각각 취득세, 보유세, 양도세라고 부른다. 결국 부동산을 한 번 사고, 보유하고, 파는 전 과정에서 이 세 가지 세금을 모두 만나게 된다.

| 취득세: 살때 내는 세금

먼저 취득세부터 살펴보자. 취득세는 집을 살 때 한 번 내는 세금이다. 1주택자 기준으로 6억 원 이하의 주택을 취득하면 기본적으로 취득세 1%가 적용된다. 여기에 지방교육세 0.1%가 더해져서 총

1.1%를 낸다고 생각하면 된다. 농어촌특별세는 국민주택 규모 이상일 때만 해당되기 때문에 여기서는 제외하고 생각하면 된다. 즉, 내가 산 금액의 약 1.1% 정도를 세금으로 낸다고 이해하면 된다. 다만 이 금액이 6억 원을 초과하면 취득세율은 조금씩 올라간다. 6억을 넘는 순간부터 9억 원까지는 비례해서 세율이 올라가고, 9억 원을 초과하면 3.3%로 고정된다. 취득세는 처음 집을 살 때 체감이 가장 큰 세금이지만, 구조 자체는 비교적 명확하다.

| 보유세: 가지고 있으면 내는 세금

그 다음은 보유세다. 보유세는 재산세와 종합부동산세로 나뉘지만, 여기서는 재산세만 보자. 재산세는 과세표준을 기준으로 부과되는데, 이 과세표준은 공시가격을 의미한다. 공시가격이 얼마냐에 따라 세율이 달라진다. 그런데 결론부터 말하면, 생각보다 금액이 크지 않다.

예를 들어 4억 원짜리 아파트를 보유하고 있다고 해보자. 공시가격은 보통 그보다 낮은 2억 원대 정도가 된다. 이 경우 재산세는 1년에 수십만 원 수준이다. 많아야 50만 원 안팎이다. 그래서 "아파트 사면 세금 많이 내잖아"라고 말하는 사람들을 만났다면 한귀로 듣고 한귀로 흘리도록 하자.

| 양도세: 팔때 내는 세금

진짜 중요한 세금은 양도세다. 양도세는 내가 산 가격과 판 가격의 차이에 대해 부과되는 세금이다. 예를 들어 4억 원에 산 아파트를 6억 원에 팔았다면 차익은 2억 원이다. 이 2억 원이 과세 대상이 된다. 이 금액 구간에 따라 세율이 정해지고, 여기서는 약 38%의 세율이 적용된다. 계산을 해보면 차익 2억 원 중 상당 부분을 세금으로 내야 한다. 그래서 우리가 부동산 세금 공부를 해야 하는 이유는 결국 이 양도세 때문이다. 그런데 이 양도세를 피할 수 있는 방법이 있다. 바로 1세대 1주택 비과세다. 세대 기준으로, 즉 결혼을 했다면 배우자와 자녀를 포함한 한 세대가 보유한 주택이 하나라면, 일정 요건을 충족했을 때 양도세가 비과세가 된다. 이 경우 세율은 0%다. 만약 차익이 2억 원이라면, 원래는 거의 40%에 가까운 세금을 내야 해서 7천만 원 후반대의 세금이 나올 수 있다. 그런데 비과세를 적용받으면 이 세금이 아예 없어지고, 2억 원의 차익을 온전히 가져갈 수 있다. 그래서 이 양도세 비과세는 반드시 활용해야 한다. 이 책을 쓰고 있는 2025년 12월 기준 12억 원까지 비과세가 가능한 구조다.

| 부동산 계산기: 세금계산을 간편하게

이런 계산은 부동산 계산기를 활용하면 쉽게 확인할 수 있다. 검색창에 '부동산 계산기'를 입력하면 취득세, 보유세, 양도세를 각각 계산할 수 있는 화면이 나온다. 취득세는 1.1% 수준으로 바로 계산되고, 보유세 역시 공시가격을 넣으면 금액이 바로 나온다. 예를 들어 공시가격 2억 5천만 원짜리 아파트의 재산세를 계산해 보면 1년에 약 23만 원 수준에 불과하다. 양도세 계산은 더 중요하다. 4억 원에 산 아파트를 6억 원에 팔았을 때를 가정하고, 필요경비를 제외한 차익을 기준으로 계산해 볼 수 있다. 수리비나 중개수수료처럼 꼭 필요한 비용들은 필요경비로 인정받을 수 있고, 이 부분은 세무 상담을 통해 확인하는 것이 좋다. 여기서 반드시 기억해야 할 것이 보유 기간이다. 1년 미만 보유 후 매도하면 양도세는 70%가 적용된다. 2억 원을 벌어도 절반 이상을 세금으로 내는 상황이 생긴다. 1년 이상 2년 미만 보유하면 60%의 세율이 적용된다. 이 역시 굉장히 크다. 반면 2년 이상 보유한 1주택자는 양도세 비과세를 받을 수 있다. 이 경우 차익 2억 원을 그대로 가져갈 수 있다.

부동산 세금 중에서 가장 중요한 것은 양도세이고, 그중에서도 1세대 1주택 2년 이상 보유에 따른 양도세 비과세는 반드시 활용해야 한다. 이 한 가지 원칙만 지켜도 부동산 투자에서 세금으로 새는 돈을 크게 줄일 수 있다.

임차인 맞추기

부동산 거래에서 임차인 세팅은 거의 마지막 단계이자, 동시에 결과를 좌우하는 단계다. 이제 임차인 세팅이 들어가는 거다.

| 임차인 맞추는 꿀팁

매매를 할 때, 특히 매도를 할 때는 최대한 많은 중개사에게 물건을 공유해야 한다는 이야기를 그동안 계속 해왔다. 그런데 이 원칙은 매도뿐만 아니라 임차인 세팅에서도 똑같이 적용된다. 부동산을 매수할 때는 한두 군데 중개사만 만나야 하지만, 매도를 하거나 임차인을 맞출 때는 이야기가 다르다. 이때는 최대한 많은 중개사를 활용하는 것이 좋다. 부동산 임차인 세팅은 매도할 때와 같은 방식으로 접근하면 된다. 결국 많이 알릴수록, 많이 움직일수록 결과가 빨라진다. 사진은 중개사에게 직접 전달해도 되고, 열정이 있는 중개사라면 직접 촬영하러 오시라고 해도 된다. 요즘은 사진 촬영에 자신감과 자부심을 가진 중개사들도 많다. 그런 분들에게는 비밀번호만 알려주고 편하게 촬영을 맡기면 된다. 그렇게 해서 매물을 올려두면 자연스럽게 연락이 오기 시작한다. 인근 중개사무소에서 하나둘씩 연락이 온다.

여기서 중요한 건 가격이다. 전세든 월세든 시세보다 저렴하게 내놓을수록 빠르게 맞춰진다. 반대로 시세보다 비싸게 내놓으면 문의는 줄어들고, 시간이 오래 걸리면서 결국 천천히 가격을 낮추게 된다. 공실 리스크를 줄이고 싶다면 시세보다 저렴하게 설정하는 것이 맞다. 그러면 원리금 납부에 대한 부담도 거의 없다.

원리금 납부는 잔금 이후 한 달 뒤부터 시작된다. 즉, 잔금을 치르고 나서 약 한 달 정도의 시간이 생긴다. 이 기간 안에 임차인 세팅을 마치고 월세든 전세든 수입이 들어오기 시작하면, 실제로 체감하는 부담은 거의 없다. 그래서 잔금 이후 바로 조급해할 필요는 없다. 이 한 달이라는 시간을 잘 활용해서 임차인 세팅을 마무리하면 된다.

결국 임차인 세팅의 핵심은 단순하다. 최대한 많은 중개사를 활용하고, 사진과 정보를 충분히 공유하고, 시세를 과하게 욕심내지 않는 것. 이 세 가지만 지켜도 공실 리스크는 크게 줄어들고, 흐름은 훨씬 부드러워진다. 부동산 투자는 큰 그림도 중요하지만, 이런 마지막 단계의 디테일이 실제로 원리금 상환등의 부담을 줄여주고 결국 수익을 만들어 준다.

등기부등본 보는 법

부동산을 거래하거나 보유하고 있다면, 반드시 한 번은 짚고 넘어가야 하는 것이 등기부등본이다. 먼저 등기부등본이 어떻게 구성되어 있는지부터 정리해 두는 게 좋다. 복잡해 보이지만 구조 자체는 단순하다. 등기부등본은 해당 건물에 대한 권리를 나타내는 서류이고, 크게 세 부분으로 구성되어 있다. 표제부, 갑구, 을구. 이 세 가지다(리치군인 클래스 무료 자료실에서 다운로드하여 자세히 살펴보길 바란다).

표제부: 건물에 대한 정보

먼저 표제부다. 표제부는 말 그대로 그 건물에 대한 '표시'가 나온다. 건물이 어디에 위치해 있는지, 몇 층짜리 건물인지, 층별 면적은 어떻게 되는지 같은 기본적인 정보들이 적혀 있다. 이 건물이 어떤 물건인지 한눈에 보여주는 영역이라고 보면 된다.

| 갑구: 소유권에 대한 정보

다음은 갑구다. 갑구에는 소유에 관한 사항들이 나온다. 순번 1번부터 시작해서 소유권이 언제 누구에게 넘어갔는지, 소유권과 관련된 권리 관계가 시간 순서대로 정리돼 있다. 이 건물을 누가 가지고 있었는지를 확인하는 곳이 바로 갑구다.

| 을구: 소유권 이외 정보

마지막으로 을구다. 을구에는 소유권 이외의 권리들이 나온다. 대표적으로 근저당, 압류, 가압류 같은 것들이 여기에 기록된다. 금융기관 대출이나 채권 관계, 법적 조치들이 모두 을구에 남는다. 그래서 실제 리스크를 판단할 때는 을구를 반드시 꼼꼼하게 봐야 한다.

| 실제 등기부 보기

내가 실제로 가지고 있는 인천의 빌라 등기부등본을 보면 이해가 훨씬 쉽다. 표제부를 보면 중간중간 빨간 삭선이 그어져 있는 부분들이 있다. 이건 말소된 사항들이다. 말소된 내용도 포함해서 출력하면, 이렇게 과거 이력까지 전부 확인할 수 있다. 예를 들어 행정구역 명칭이 변경되면서 주소가 바뀐 경우, 기존 내용은 말소되고 새로운 주소가 아래에 다시 기재된다. 인천광역시 남구에서 미추홀구로 바뀐 것도 이런 식으로 반영된 것이다. 이 빌라는 총 7층 건물이다. 1층은 필로티 구조의 주차장이고, 2층과 3층은 근린생활시설이다. 그리고 4층부터 7층까지, 총 네 개 층이 주거로 사용되고 있다. 나는 이 중에서 5층, 한 개 호실을 보유하고 있다.

표제부를 넘기면 전유부 표시가 나온다. 앞에서 봤던 표제부는 건물 전체 한 동에 대한 표시였다면, 여기서는 내가 소유하고 있는 501호, 즉 전유 부분에 대한 정보가 나온다. 공급면적이 얼마인지 같은 세부 정보가 여기에 기재된다.

갑구를 보면 이전 소유자가 2012년부터 보유하고 있다가 나에게 소유권이 넘어온 이력이 확인된다. 중간에 압류가 있었고, 이후 경매 개시 결정이 내려졌으며, 그 결과 소유권이 나에게 이전된 상태다. 다시 세부 내역을 보면 압류, 가압류, 강제경매 개시 결정 같은 기록들이 나오는데, 이 중 일부는 취소되어 말소된 상태다.

근저당으로 인해 금융기관에서 임의경매가 개시되었고, 나는 그 경매를 통해 낙찰을 받아 소유권을 취득했다. 을구를 보면 채무자와 금융기관, 그리고 채권 최고액이 명확하게 나온다. 약 1억 5,300만 원 정도의 근저당이 설정돼 있었고, 이것이 문제가 되어 임의경매로 이어졌다고 볼 수 있다.

내가 낙찰을 받으면서 기존 근저당은 경매 매각으로 인해 말소되었고, 대신 내가 잔금을 치르면서 새롭게 근저당이 설정됐다. 실제 대출 금액은 9,900만 원이었고, 채권 최고액은 그 110%인 1억 890만 원으로 설정돼 있다. 이 내용이 을구에 그대로 기록된다.

정리해보면 이렇다. 표제부에는 건물과 전유 부분에 대한 표시가 나온다. 갑구에는 소유자가 누가 있었는지, 소유권의 변동 내역이 나온다. 그리고 을구에는 소유권 이외의 권리, 즉 근저당이나 압류 같은 내용들이 나온다. 이 구조만 정확히 이해해도, 등기부등본을 보는 눈은 완전히 달라진다.

전월세에 살더라도 꼭 볼줄 알아야하는게 등기다. 대부분 사회인은 취직과 동시에 전월세 계약 경험이 있을 것이다. 직장근처에 살 집을 구하기 위해서 꼭 할 수밖에 없는게 부동산 계약이다. 그런데 군인은 임관과 동시에 주거가 해결된다. 영내숙소, 독신숙소, 관사에 살다보니 전월세 계약을 단한번도 안해본 사람이 많다. 등기를 제대로 확인하지 않으면 보증금을 돌려받지 못하는 경우가 생길 수 있는데 이게 바로 몇 년전 크게 이슈가 되었던 전세사기이다. 계약을 중개해주는 공인중개사가 꼼꼼히 봐줘야하는게 당연하지만 계약을 하는 당사자도 등기상 문제가 있는지 없는지 정도는 알고 있어야 한다.

한 명의 선택이 군 전체를 바꾼다

이 책에서 나는 거창한 투자 기법을 이야기하지 않았다.서울의 교통망을 분석했고, 인테리어라는 작은 투자가 어떻게 큰 레버리지가 되는지 보여주었으며, 세금과 등기부등본, 임차인 세팅까지 하나하나 짚었다. 어쩌면 누군가에게는 너무 현실적이고, 너무 계산적인 이야기처럼 보였을지도 모른다.

하지만 내가 이 책을 쓰고, 강의를 하고, 스터디를 운영하는 이유는 단 하나다. 군인이 내 집을 갖는 순간, 그의 인생 궤적이 달라지기 때문이다.

군인은 안정적인 급여를 받는다. 그러나 그 안정성만으로는 자산이 쌓이지 않는다. 근무지는 자주 바뀌고, 전출·전입은 반복되며, 언제 어디서 살게 될지 스스로 결정하기 어려운 삶을 산다. 그래서 많은 군인들이 "나는 어쩔 수 없다"는 말로 내 집 마련을 미룬다.

나는 그 생각이 틀렸다는 것을 보여주고 싶었다.

부동산은 감이 아니라 구조로 접근해야 하고,인테리어는 비용이 아니라 도구로 활용해야 하며, 세금은 두려움의 대상이 아니라 이해의 대상이라는 것을 말이다. 그리고 이 모든 것은 특별한 사람이 아니라, 군인이라는 직업을 가진 평범한 사람이 충분히 해낼 수 있는 영역이라는 것을 증명하고 싶었다.

내가 강의에서 반복해서 말하는 것들이 있다. 시세보다 조금 낮추면 공실 리스크가 줄어든다는 것, 보유 기간 2년의 의미, 한 번 올려놓은 보증금은 쉽게 내려오지 않는다는 사실, 등기부등본의 구조를 이해하면 두려움이 사라진다는 점. 이건 투자 기술이 아니다. 삶을 주도적으로 설계하기 위한 최소한의 언어다.

군인이 내 집을 마련하면 단순히 집 한 채가 생기는 것이 아니다. 어디에 살것인가 주도적으로 생각 할 수 있고, 전역 후 더 이상 관사를 이용할 수 없게 되더라도 주거안정에 대한 불안이 줄어들며, 아이의 학교와 아내의 일상을 장기적으로 바라볼 수 있게 된다. 그 여유는 곧 집중력으로 이어지고, 그 집중력은 군인의 본분인 성공적인 임무수행으로 돌아온다.

그래서 나는 이렇게 믿는다.

| " 한 명의 군인이 내 집을 마련하면,한 가족의 삶이 바뀌고, 결국 군 전체가 더 강해진다."

이 책은 군인의 부동산 투자를 부추기기 위한 책이 아니다. 누군가를 빠르게 부자로 만들겠다고 약속하지도 않는다. 다만, 군인도 충분히 자산을 이해하고 관리할 수 있으며, 그 선택이 자신의 삶뿐 아니라 조직 전체에 긍정적인 영향을 미친다는 사실을 담담하게 기록했을 뿐이다. 내가 스터디를 운영하는 이유도 같다. 누군가를 가르치기 위해서가 아니라, '나도 할 수 있구나'라는 확신을 함께 쌓기 위해서다. 이 책의 마지막 장을 덮는 순간, 당장 집을 사지 않아도 괜찮다. 다만, 더 이상 모른다는 이유로 피하지는 않았으면 좋겠다. 이해하는 순간 선택할 수 있고, 선택하는 순간 인생은 달라진다. 그 첫 선택으로 당신도 마침내 진정한 "자유시간"을 얻기를..

자유시간 투자자, 김지석 올림.

1강. 부동산 경매를 하기 전에

| 경매는 이기고 시작하는 게임이다

경공매 시장에 뛰어들기 전, 반드시 기억해야 할 두 가지 원칙이 있습니다. 바로 '안전성'과 '수익성'입니다.

이 두 가지 중 하나라도 충족되지 않는다면 그 물건에 입찰할 이유는 없습니다. 경공매는 기본적으로 이기고 시작하는 게임입니다. 낙찰받는 순간 시세보다 저렴하게 매입함으로써 안전마진, 즉 수익을 미리 확보하는 것입니다.

| 원칙이 무너지면 입찰도 없다

경공매는 막연한 기대가 아닌, 답을 정해 놓고 투자하는 과학적인 투자법입니다. 우리가 해야 할 일은 명확합니다. 수익을 낼 수 있는 가격에만 낙찰을 받는 것입니다.

경공매는 싸게 사기 위한 수단일 뿐이며, 낙찰 그 자체가 목적이 되어서는 안 됩니다. 만약 일반 매매보다 저렴하지 않다면 경공매를 할 이유가 사라집니다. 백화점과 아울렛의 옷 가격이 똑같다면, 굳이 번거롭게 교외에 있는 아울렛까지 찾아갈 이유가 있겠습니까?

| 초보자가 낙찰받기 어려운 진짜 이유

많은 분이 경매에 도전하지만, 10명 중 9명은 돈을 벌지 못하고 떠납니다. 왜 그럴까요? 초보자들은 대개 상승장에서 좋은 물건을 두고 실거주 수요자와 경쟁하기 때문입니다.

실거주 목적의 입찰자는 시세보다 조금만 싸게 사도 만족합니다. 하지만 투자 목적으로 임하는 경매에서는 충분한 차익을 남겨야 합니다. 애초에 입찰가 산정에서 실수요자와는 경쟁이 되지 않는 구조입니다.

그렇다면 낙찰을 받기 위해 입찰가를 높여야 할까요? 절대 아닙니다. 그렇게 되면 자금은 묶이고, 경공매를 통해 돈을 벌겠다는 본래의 목적을 상실하게 됩니다.

아인슈타인은 남들과 똑같은 방법을 반복하면서 다른 결과가 나오기를 기대하는 것은 정신병자라고 말했습니다. 좋은 물건을 싸게 얻으려면 대중이 관심을 끊을 때, 위기를 기회로 보고 접근해야 합니다. 위기일수록 경쟁률은 낮아지고, 낙찰가율 역시 낮아져 우리에게는 기회가 됩니다. 100건을 분석해서 10건에 응찰하고, 그중 단 1건만 낙찰받아도 그것은 결국 성공한 투자입니다.

경공매를 하다 보면 딜레마에 빠지기도 합니다. 예를 들어 빌라 10채에서 나오는 수익 300만 원과, 번듯한 상가 1채에서 나오는 수익 300만 원은 질적인 면에서 하늘과 땅 차이입니다. 당연히 우리는 질적인 승부를 지향해야 합니다.

하지만 첫술부터 배부를 수는 없습니다. 덧셈, 뺄셈밖에 모르는 초등학생이 미분과 적분을 풀 수 없는 것과 같은 이치입니다. 조급해하지 말고 천천히 경험과 실력을 쌓아야 합니다. 작은 물건부터 시작해 차근차근 실력을 키워, 마침내 양보다 질로 승부하는 경매 고수가 되어야 합니다.

사람들은 흔히 경매가 위험하다고 말합니다. 하지만 이는 마치 운전면허도 없는 사람이 음주운전 사고 뉴스만 보고 "운전은 위험해서 못 하겠다"라고 말하는 것과 같습니다.

경매에서 '권리분석'은 운전면허와 같습니다. 면허를 따면 신호등을 볼 줄 알고 교통법규를 알게 되어 목적지까지 안전하게 차를 몰 수 있듯이, 권리분석을 할 줄 알면 경매는 안전한 투자가 됩니다.

선무당이 사람 잡는다는 말이 있습니다. 하라는 것만 제대로 지키고, 하지 말라는 것만 안 하면 됩니다. 굳이 위험한 특수물건에 손대지 않고 안전한 물건에만 투자한다면 사고에 대한 걱정은 불필요합니다. 특수물건이 높은 수익률을 가져다줄지는 모르지만, 장기간 소요되는 시간과 정신적 스트레스를 무시할 수 없습니다. 우리는 쉬운 물건으로 확실하고 작은 수익을 내며, 사고 없이 즐겁고 오래 할 수 있는 투자를 지향해야 합니다.

| 우리의 목표는 전문가가 아닌 자산가

투자에는 분명한 목적이 있어야 하며, 실수를 피하려면 기본에 충실해야 합니다. 우리의 목표는 돈을 버는 것이지, 경공매 강사 같은 지식 전문가가 되려는 것이 아닙니다. 돈을 버는 데 필요한 것에만 에너지를 집중해야 합니다.

권리분석이 쉽고 안전하며, 내가 거주하는 곳에서 2시간 이내의 거리에 있는, 소액으로 접근 가능한 2억 원 미만(보증금 2천만 원 미만)의 물건에 집중하는 것이 좋습니다. 그리고 입찰에서 떨어지는 것, 즉 '패찰'을 즐길 줄 알아야 오랫동안 건강하게 투자를 지속할 수 있습니다. 임장을 가거나 입찰하는 날 맛있는 식사를 하는 것을 나 자신을 위한 보상이자 선물로 여기며 과정을 즐기는 것도 좋은 방법입니다.

처음 낙찰을 받게 되면 기쁨보다는 두려움이 앞서는 게 정상입니다. '나 같은 초보가 낙찰을 받다니, 뭔가 잘못된 건 아닐까?', '너무 비싸게 산 건 아닐까?' 하는 걱정이 들 수 있습니다. 걱정하지 마십시오. 누구나 겪는 과정입니다.

아무리 책상 앞에서 열심히 공부하더라도 현장에서 직접 감각을 익혀보는 것만 못합니다. 평일에 시간을 내어 법원에 가보고 현장의 분위기를 느껴보십시오. 겪어보기 전까지는 모든 게 어렵게만 느껴질 것입니다. 그리고 많은 물건에 입찰해서 패찰의 경험을 쌓으십시오. 경매는 머리로 하는 공부가 아니라, 반드시 몸으로 경험하며 체득해야 하는 영역입니다.

물론 맨땅에 헤딩하라는 뜻은 아닙니다. 작은 실수라도 최소화하기 위해 경매 서적 수십 권을 읽고 기본기를 다진 후 도전해야 합니다. 그리고 전세, 월세, 대출, 처분, 보유 등 다양한 전략을 적절히 병행하며 투자 횟수를 늘려나가야 합니다.

| 경매의 본질과 윤리

혹자는 경매가 망한 사람을 이용해 돈을 번다고 비난합니다. 그런 논리라면 사람이 죽어야만 돈을 버는 장례업자도 나쁜 사람입니까? 장례업이 유족을 위해 존재하듯, 경매는 채권자와 채무자를 위해 존재합니다.

경매라는 제도가 없다면 은행은 회수 불능의 위험 때문에 아무에게도 돈을 빌려주려 하지 않을 것이며, 이는 자본주의의 근간을 뒤흔드는 일입니다. 낙찰자는 채무자의 빚을 변제해주고, 세입자의 보증금을 지켜주는 역할을 하는 사람입니다.

경매는 안전하게만 투자한다면 주식시장의 차익거래나 선물 프로그램 매매와 같은 무위험 거래나 마찬가지입니다. 중요한 것은 속도가 아니라 방향, 그리고 지속성입니다. 빨리 가려는 조급함을 버리고 끝까지 가려는 느긋함을 가져야 합니다. 안전하게, 그리고 오래 투자하는 사람만이 결국 살아남아 부를 거머쥘 수 있습니다.

| 낙찰과 수익을 부르는 습관

초보자들의 가장 큰 실수는 입찰 전에만 자료를 열심히 살피고, 이후에 발생할 수 있는 변동 가능성에 대해서는 소홀히 한다는 점입니다. 우리는 항상 기본 원칙에 충실해야 합니다. 철저한 권리분석과 시세 조사를 통해 정확한 입찰가를 산정하는 것이 기본입니다.

경매에서 가장 경계해야 할 적은 '변동성'입니다. 입찰 당일까지 변동 사항이 없는지 계속해서 확인하는 것만이 실패하지 않는 유일한 길입니다. 만약 조금이라도 의문이 생긴다면 그냥 지나치지 말고 반드시 전문가에게 달려가 답을 구해야 합니다.

경공매에서 자만심과 '대충대충'은 절대 금물입니다. 대항력이 있는 임차인을 간과하거나, 집에 불이 났거나 심각한 하자가 있어 매각 불허가 신청이 가능한 경우, 혹은 대출에 문제가 생기거나 입찰표에 금액을 잘못 기재하는 등의 실수는 결코 용납되지 않습니다.

경매의 고수들은 경공매 시장의 혹독함을 누구보다 잘 알고 있습니다. 그래서 사소한 것 하나도 놓치지 않고 분석하며, 확인에 확인을 거듭해 변수를 살핍니다. 초보자가 권리분석을 위해 등기부를 딱 한 번 발급받아 볼 때, 고수는 경매 진행 과정에서 권리관계의 변동을 확인하기 위해 3~4회 이상 더 확인합니다.

믿을 수 있는 공신력 있는 정보는 오직 법원이 제공하는 정보뿐입니다. 반드시 법원 제공 정보를 꼼꼼히, 그리고 반복해서 확인해야 합니다.

경공매는 '언제 빨리 시작했느냐'가 중요한 것이 아니라 '어떻게 제대로 하느냐'가 중요합니다. 투자의 가장 큰 적은 바로 조급함입니다. 우리의 목적은 단순히 낙찰받는 것이 아니라 수익을 창출하는 것임을 잊지 말아야 합니다. 이자를 제외하고 매월 30만 원의 수익이 생기는 부동산 10채를 만드는 것, 이것이 우리가 지향해야 할 방향입니다.

성공은 노력에 비례합니다. 일주일에 1개씩 꾸준히 모의 입찰을 해보십시오. 열 번 입찰해서 겨우 한 번 낙찰받는 것이 정상입니다. 물건은 기다리면 계속 나온다는 진리를 잊지 마십시오. 초심자의 조급함은 언제나 실패를 부릅니다. '무인불승', 즉 인내가 없으면 승리할 수 없다는 말을 기억해야 합니다. 경매 과정 자체가 어려운 것이 아닙니다. 다만 작은 실수 하나가 모든 것을 무너뜨릴 수 있기에 꼼꼼해야 할 뿐입니다.

죽을 때까지 욕심부리지 않고, 온갖 유혹에도 흔들리지 않는 초심을 유지해야 합니다. 20%의 복잡한 특수물건보다는 80%의 간단한 권리분석으로 해결되는 안전한 물건에 집중해야 합니다. 선순위 임차인 같은 특수물건에 욕심내지 말고, 매각물건명세서가 깨끗한 안전한 물건만 공략해도 충분합니다.

하수는 얄팍한 감에 의존해 싸게 사는 것에만 정신이 팔려 한순간의 실수로 돈과 시간, 노력을 모두 잃습니다. 반면 고수는 시간이 오래 걸려도 처음 세운 목표를 향해 꾸준히 나아가며, 돈뿐만 아니라 시간과 노력이라는 위험비용까지 치밀하게 계산합니다.

| 투자는 멘탈과 시간의 싸움이다

투자의 성공 여부는 시간 투자와 정신력에 달려 있습니다. 취미 삼아 쉬엄쉬엄하겠다는 생각으로는 절대 성공할 수 없습니다. 무슨 일이 있어도 퇴근 후에는 1시간 이상 물건을 검색하고, 주말에는 '전투 임장'을 나가야 합니다. 그리고 물건을 선정했다면 휴가를 내서라도 법원에 직접 가서 입찰해야 합니다. 이 사이클을 멈추지 않고 계속 반복해야 합니다. 흔들리지 않고 꾸준히 한다면 반드시 이깁니다.

경공매라고 해서 일반 부동산 투자와 본질이 다른 것은 하나도 없습니다. 중요한 건 미래가치와 시장 흐름, 그리고 수요와 공급입니다. 시장의 흐름을 읽지 못한다면 아무리 경매로 싸게 산들, 다시 가격이 하락해 손해를 볼 수밖에 없습니다. 경공매로만 수익을 내겠다는 고집은 투자의 독이 됩니다. 꾸준한 시세 트래킹을 통해 저평가 지역의 급매를 포착한다면, 오히려 경매보다 더 싸게 살 수도 있습니다.

경공매든 일반매매든 저평가 지역에 장기투자로 접근해야 합니다. 반등하기 직전이나 반등하는 시점에 들어가야 수익을 극대화할 수 있습니다.

| 경매는 결국 사람, 그리고 절대 원칙

경공매는 사람과의 관계가 절반을 차지합니다. 점유자부터 이웃 주민, 슈퍼마켓 주인, 법원 직원, 대출 상담사, 은행 직원, 집수리 기술자, 공인중개사, 경비원, 관리소장 등 수많은 사람의 도움을 받아야 합니다. 직장에서 상사에게 들이는 노력의 딱 10%만이라도 이들에게 쏟아보십시오. 그것만으로도 충분합니다.

마지막으로, 반드시 지켜야 할 아래의 경공매 대원칙을 명심하십시오.

· 빌라의 지층과 탑층은 절대 입찰하지 마십시오. 재개발이 되지 않는 한 평생 매도되지 않을 수 있습니다.

· 대학가나 산업단지 인근의 꼬마 아파트에 집중하십시오. 웬만하면 빌라보다는 5층짜리 소형 아파트를 선택하는 것이 좋습니다.

· 서울의 재개발 해제구역을 주목하십시오. 마포(망원, 합정), 강서(염창, 가양), 영등포(양평, 당산), 광진(자양, 구의) 등은 재지정될 가능성이 높습니다.

· 경쟁률을 낮추는 틈새를 노리십시오. 보증금이 크게 들어가거

나, 신건이거나, 시장 경기가 안 좋아 매각 물건이 늘어날수록 경쟁률은 낮아집니다.

· 한 방의 홈런(특수물건)을 노리기보다 꾸준히 타율을 올리는 편(안전한 일반물건)이 훨씬 낫다는 사실을 잊지 마십시오.

2강. 경매 진행 절차

| 핵심에만 집중하라

성공하는 투자자는 핵심에만 집중하고, 필요한 것에만 시간과 에너지를 쏟습니다. 완벽하고 복잡한 경매 이론은 필요 없습니다. 우리는 경매 절차의 큰 흐름과 중요 변동사항을 확인하는 데 집중해야 합니다.

경매는 다음과 같은 주요 단계를 거치며 진행됩니다.

경매 개시 결정

경매가 시작되면 법원은 경매 개시 결정을 내리고 이를 이해관계인에게 통보합니다.

권리 신고 및 배당 요구

법원은 소유자(채무자), 채권자, 임차인, 관할 세무서, 국민건강보험공단 등 권리관계가 얽힌 모든 이해관계인에게 자신의 권리가 있을 경우 신고할 것을 통보합니다.

이때 배당요구 종기일이 공지되며, 보통 2개월의 기간이 주어집니다. 특히 임차인의 배당요구 종기일 준수 여부는 낙찰자의 인수금을 판단하는 데 매우 중요합니다.

현황조사서와 매각물건명세서

현황조사서는 법원 집행관이 현장에 나가 점유 관계, 임대차 현황 등을 조사하여 작성한 문서입니다.

매각물건명세서는 입찰에 필요한 가장 핵심적인 정보가 담긴 문서입니다. 다만, 경매가 진행되는 도중에 내용이 변경될 수 있으므로 입찰 직전에 새로 접수된 내용이 있는지 지속적으로 확인하는 것이 필수적입니다.

유찰 및 재매각

만약 1차 매각이 유찰될 경우, 통상적으로 4주 후에 가격이 저감되어 2차 매각이 진행됩니다. 저감되는 비율은 법원마다 상이하며 지역에 따라 20%~30%를 최초 감정가 대비 저감시킵니다.

낙찰 및 명도

최고가 매수인이 결정되면 낙찰 허가 결정이 내려집니다. 이때부터 대출 실행을 준비하고 명도를 시작합니다.

낙찰 허가 결정이 확정되면 법원은 3일 이내에 낙찰자에게 대금 지급을 통보합니다.

| 경매와 공매의 차이

경매와 공매는 재산을 강제로 처분한다는 공통점이 있지만, 근거 법률과 주체가 다릅니다.

경매는 민사집행법에 따라 진행되며, 주로 담보권 실행(임의경매) 및 채권 회수(강제경매)를 목적으로 합니다. 은행 등 채권자가 주도합니다.

공매는 국세징수법에 따른 강제 징수 절차입니다. 세금을 최고 기한까지 체납했을 경우, 국가 기관(한국자산관리공사 등)이 체납된 세금을 징수하기 위해 재산을 강제로 처분합니다.

경·공매 동시 진행 시 유의점

경매와 공매는 서로 간섭하지 않는다는 상호불간섭 원칙에 따라 하나의 물건에 대해 동시에 진행될 수 있습니다. 이때 낙찰의 순서와는 상관없이 잔금을 먼저 납부하는 사람이 최종적으로 소유권을 취득하게 됩니다.

3강. 입찰물건 선정

| 저평가 시기와 물건 선정 : 블루오션을 찾아라

"경쟁 없는 시기와 물건을 끊임없이 고민하라."

경공매 투자는 끊임없이 경쟁이 가장 적은 시기는 언제인지, 그리고 경쟁이 가장 적은 물건은 무엇인지를 고민해야 합니다. 경공매는 전국적인 대세 하락장에만 가능한 투자가 아닙니다. 지역마다 부동산 사이클이 다르므로 1년 내내 언제든 가능합니다. 핵심은 저평가 시기에 감정평가된 물건을 현시세 대비 저렴한 가격으로 신건 입찰하는 것입니다.

신건 입찰은 대중 심리를 역이용하는 전략입니다. 신건이 나왔을 때는 아무도 시세 조사를 하지 않고 입찰도 하지 않으려는 심리가 작용합니다. 감정가가 1억 원인 물건이 유찰된 후, 2차에 가서야 시세를 고려한 1억 원 초중반에 낙찰되는 경우가 비일비재합니다.

저가 매수를 위한 지역을 찾으려면 법원 경매 정보 사이트를 활용해야 합니다. 대법원 경매정보 홈페이지의 용도별 매각 통계(아파트, 연립, 다세대)를 통해 낙찰률과 낙찰가율이 최저인 지역을 확인하십시오. 통상적으로 낙찰가율이 70% 미만일 경우 저가 매수라고 판단합니다. 주택 평균 낙찰가율은 75%에서 85% 사이에서 움직입니다.

경기가 좋지 않을수록 경매 매물이 더 많이 나오므로, 경매 건수가 상승하여 정점에 달했을 때가 기회입니다. 즉, 낙찰률이 낮은 지역은 경기가 좋지 않거나 대규모 공급으로 어려움을 겪는 지역일 수 있으며, 이곳이 곧 우리의 기회입니다.

경매는 과거로 돌아갈 수 있는 '타임머신'과 같습니다. 경매 물건은 기본적으로 6개월에서 1년 전의 시세 가격(감정가)으로 나오기 때문에, 바닥을 다지고 확실히 반등하는 시점에 신건 입찰을 한다면 절대 잃지 않는 가장 안전한 투자가 됩니다. 하락장일수록 경매는 급매보다 더 싸게 살 수 있는 진가를 발휘합니다.

| 시세보다 반 발자국 앞서기

돈 버는 원리는 간단합니다. 오르기 직전에 사서 내리기 직전에 파는 것입니다. 남보다 반 발자국만 앞서도 성공한 투자입니다.

부동산 시장의 흐름을 빨리 읽는 방법은 경매 시장의 낙찰률과 낙찰가율을 살피는 것입니다. 경매 시장은 일반 시장보다 투자자가 집중되어 있어 일반 시장보다 가격 곡선이 조금씩 앞서는 형태를 띱니다.

낙찰률과 낙찰가율이 하락하는 것은 하락장을 의미합니다. 낙찰률과 낙찰가율이 상승하는 것은 상승장을 의미합니다. 우리가 경공매에 진입해야 할 저평가 시기는 다음과 같습니다.

시장이 얼어붙고 추가 하락이 예상되어 남들이 선뜻 나서지 못하는 대세 하락장 이후가 기회입니다. 응찰자가 별로 없는 하락기가 가장 싸게 낙찰받을 수 있는 시기입니다. 하락 추세가 멈추고 보합세가 이어질 때(반등 직전) 경매로 가장 큰 수익을 낼 수 있습니다. 대규모 공급 등으로 인해 일시적으로 하락이 지속되어 바닥을 다지고 있는 저평가 지역이 대상입니다.

시장이 과열되어 있는 시기(상승기)나 지역의 경우 고가 낙찰이 많아 피해야 합니다. 현재 실거래가보다 12천만 원 싸게 샀어도 곧 34천만 원 하락한다면 낙찰받지 않는 것만 못합니다. 숲을 보고 하락장의 장기 보합 구간이 확인될 때, 그때가 바로 입찰 시기입니다.

대중 심리와는 다르게 움직이는 역발상 투자를 해야 합니다. 낙찰률이 높으면 피하고, 낙찰률이 낮은 곳에 가서 투자하십시오.

| 재개발 지역 투자 시 유의점

많이들 관심 갖는 재개발 지역의 경우, 사업 시행 인가 이전 물건은 상관없지만, 사업 시행 인가 이후의 물건을 낙찰받는다면 조합원 지위 승계가 가능한지를 반드시 조합에 문의한 후 응찰해야 합니다.

수도권의 낙후된 빌라는 10년이든 20년이든 임대수익만 뒷받침된다면 언젠가는 반드시 재개발되거나 대세 상승장에 시세차익을 얻을 수 있는 소액 투자의 최상위 물건이 될 수 있습니다. 또한, 재개발 지역 인근 빌라도 원주민의 주거 이전 효과 때문에 동반 상승하게 됩니다.

아파트가 폭등하면 사람들은 대체재인 다세대로 밀려나며 다세대 역시 탄력을 받아 상승합니다. 반대로 아파트 과잉 공급으로 물량이 넘쳐나면, 바로 이때가 다세대를 골라서 저가매수할 수 있는 기회가 됩니다.

| 입찰물건 선정

분산투자와 우량 물건 찾기

경공매도 자산을 나누어 분산 투자해야 합니다. 실투자금이 최소화될수록 리스크는 분산됩니다. 다만, 너무 개수를 늘리는 데만 집중하기보다 우량하고 효율적 관리가 가능한 물건을 찾아야 합니다.

"물건이 별로라면 아무리 싸도 입찰하지 마십시오." (다세대의 경우 지하층이나 탑층처럼) 반드시 수익을 내면서 낙찰받을 수 있는 물건에만 집중해야 합니다. 한 번에 고수익을 노리지 말고, 작고 알찬 물건으로 묵묵히 경험을 쌓아 처음에는 임대 수익형으로 10채까지 모으는 것을 목표로 하십시오.

우량물건 찾는 10가지 전략

1. (빌라) 지방 중소도시는 절대 사지 말고, 최소 광역시급 이상(서울/경기/인천/광역시)을 선택하십시오.
2. (빌라) 적벽돌, 차량 진입이 어려운 골목길, 지층·저층·탑층, 경사(언덕), 북향, 비정형 구조는 피해야 합니다. (재개발 외에 출구 전략이 없습니다.)
3. 전세가보다 싸게 사거나 시세 대비 2~3천만 원 싸게 사십시오. 전세가는 최소한의 안전 마진이자 입찰가 산정의 기준이 됩니다.
4. 아파트 공급 과잉 후 반등 지역을 노리십시오. (빌라는 아파트 물량에 맥을 못 추지만, 공급이 해소되면 함께 반등합니다.)
5. 인접 지역 대비 저평가된 곳을 찾으십시오.
6. 수도권 재개발 가능성이 있는 지역의 빌라는 임대수익과 시세 차익 두 마리 토끼를 잡을 수 있는 유일한 물건입니다.
7. 과거 등락폭이 컸으며, 현재 저평가된 지역을 찾으십시오.
8. 매각가율이 70% 미만이었다가 반등하는 시점, 매각 건수가 증가 또는 정점에 달했을 때가 입찰 시기입니다.
9. 시세가 장기간 보합 또는 하락하는 지역을 주목하십시오.
10. (공통) 경매만 고집하며 기다리지 말고, 상태와 입지가 좋은 급매물이 있다면 즉시 잡아야 합니다.

물건 검색은 신건이 업데이트되는 월요일에 집중하십시오. 손품이 발품보다 중요합니다. 최대한 온라인으로 정보를 수집하고, 임장은 확인 수준으로 시간을 절약하십시오.

| 투자 유형별 핵심 물건

아파트/시세차익형(전세): 가진 돈에 맞추지 말고, 상승 초기의 저평가 지역에 있는 제대로 된 물건을 선택하십시오.

빌라/임대수익형(월세): 투자금을 최소화하여 수익률을 극대화하십시오. 대세 하락장의 서울/수도권 빌라가 적합합니다. (지방 다세대는 절대 시세가 오르지 않습니다.)

시세차익과 임대수익을 동시에 만족하는 것은 수도권·광역시의 빌라입니다. 아파트와 혼재된 곳보다는 다세대만 밀집된 지역의 물건을 공략하십시오.

투자 시 주의할 물건

오피스텔은 서울이 아니라면 아예 쳐다보지 마십시오. 미래가치가 제로입니다. 그리고 지방 중소도시의 빌라와 다세대는 시세 상승이 제한적입니다.

'물건 번호가 여러 개'인 경우(낙찰 후 임대에 어려움)와, 등기부상 '사해행위 전력'이 있는(보이는) 채무자의 물건은 피하십시오. 현황은 다세대이나 공부상 2종 근린생활시설인 경우, 전세자금 대출이 불가할 수 있으니 건축물대장 등을 통해 위반 건축물 여부를 반드시 확인해야 합니다.

어떤 물건이 좋은 물건인가?

경매 신청권자가 '1금융권'인 물건은 은행의 대출 심사가 까다롭기에 등기 관계가 깨끗할 가능성이 높습니다. 또한 채무 설정 금액이 많은 물건도 채권자(은행)가 부동산 가치를 높게 평가했다는 의미입니다.

마찬가지로 1순위 채권 설정일이 오래된 경우 가치 상승 가능성이 높습니다. 만약 한 부동산에 여러 채권자가 경매를 신청(중복 경매, 경합 사건)한 경우 취하 가능성이 낮아 변수가 적습니다. (반대로 선순위 채권액이 소액이거나 경매 신청자에게 돌아갈 배당금이 없는 물건은 피해야 합니다.)

"지루하고 재미없는 경매는 작심삼일로 이어집니다.
매일 10분이라도 물건을 검색하고,
모의 입찰을 통해 나의 입찰가와 낙찰 결과를
꾸준히 비교하십시오."

4강. 권리분석

| 무지와 자만심이 부르는 사고

경공매 시장에서 사고는 항상 '적당히' 할 때 발생합니다. 준비되지 않은 무모한 용기로 입찰에 나서는 것은 결국 비싼 수업료로 돌아올 뿐입니다. 유료 사이트에서 제공하는 권리 분석 정보조차도 간혹 오류가 있을 수 있으니, 입찰 전에는 반드시 재분석해야 합니다. 돌다리도 두들겨 보고 건너야 한다는 옛말처럼, 투자는 신중함을 요구합니다.

입찰 전까지 변동사항에 대해 계속해서 확인하는 것만이 살길입니다. 이번 강에서 배울 권리 분석 4단계를 통과한 물건은 99% 특별한 문제가 없는 물건입니다. 이러한 물건들은 전체 경매 물건의 상당 부분(약 80%)을 차지하며, 우리는 이 안전한 물건들만 응찰하더라도 충분히 수익을 낼 수 있습니다.

| 1단계 : 말소기준권리와 인수되는 권리 찾기

권리 분석의 첫걸음은 등기부등본을 통해 말소기준권리를 파악하고, 인수되는 권리가 있는지를 확인하는 것입니다.

말소기준권리란 경매 절차가 완료되었을 때 그 권리 아래의 모든 후순위 권리를 소멸시키는 기준이 되는 권리를 말합니다. 일반적으로 근저당권, 저당권, 가압류, 압류, 담보가등기, 경매개시결정등기 중 가장 빠르게 등기된 권리가 말소기준권리가 됩니다.

만약 최선순위 권리가 이 6가지 중 하나가 아니라면 그 물건은 입찰하지 않는 것이 안전합니다. 이 권리들보다 선순위로 등기된 권리는 낙찰받더라도 말소되지 않고 낙찰자가 인수해야 합니다. 후순위 권리라 하더라도 가처분, 예고등기, 유치권, 법정지상권이 있다면 입찰을 피하십시오.

선순위 전세권(임차권)의 경우, 전세권(임차권)자가 '경매 신청을 하고 배당요구'를 한 경우라면 통과될 수 있습니다.

또한 등기부등본과 매각물건명세서에 '예고·환매등기', '법정지상권', '인수', '여지 있음', '미납' 등의 특별한 내용이 있는지도 꼼꼼히 확인해야 합니다.

특수 권리는 등기부에 나타나지 않는 것들이 많으므로 현황조사서, 매각물건명세서 등을 통해 꼼꼼히 살펴야 합니다.

이해되지 않는 의문의 등기가 있다면 대법원 사이트에서 사건 번호를 검색하여 진행 상황을 확인해야 합니다. 유료 사이트의 권리분석 정보는 간혹 프로그램 오류가 발생할 수 있으니, 입찰 물건은 반드시 스스로 직접 검증해야 합니다.

| 2단계 : 임차인 분석

매각물건명세서, 현황조사서, 전입세대 열람 내역을 통해 임차인의 존재와 권리를 분석합니다.

가장 빠르게 등기된 권리(말소기준권리)보다 전입 일자가 빠른 임차인이 있는지 확인하십시오. 대항력 있는 임차인이 있다면 원칙적으로 입찰하지 않는 것이 좋습니다.

다만, 그 임차인이 받아갈 배당금을 정확히 계산할 수 있고 그 배당금을 근거로 입찰가를 결정할 수 있다면 예외적으로 통과할 수 있습니다.

주택은 전입신고, 상가는 사업자 등록으로 대항력이 발생합니다. (확정일자는 단지 배당을 받기 위한 요건입니다.) 외국인의 거소 신고나 체류지 변경 신고는 전입 신고와 동일한 효력을 가지므로 주의해야 합니다.

공매의 경우 후순위 임차인의 보증금이 클 때 인도 명령 제도가 없어 명도 저항이 크게 발생할 수 있다는 점을 유념해야 합니다.

| 3단계 : 배당 계산 및 경매 신청자 확인

배당 여부를 계산하고 경매 신청자가 누구인지 확인해야 합니다. 점유자가 소유자이든 임차인이든 상관없이 배당 여부를 확인하십시오. 대항력 있는 임차인이 보증금을 전액 배당받지 않거나 배당

요구를 하지 않았다면 입찰하지 않습니다. (다만, 2단계와 마찬가지로 배당금을 계산하여 입찰가에 반영할 수 있다면 통과 가능합니다.)

경매 신청자와 가장 빠른 등기자(말소기준권리)가 같은 사람인지를 확인하는 것도 중요합니다. 만약 다르다면, 말소기준권리자가 채권 계산서를 제출하지 않았을 경우 경매가 '기각'될 가능성이 있으니 문건·송달 내역을 확인해야 합니다. 채권이 살아있는 등기인지 확인해야 하며, 만약 소멸한 '껍데기뿐인 채권'이라면 말소기준권리가 달라지므로 권리 분석을 다시 해야 합니다.

경매 신청자가 선순위 채권자일 경우, 채권 금액이 소액이라면 변제되어 경매가 취소될 가능성이 있으니 주의해야 합니다.

| 4단계 : 명도 난이도 예측

낙찰 이후의 협상 전략을 세우기 위해 반드시 입찰 전 명도 난이도를 예측해야 합니다.

'지피지기면 백전불태'라는 것을 명심하고, '선승구전'하는 자세로 분석해봅니다. 즉, 미리 승리할 조건을 만들어두고 싸움에 임하며, 상대방(점유자)과 나 자신(낙찰자)을 알면 백 번 싸워도 위태롭지 않습니다. 명도 난이도 예측은 곧 이 지혜를 실현하는 과정입니다.

5강. 임차인 분석

| 임차인의 대항력

임차인 분석은 권리 분석 중 가장 복잡하고 변수가 많은 단계입니다. 선순위든 후순위든 임차인이 있다면 배당 여부와 대항력 유무를 반드시 확인해야 합니다. 임차인의 권리 분석은 크게 대항력, 우선변제권, 최우선변제권 세 가지 측면에서 이루어집니다.

대항력의 기준과 우선변제권의 효력

· 대항력 효력 발생 : 전입 신고를 한 다음 날 0시부터 발생합니다. 만약 확정일자가 근저당보다 빠르더라도, 전입일 다음 날 0시를 기준으로 효력이 발생합니다.

· 우선변제권 효력 발생 : 확정일자를 받은 당일에 발생합니다. 만약 확정일자가 전입일보다 빠르더라도, 전입일자로 소급하여 인정받습니다.

· 최우선변제권 요건 : 보증금이 지역별 소액임차인의 시행령 범위 내여야 하며(저당권 설정일 기준), 반드시 경매 개시 결정 등기 이전에 대항력을 갖춰야 합니다.

보증금을 인수해야 하는 6가지 위험 사례

낙찰자가 보증금을 인수한다는 것은 입찰가에서 해당 보증금만큼 빼고 입찰해야 한다는 의미이므로, 아래와 같은 경우를 경계해야 합니다.

1. 배당 요구를 늦게/철회한 경우 : 배당 요구 종기일이 지나서 배당 요구를 하거나, 입찰 전에 배당 요구를 철회한 경우.
2. 선순위 임차인이 배당 요구를 하지 않은 경우(스스로 낙찰받기 위해 유찰을 유도하는 경우도 있음).
3. 대항력 있는 임차인이 전입일만 있고 확정일자가 없는 경우 : 배당받을 권리가 없어 미배당금이 발생할 수 있습니다.
4. 종전 사건 임차인 : 임차인이 예전에 해당 물건의 경매 사건에 연루된 적이 있는 경우.
5. 전세권의 잔존 대항력 : 선순위 전세권이 경매 신청/배당 요구로 소멸되더라도, 미배당금에 대해서는 임차인의 대항력이 남아 인수해야 할 수 있습니다.
6. 선순위 전입 + 후순위 확정일 : 전입일이 선순위이면 확정일이 후순위여도 대항력이 있으므로, 미배당금은 무조건 인수해야 합니다. 다만, 말소기준권리 이후에 추가 인상된 보증금액(재계약/보증금 인상 후 2차 확정일)은 인수하지 않는 보증금으로 분류됩니다.

세대 합가와 대위변제라는 숨겨진 변수

세대 합가 : 임차인의 대항력은 세대주를 포함한 세대원 전원의 전입일자 중 가장 빠른 사람을 기준으로 합니다. 따라서 전입세대 열람 시 '동거인 포함'으로 열람하여 가족의 전입 일자까지 모두 확인해야 합니다. 임차인이 잠시 주민등록을 옮기더라도 가족의 주민등록은 그대로 두었다면 대항력을 상실하지 않습니다.

대위변제 : 후순위 권리자가 자신의 이익을 위해 선순위 채권자의 채무를 대신 갚는 행위입니다. 대위변제는 어떤 서류에도 나오지 않아 확인이 어렵지만, 낙찰자가 매각 결정 기일 사이에 대위변제가 이루어졌다면 매각 불허가 신청 등으로 구제받을 수 있습니다. 말소기준 권리가 되는 근저당의 채권최고액 대비 잔존 채무가 적을 경우 대위변제 발생 가능성이 높아집니다. 근저당의 잔존 채무를 반드시 해당 금융기관에 확인해야 합니다.

| 임차인의 대항력 소멸 사유

임차인이 주민등록 전입신고를 잘못한 경우 대항력이 소멸될 수 있습니다. 주로 실수하는 유형은 다음 4가지입니다.

(다가구 주택의 경우에는 번지수만 제대로 표시되면 동·호수가 없거나 잘못되어도 대항력이 인정됩니다.)

1. 동·호수 표시를 전혀 하지 않은 경우.

2. 동·호수 표시를 실제와 다르게 잘못 기재한 경우. (공무원 착오일 경우 처음 전입일 인정)
3. 공부(등기부)와 다르게 현황(건물 외벽)대로 동·호수 표시를 신고한 경우.
4. 실제 건물이 소재한 지번이 아닌 분필 전의 지번에 주민등록을 한 경우.

"권리분석의 시작은 등기부등본이고,
끝은 매각물건명세서이다.
그리고 핵심은 말소기준권리이다"

6강. 배당 분석

| 배당 분석과 입찰가 산정

배당 계산은 단순히 채무 관계를 확인하는 것을 넘어, 매각 대금 외에 낙찰자가 인수할 금액이 얼마인지를 정확히 가늠하기 위해 필수적인 과정입니다. 이를 알아야만 최종 입찰가를 산정하고 명도 대책을 수립할 수 있습니다.

배당의 기본 원칙은 순위가 빠른 선순위 권리자 우선 원칙이며, 물권은 흡수 배당, 채권은 안분 배당을 따릅니다. 다만, 최우선변제액은 물권보다 우선합니다.

조세 채권은 항상 일반 채권보다 우선하며, 물권과는 경합하는 관계에 놓입니다. 당해세는 해당 부동산 자체에 부과된 세금으로, 물권보다 순위가 빠를 수 있습니다. 압류일과 법정 기일이 다르므로 반드시 법정 기일을 확인해야 합니다. 법정 기일은 신고일(취득세, 양도세 등) 또는 발송일(재산세, 종부세 등)을 기준으로 합니다.

| 물권과 채권의 차이

배당은 물권과 채권을 구분하는 것에서 시작

물권은 물건에 대한 권리인 물권이며, 채권은 사람 관계에 성립하는 권리인데, 다음과 같은 특징을 가집니다.

또한 물권은 항상 채권에 우선하며, 물권 상호 간에는 선순위 원칙이 적용됩니다.

흡수 배당은 선순위 (근)저당권 등이 후순위 압류권의 배당액을 흡수하여 가져가는 방식이고, 안분 배당의 경우 가압류는 항상 안분 배당하며, 임차권과 (근)저당권이 동순위일 경우에도 안분 배당합니다.

7강. 명도난이도 예측

| 명도 난이도 예측 및 명도 협상 전략

경매투자에서 "이론에 너무 치우치지 마라. 이론에만 치우치는 순간 돈과 멀어진다."라는 말이 있습니다. 명도(집 비우기)는 경매의 최종 단계이자 실전의 영역입니다. 명도 난이도를 미리 예측하고 인간적인 접근과 법적 절차를 병행하는 것이 명도의 핵심입니다.

명도 난이도는 점유자의 손실 여부와 채무 압박 정도를 종합적으로 판단하여 예측할 수 있습니다. 점수가 높을수록 명도 저항이 심할 가능성이 큽니다.

같은 조건이라면 세입자보다 소유자가 그나마 수월합니다. (경매의 원인이 남의 채무 때문이 아니라 자신 때문이기 때문입니다.)

명도가 '쉬운' 사람은 아직 잃을 것이 '있는' 사람이고,(예: 부부와 자녀가 있는 일반 가정).

명도가 '어려운' 사람은 더 이상 잃을 것이 '없는' 사람입니다 (예: 독신 남성, 중증 환자가 있는 경우).

| 명도 절차

소통과 법적 무기 (인도명령)

물건을 낙찰 받은 후 가장 먼저 해야 할 일은 점유자와 접촉하는 것입니다. 점유자와 접촉하는 목적은 세 가지입니다.

1. 신속한 명도 유도 : 낙찰자가 나왔다는 사실을 알면 이사에 대한 생각을 하게 만들어 빨리 집을 비우도록 유도합니다.

2. 변수 확인 : 내가 모르는 또 다른 중대한 하자나 변수가 있는지 확인합니다. 잔금 납부 전 변수를 확인해야 매각 불허가 신청 등 해결할 시간적 여유를 확보할 수 있습니다.

3. 협상 채널 구축 : 최대한 대화로 해결하기 위함입니다. 강제 집행 실행은 최악의 명도 방법이며, "싸우지 않고 이겨라"는 명도 원

칙에 따라야 합니다.

점유자와 첫 대면 시 주의사항

점유자의 말을 최대한 경청하고 인간적으로 접근합니다. 어떠한 경우에도 자존심을 상하게 하는 언행은 금지합니다. 인도 명령이나 강제 집행 같은 자극적인 이야기는 금물입니다.

잔금 납부일(이사일), 배당일 등 향후 절차를 간략히 설명하고, 이사 가능일자(1달 이내) 또는 임대차 재계약 의사를 확인합니다. 이사비 언급 시에는 강제 집행 비용을 넘지 않는 선에서 합의하는 것이 좋습니다. "서로 감정 때문에 칼을 휘두르면 결국 내 손에도 상처를 입게 됩니다."

가장 주의해야 할 사항은 명도확인서는 반드시 명도가 종결된 후에만 줘야 합니다. 점유자의 말만 믿고 주었다가 간혹 이사 가지 않는 경우가 있기 때문입니다.

| 인도 명령은 무조건 신청해야한다?

맞습니다. 점유자의 성향이나 합의 여부와 상관없이, 잔금 납부 즉시 인도 명령을 신청하여 결정문을 받아두어야 합니다. 이를 놓치게 되면 차후 점유자와 길고 긴 싸움이 발생할 수 있습니다. 신청 후 1~2주 이내 인도 명령 결정문이 점유자에게 송달됩니다.

| 명도 협상 TIP

대리인 자격으로 협상에 임합니다. 가령 '부동산 전문 투자 회사의 실장' 등의 가상의 인물을 만들어 제3자의 자격으로 임합니다. 모든 의사 결정은 사장님이 한다고 알리고, 어떤 요구 조건에도 일단 "사장님께 확인 후 알려주겠다"고 답하며 주도권을 유지해야 합니다.

사무적인 대화보다 인간적인 친근함이 명도를 수월하게 만듭니다. 상대방을 존중하고 도울 수 있는 범위 내에서 도와야 합니다. 하지만 시간과 이사비 중 하나만 배려하고 협상합니다. 이사비 한도액은 배당 없음(100%), 소유자/채무자(50%), 일부 배당(30%), 전액배당(0%)을 기준으로 낙찰가와 수익률에 따라 상황에 맞게 설정합니다.

간혹 협상이 순조롭게 진행되지 않더라도, 어차피 법원의 강제집행 계고 시 90% 이상 합의하게 되어 있으니 조바심 내지 말고, 여유를 가지고 강제 집행까지 간다는 마음가짐으로 단계적으로 접근합니다. 다만 혹시 모를 변수에 대비하여 통화는 항상 녹음해두고, 문자는 보관하며, 명도 전용 핸드폰을 별도로 개통하고 해당 번호로 명함도 만들어 사용하는 것이 좋습니다.

마지막으로 미납 공과금(가스, 전기, 수도)과 관리비 완납 증명서(영수증), 청소 상태를 확인한 후 이사비와 배당 필요 서류(명도확인서, 인감 증명서)를 지급해야 합니다.

| 명도 최후의 수단 : 강제 집행

강제 집행은 최후의 수단으로 가능한 하지 않는 것이 서로에게 가장 좋습니다. 강제 집행은 말그대로 최후의 수단이며, 진행해야 할 상황이 오더라도 계속해서 어쩔 수 없음을 강조하고 점유자가 낙찰자에게 앙심을 품게 만들어서는 안 됩니다.

강제집행 절차는 통상 "인도 명령 신청 → 인도 명령 결정 → 결정문 송달 → 송달 증명원 발급 → 강제 집행 신청 (집행관 사무실) → 집행 비용 예납 → 강제 집행 계고 (현관문에 계고장 부착, 점유자 심리적 압박) → 본 집행 → 유체 동산 경매 신청" 순으로 진행되며, 계고 후 2주 이내에 본 집행 기일이 정해집니다.

강제 집행 후 물품은 1~3개월간 창고 보관되며(보관료 월 20만원 내외), 점유자가 찾지 않을 경우 경매 처분됩니다. 강제 집행 당일 도어록은 직접 준비하여 교체 설치하면 비용을 절약할 수 있습니다.

8강. 물건가치 분석

| 돈이 되는 부동산을 선별하는 공식

성공적인 경매 투자의 공식은 간단합니다. 달성 가능한 목표를 정하고, 그 목표를 이룰 때까지 절대 포기하지 않는 것입니다. 하지만 투자의 정답은 늘 대중과 거꾸로 가는 길에 있다는 것을 기억하고, 가치 분석표를 활용하여 객관적인 점수를 매긴 후 가치 있는 물건에만 입찰해야 합니다.

일반적으로 가장 많이 입찰하는 아파트와 빌라(다세대)에 대한 가치판단표를 첨부하였습니다. 경매를 하다 보면 마음에 드는 물건을 여러 개 선정해두는데, 이때 각각의 물건에 대해 객관적인 가치판단을 하지 않으면 어떤 물건에 입찰하는 것이 가장 이익이 될 것인가에 대한 답을 구할 수 없습니다. 따라서 항상 입찰하기로 마음먹었다면 객관적으로 가치를 평가해보는 습관을 들이시기 바랍니다.

| 현장 확인 : 발이 닳도록 현장을 누벼라

현장 확인을 하지 않으면 절대 입찰해서는 안 됩니다. 공부 및 법원 문서상의 내용과 실제가 다른 경우가 많아 사전 확인 없이 낙찰

받을 경우 결과에 대한 책임은 매수인의 몫이기 때문입니다. (물론 법원 문서에 중대한 하자가 있을 경우 매각허가를 취소할 수 있으나, 이를 입증하는 것은 매우 어려운 과정이라고 보아야 합니다.)

경매에서 안전하게 낙찰받고 싶다면 발이 닳도록 현장에서 발품을 팔아야 합니다. 임장은 전투적으로 사진, 음성, 필기를 모두 이용하여 언제 봐도 생생한 현장의 느낌을 되살릴 수 있도록 기록하는 것이 좋습니다.

| 현장확인 시 요령(TIP)

명도 난이도가 높을 것으로 예상되는 점유자와 접촉 시에는 여성을 동반하는 것이 대화가 좀 더 수월해지는데 도움이 됩니다.

법원의 현황조사서에 빈집으로 추정되는 문구가 있는 경우 만약 겨울철이라면 배관 동파로 인한 누수 등 집 상태가 불투명할 수 있습니다. 때문에 최대한 시설물의 하자 유무에 대해 식별해내기 위한 노력을 해야 합니다. 가장 좋은 방법은 경매물건 아랫집에 찾아가 누수로 인한 하자가 있는지를 물어보는 것인데, "이사 올 사람인데, 윗집에 사람이 안 계셔서요. 혹시 집 내부 좀 볼 수 있을까요?"라고 말하며 윗집(경매물건)의 누수 여부를 꼼꼼히 확인해야합니다.

점유 여부를 현장에서 확인해볼 수 있는 방법으로는 우편물(쌓여있다면 비거주 가능성), 전기 및 수도계량기(미세한 움직임도 없다면 비거주)를 확인해보는 방법이 있고, 집 내부 상태를 직접 볼 수 없다면 외부 샷시와 현관문 수리 여부(새것이라면 내부 수리 가능성 높음)를 통해 추정해볼 수 있습니다.

현장 확인 간 점유자로부터 고급 정보를 입수한 경우에는 점유자에게 누가 찾아오더라도 절대 문을 열어주지 말고 어떤 답변도 하지 말도록 신신당부해야 합니다.

· 점유자 접촉 시 화법

(채무자에게) "물건 상태만 좋으면 일반 매입도 고려 중인데요, 내부를 봐야 합니다."

(임차인에게) "높게 낙찰받으려고 고민 중이에요, 일부 배당받으실 수도 있습니다."

· 관리 사무소 문의 : 미납 관리비(최대 3년치 공용 부분, 입찰일 직전 유선 확인), 점유자 정보, 공사 신고 기록, 누수 분쟁 기록, 경매 관련 문의 전화 횟수(경쟁자 예측)

9강. 입찰가 산정

| 적정 입찰가 산정 공식

경매의 장점은 저가 매수에 있습니다. 낙찰에 대한 욕심으로 이 장점을 포기한다면 경매를 할 이유가 없습니다. 입찰가는 과학적 수익 분석을 통해 소신껏 결정해야 하며, 패찰에는 덤덤해지고 꾸준함과 인내심을 가지는 것이 성공의 비결입니다.

적정 입찰가 산정의 핵심은 목표 수익률을 미리 정하고, 이를 달성하기 위해 모든 지출 비용을 보수적으로 차감하는 것입니다.

기준 가격 설정하기

적정 입찰가는 이 세 가지 기준가의 평균 가격을 기준으로 삼고, 부동산 시장 상황에 따라 조정합니다.

참고로 해당 지역의 수요가 부족한 경우 전세가를 기준으로 입찰가를 낮게 산정하고, 수요가 충분한 경우에는 매매가를 기준으로 입찰가를 상향 조정하는 것이 좋습니다.

입찰가 계산 (지출 비용 차감)

입찰가는 최소 1~2천만 원의 기대 수익을 기준으로 산정하며, 실거래가 대비 최소 15%~30% 저렴하게 산정해야 수익률이 보장됩니다.

적정 입찰가 = 기준 가격 평균 - 총 예상 지출 비용 - 목표 수익금

만약 시장 상황이 대세 하락장인 경우, 매수자 우위의 시장 흐름을 고려하여 모든 지출 비용을 보수적으로 차감하여 입찰가를 산정해야 합니다.

| 입찰가 결정 Tip

입찰 금액 작성 요령

입찰금액은 무조건 꼬리를 달아주는 것이 좋습니다. 즉, 백 원 단위까지 '9'자로 끝내는 것이 다른 경쟁자보다 나찰 확률을 조금이라도 높이게 됩니다. (예: 1억 5,039만 9,900원)

경쟁 심리 이용

인근 물건의 최고 낙찰가와 2등의 차이가 크다면, 중요한 것은 2등의 입찰가입니다. 그 가격이 경쟁자들이 생각하는 '진짜 입찰해야 할 가격'일 가능성이 높습니다. 유찰 횟수가 많을수록, 간혹 낙찰 금액이 오히려 올라가는 경향도 있으니 주의해야 합니다.

유찰과 감액

경매 물건은 1회 유찰 시 감액 비율이 20% ~ 30%입니다. (전국

법원마다 상이) 내가 입찰하고자 하는 금액이 다음 회차의 최저 입찰가 부근이라면, 다음 회차까지 기다리지 않고 해당 회차에 바로 입찰하는 것이 기회를 놓치지 않는 전략일 수 있습니다.

패찰에 대한 태도

내가 패찰된 이유는 나보다 더 절실한 누군가가 있었거나, 내가 보지 못한 장점을 누군가 보았기 때문입니다. 항상 "조바심은 버리고 과학적(수익 분석)으로 입찰가를 산정해야 하며, 패찰을 즐겨야 성공할 수 있습니다."

"계속되는 패찰로 조바심에 입찰가를 높이지 마라.
항상 객관적으로 입찰가를 산정하라."

초급간부용
쉽고 빠른

보고서 작성법

지은이 | 박순진

활동명 | 루키파일럿

현) 해군 중령

해군본부 등 정책부서 근무 등

<보고서 작성법> 의 멘토

1강 : 보고란 무엇일까?

| 왜 시작했는가

나는 해군 중령으로, 현재 20년째 근무 중인 헬리콥터 조종사다. 이 스터디를 시작하게 된 이유는 특별한 전문 지식이나 보고서 작성에 뛰어난 실력이 있어서가 아니다. 단지 누군가에게 나눌 수 있는 무언가를 찾고 싶었을 뿐이다. 그러던 중 '보고서 작성법'을 공유하고 싶다는 생각이 들었고, 부족하지만 이를 계기로 스터디를 시작하게 되었다.

대부분 그렇겠지만, 입대 이후 누군가에게 정식으로 배운 경험은 없다. 그렇다고 책에서 공부한 적도 없다. 오로지 실제 현장에서 부딪히고 혼나면서 몸으로 익힌 경험. 그 경험 자체다. 20년간 실무에서 쌓은 다양한 경험과 깨달음, 그리고 직접 보고 겪은 상황 속에서 정리된 실전 '보고서 작성법'은 자연스럽게 나만의 노하우가 되었다. 그 노하우를 전하고 싶었다. 나와 같은 시행착오를 겪지 않도록, 이 지혜를 필요로 하는 다른 사람들과 나누고 싶었다.

| 보고서 작성법을 가르치는 이유

내가 보고서 작성법을 가르치는 최종 목적은 세 가지가 있다.

첫째, 보고 받는 사람을 만족시킬 수 있다.

둘째, 보고서를 피하지 않는다.

셋째, 하고 싶은 이야기를 글과 말로 표현할 수 있다.

이 가운데 가장 핵심적인 목적은 고객을 만족시키는 데 있다. 여기서 말하는 고객이란, 우리가 직접 마주하는 직속상관 또는 지휘관을 의미한다.

혹시 보고서를 작성하는 목적이 '인정받기 위해서'라면, 그 마음은 잠시 내려두는 것이 좋다. 왜냐하면 보고서에는 정답이 없기 때문이다. 같은 보고서를 두고도 어떤 이는 잘 만들었다고 칭찬하고, 어떤 이는 '왜 이렇게 만들었냐'며 핀잔을 주기도 한다. 이러한 통제할 수 없는 반응에 의존하게 되면 쉽게 상처받고, 결국 보고서 작성을 포기하게 되는 경우도 발생한다. 그래서 보고서의 목적을 '인정받기'에 두지 말아야 한다는 것이다.

| 보고란 무엇일까?

이 스터디를 준비하기 전에 나는 보고서와 관련된 책 세 권을 읽었다. 『대통령 보고서』, 『상사가 열광하는 마법의 보고서』, 그리고 『잘 통하는 보고서 작성의 비밀』이다. 평소 책 읽는 속도가 남들보다 느린 편인데, 이 세 권은 오히려 빠르게 읽어낼 수 있었다. 어떻게 가능했을까 곰곰이 생각해 보니, 책에서 말하는 많은 내용들을 이미 내가 현장에서 경험해 본 적이 있었기 때문이라는 결론에 도달했다. 직접 겪어본 일이라 이해도 훨씬 빨랐고, 공감되는 부분도 많았다. 그래서 책을 읽는 동안 자연스럽게 내 경험과 책의 메시지가 연결되었다.

이제 나는 실무에서 얻은 노하우와, 여러 책들이 공통적으로 말하는 핵심 원리들, 그리고 내가 실제로 중요하다고 생각하는 것들을 최대한 쉽고 명확하게 전하고자 한다.

그렇다면, 우리가 말하는 '보고'란 무엇일까?

보고는 조직마다, 그리고 목적마다 그 형태가 달라진다. 군대에서 이루어지는 보고, 정부 부처에서 이루어지는 보고, 학교에서의 보고 등 각 조직의 문화와 구조에 따라 요구되는 방식이 다르다. 또한 목적에 따라서도 크게 달라질 수 있다. 계획을 공유하는 '계획보고'인지, 진행 상황을 알리는 '현황보고'인지, 아니면 마무리 단계에서 성과를 정리하는 '결과보고'인지에 따라 보고의 구성과 강조점은 완전히 달라진다.

보고는 조직과 상황에 따라 다양한 모양과 방법으로 이루어진다. 하지만 그 모든 차이를 넘어서는 공통된 결론은 하나다. 보고란 결국 '고객의 니즈를 해결해 주는 행위'다. 여기서 말하는 고객은 보고서를 받아보는 모든 사람을 의미한다. 그중에서도 가장 우선적인 대상은 직속상관이다. 보고서는 상관이 알고 싶어 하는 내용을 정확하고, 빠르게, 그리고 부담 없이 전달하는 과정이기 때문이다.

| 보고의 목적

내가 생각하는 군대에서의 보고 목적은 크게 세 가지로 나눌 수 있다.

첫 번째 목적은 지시사항의 수행 결과를 공유하는 데 있다. 이는 우리가 가장 기본적으로 수행하는 임무라고 할 수 있다. 상급자의 지시에 어떤 방식으로 대응하여 업무를 진행했는지, 현재 어떤 상태인지, 어떻게 완료했는지, 그리고 앞으로 어떻게 할 것인지까지를 보고하는 과정이다.

두 번째 목적은 상급자의 궁금증을 해소하는 데 있다. 지휘관이 지나가는 말처럼 던진 이야기나 회의 중 무심코 나온 질문에 답하는 보고가 여기에 해당한다. 이러한 보고는 신속성이 중요하며, 상관의 의문을 빠르게 해소하는 데 목적이 있다.

세 번째 목적은 상급자의 의도를 문서로 남기는 데 있다. 정책적 결정이나 지휘관, 상급자의 지침과 의도를 구체화해 조직 전반에 전달하는 역할을 한다. 이러한 보고는 예하 부대는 물론, 가장 아래 계급인 용사들에게까지 영향을 미친다는 점에서 중요하다. 생각해 보면, 지휘관의 지시와 지침이 문서를 통해 공식 공문으로 배포하지 않는다면, 우리는 각 부대를 일일이 찾아다니며, 같은 이야기를 수십 번, 수백 번 반복해야 할 것이다. 그러므로 상급자의 의도를 문서화하는 일은 군대에서 말하는 보고의 핵심적인 기능이며, 효율적이고 정확한 업무 수행에 필수적인 과정이라고 할 수 있다.

| 보고의 종류

보고의 종류는 크게 세 가지로 나눌 수 있다. 구두 보고, 서면 보고, 그리고 대면 보고다.

구두보고

말 그대로 말로 하는 보고이며, 단순 확인 사항이 많다. 때로는 긴급 상황이나 비상 상황처럼 시간이 촉박할 때, 별도의 문서를 작성할 여유가 없을 때 즉시 보고드리는 방식이 구두 보고다. 구두 보고는 문서를 따로 만들지 않는다는 점에서 부담은 적지만, 대면으로 이루어진다는 특성 때문에 상급자와의 어느 정도 라포가 필요하다고 생각한다.

보고 자체는 큰 부담이 아닐 수 있다. 하지만 상급자와의 관계가 어색하거나 불편하다면 보고하는 사람 입장에서는 오히려 쉽지 않은 보고 방식이 될 수도 있다. 여기서 말하는 라포란 서로를 신뢰하고 마음을 열 수 있는 친밀한 관계를 의미한다. 그렇다고 일부러 상급자와 친밀한 관계를 만들기 위해 억지로 인간관계를 쌓으라는 뜻은 아니다. 구두 보고의 특성상, 자연스러운 소통이 가능한 관계가 도움이 된다.

그러나 구두 보고에는 몇 가지 한계도 존재한다. 우선 중요한 결심이 필요한 상황에서는 구두 보고를 사용하지 않는 것이 좋다. 기록이 남지 않기 때문이다. 또한 보고가 말로만 이루어지기 때문에 시간이 지나면 잊히거나 왜곡될 수 있고, 심지어 사라질 수도 있다. 안타깝지만 가끔 '내가 언제 그런 말을 했어?'라는 상급자의 반응이 나와 보고자로써는 난처한 상황이 벌어지기도 한다.

서면 보고

서면 보고는 말 그대로 문서를 작성해야 하는 보고 방식이다. 보고서를 직접 만들어 제출해야 하지만, 대신 직접 설명할 필요는 없다. 보고 방식은 단순하다. 문서를 작성해 비대면으로 상급자에게 전달하면 된다. 그러면 상급자나 지휘관은 그 문서를 바탕으로 내용을 판단하게 된다.

서면 보고는 문서 형태로 구성되기 때문에 구두 보고보다 훨씬 체계적이고 논리적으로 내용을 전달할 수 있다. 필요한 자료나 참고 내용을 함께 첨부해 이해를 돕는 것도 가능하다. 그리고 만약 상급자나 지휘관이 바쁘거나 시간이 부족한 상황이라면, 구두 보고보다 서면 보고가 오히려 더 편할 수도 있다. 결국 잘 만든 보고서는 굳이 많은 설명이 필요하지 않다. 문서만으로도 충분히 메시지가 전달된다는 점이 서면 보고의 가장 큰 장점이다.

대면 보고

대면 보고는 말 그대로 직접 얼굴을 마주하고 이루어지는 보고다. 준비 시간이 가장 많이 소요되는 방식이다. 이렇게 시간이 많이 걸리는 이유는 보통 차상위 상급자가 최종 보고 대상이 되기 때문이다. 예를 들어 내가 소대장이라고 가정하면, 내가 작성한 보고는 곧바로 대대장에게 전달되는 것이 아니라 중대장을 먼저 거쳐야 한다. 이 과정에서 중대장은 보고서 내용을 세심하게 확인한다. 해당 내용이 대대장에게 보고될 사안이기 때문에, 중대장 역시 정확히 이해하고 있어야 하기 때문이다.

대면 보고는 주로 전문적인 내용이 필요할 때, 문제가 발생했을 때, 혹은 상급자의 관심이 요구되는 사안에서 많이 사용된다. 특히 장성에게 보고되는 사안은 대부분 대면 보고로 진행된다. 이 경우 보고를 받는 상급자의 일정과 시간을 사전에 확인하는 것이 필수다. 따라서 업무를 진행하기에 앞서 '일정 조율'은 반드시 선행되어야 한다.

| 일정 짜는 요령

만약 내가 첫째 주 수요일에 업무 지시를 받았고, 지휘관에게 셋째 주에 보고드리기로 일정이 잡혔다고 가정해 보자. 이때 가장 먼저 해야 할 일은, 보고서를 언제까지 만들 수 있을지를 고려하여 초

안보고의 기한을 설정하는 것이다. 여기서 정해야 하는 것은 완성본이 아니라 '초안' 완성 시점이라는 점을 기억해야 한다.

SUN	MON	TUE	WED	THU	FRI	SAT
	1	2	3 < 업무지시 >	4	5	6
7	8	9 < 초안 완성 >	10	11 < 초안 보고 & 부서장 검토 >	12	13
14	15	16 < 대면 보고 >	17	18	19	20

예를 들어 둘째 주 화요일까지 초안을 준비할 수 있다고 하자. 그런데 실제 초안 보고는 목요일로 잡아야 한다. 이 하루 이틀의 차이는 매우 중요하다. 이는 어디까지나 내가 세운 계획이기 때문에, 실제 작업 속도가 빨라질 수도, 늦어질 수도 있다는 변수를 고려해 여유 시간을 확보해 둔 것이다.

그다음 부서장 검토는 셋째 주 월요일까지로 잡는다. 주말을 포함해 이틀 정도의 시간을 두면, 부서장도 보고서를 충분히 검토할 수 있다. 하루보다는 이틀이 더 적당하다.

반대로 부서장의 검토 기간이 지나치게 길어지면, 보고서를 작성하는 당신은 오히려 더 쉽게 지치게 된다. 이런 점을 고려하면, 부서장 검토를 마친 뒤 최종 대면 보고는 셋째 주 화요일로 설정하는 것이 가장 안정적이다.

이렇게 일정을 구조화해야 보고 과정 전체를 내가 주도적으로 관리할 수 있다. 일정이 짜여 있어야만 충분한 시간을 확보할 수 있고,

중간 수정 과정도 안정적으로 관리된다. 기본적으로는 내가 필요한 시간을 남겨 두고 계획을 세우는 것이 핵심이다.

여기서 추가로 강조하고 싶은 것이 있다. 만약 계획보다 빨리 초안이 완성되었다고 해서, 미리 보고드리려고 하지 말라는 것이다. 예를 들어 둘째 주 화요일에 초안 완료 계획이었는데, 예상보다 빨리 진행되어 첫째 주 금요일에 끝났다고 하자. 그렇다고 금요일에 바로 보고하거나, 계획된 둘째 주 화요일보다 더 일찍 제출하려 하지 않는 것이 좋다. 약속한 대로 둘째 주 화요일에 보고하면 된다. 하루 일찍 가져간다고 해서 상급자가 기뻐하는 것이 아니다. 오히려 그날부터 바로 수정이 들어가기 때문에 첫째 주 금요일 또는 둘째 주 월요일부터 계속 수정해야 하는 상황이 된다. 결국 본인만 더 큰 부담을 떠안게 되는 셈이다.

다시 강조하지만, 빨리 보고했다고 칭찬받지 않는다. 칭찬은 모든 보고가 끝나고 결과가 잘 나왔을 때 비로소 주어진다.

| 보고가 힘든 이유는 무엇일까?

긴장된다.

가장 큰 원인은 긴장감이다. 이 긴장의 뿌리를 자세히 들여다보면, 잘 보이고 싶은 마음, 칭찬받고 싶은 마음, 혼나지 않고 싶은 마음에서 비롯된다. 결국 이 모든 감정의 공통점은 '욕심'이라고 할 수 있다.

서론에서도 말했듯이 보고에는 정답이 없다. 보고를 받는 사람이 누구냐에 따라, 그리고 그 사람과의 관계가 어떠냐에 따라 평가 기준이 완전히 달라진다. 그렇기 때문에 잘 보이고 싶다거나, 칭찬받고 싶다거나, 혼나지 않기 위해 애쓰는 마음은 오히려 긴장을 키운다. 이런 마음을 잠시 내려놓으면, 보고 과정 전반을 훨씬 담담하게 마주할 수 있다.

결국 우리는 모든 사람을 만족시킬 수 없다. 그렇다면 '아버지 친구분께 설명드린다'는 생각으로 시선을 조금 바꿔보는 건 어떨까? 아버지 친구분은 내 업무를 전혀 모른다. 그렇기 때문에 설명 드리려면 하나하나 디테일하게, 친절하게, 그리고 쉽게 설명해야 한다. 이런 마음가짐으로 접근하면 자연스럽게 효과적인 보고서가 만들어지고, 보고에 대한 부담도 크게 줄어든다.

정리가 되지 않는다.

보고가 힘든 또 하나의 이유는 '정리가 되지 않는다'는 점이다. 열심히 설명하고 있지만 문득 '내가 지금 무슨 말을 하고 있는 거지?', '내가 하는 말이 맞나?' 하는 현타가 올 때가 있다. 이것은 매우 자연스러운 현상이다. 인간은 듣는 것보다 말하는 것을 더 좋아하는 본능을 가지고 있기 때문이다. 말하고 싶은 욕구가 강하다 보니 불필요한 말들이 자연스럽게 섞이게 되고, 그 불필요한 말들은 보고를 받는 사람의 궁금증을 자극한다. 이렇게 되면 추가적인 질문이 끊임없이 이어지고, 결국 보고는 숙제가 되는 꼴이 된다. 그래서 보고에서는 '결론부터 말하고, 말은 많이 하지 않는 것'이 좋다.

추가적으로 '상급자가 추가로 물어보지 않는 이상, 먼저 나서서 이야기하지 말라.'고 조언해주고 싶다. 당신은 충분히 조사했고, 많은 준비를 했기 때문에 더 많은 내용을 알려드리고 싶을 것이다. 하지만 보고 과정에서는 그 욕구를 잠시 내려놓는 것이 중요하다. 지나친 설명은 오히려 혼란만 키울 수 있기 때문이다. 하고 싶은 이야기가 많다면, 말로 풀어내기보다는 보고서 안에 그 내용을 충분히 녹여 넣는 것이 훨씬 더 효과적이다.

준비 부족

보고가 힘든 마지막 세 번째 이유는 '준비 부족'이다. 보고를 하려고 마음먹고 내용을 살펴보다 보면, 어느 순간 나조차 이해가 되지 않는 순간이 올 수 있다. 이는 준비가 충분하지 않다는 신호다. 기본적으로 확인할 수 있는 것들은 최대한 확인하려는 노력이 반드시 필요하다. 준비가 되어 있다고 생각했더라도, 실제로 말을 하다 보면 설명 순서가 뒤죽박죽되고, 이야기에 스토리가 없는 것처럼 느껴진다. 또는 흐름이 끊겨 우왕좌왕하게 될 때가 있다. 이런 경우에는 보고할 내용들의 순서를 미리 정하고, 번호를 매겨 두는 것도 좋은 방법이다. 기본적으로 보고서를 작성할 때는 '내가 말하고 싶은 흐름대로' 문서를 구성하는 것이 가장 효과적이다.

질문

마지막으로, 보고하는 사람이라면 누구나 질문을 두려워한다. 한두 번의 질문은 괜찮지만, 그 이상의 깊이 있는 질문이 이어지면 답을 하지 못하게 되는 경우도 많다. 이런 상황을 대비하려면 미리 준비하는 수밖에 없다. 보고서를 만드는 과정에서 최소 세 번 정도, 꼬리를 무는 질문을 스스로에게 던져보기를 권한다. 그렇게 하면 더 탄탄한 보고서를 만들 수 있고, 실제 보고 시에도 훨씬 안정적으로 대응할 수 있다.

2강 : 보고서의 양식

| 양식의 중요성

나는 보고서 작성에서 양식이 왜 중요한지 늘 강조해왔다. 많은 사람들이 보고서의 핵심은 내용이라고 생각하지만, 실제 군 조직에서 보고서를 다루다 보면 양식이 내용만큼, 아니 때로는 그보다 더 중요한 역할을 한다는 사실을 깨달았다.

내가 2강을 '보고서의 양식'으로 먼저 정한 이유 역시 여기에 있다. 군대 보고서는 정해진 틀과 규칙 속에서 움직인다. 문서 형식, 제목의 위치, 글자 크기, 문단의 배열 같은 기본적 형식들이 제대로 맞지 않으면 아무리 좋은 내용이 담겨 있어도 읽히지 않는다. 마치 권투 선수가 실력이 있어도 링 위에 오르지 못해 경기를 할 기회조차 얻지 못하는 것과 같다. 보고서도 그렇다. 양식은 보고서가 세상에 제대로 등장하는 첫 번째 조건이다. 보고서의 가치를 판단하는 출발점이며, 전달하려는 메시지가 상대에게 도달하기 위한 최소한의 문턱이다.

2강에서 바로 그 문턱을 정확하게 이해하길 바란다. 보고서의 양식은 단순히 형식을 예쁘게 맞추는 문제가 아니다. 양식이 곧 보고서의 신뢰도이며, 보고서를 읽는 사람에게 '기본이 갖춰진 문서'라는 인상을 주는 첫 번째 신호탄인 것이다.

| 퇴짜 받는 이유

보고서가 처음부터 퇴짜 받는 이유를 나는 '양식'에 있다고 본다. 보고서가 처음부터 받아들여지지 않는 대부분의 경우는 내용이 아니라 형식에서 비롯된다. 상급자들은 자신의 눈에 익숙하지 않은 양식에 본능적으로 불편하게 느낀다. 그들이 평소 사용해 온 틀, 오랜 기간 몸에 밴 형식에서 벗어나 있는 문서는, 아무리 좋은 정보를 담고 있어도 자연스럽게 거부감을 일으킨다. 상급자도 수십 년 동안 군대에서 동일한 양식으로 보고서를 작성해 왔고, 자신의 방식이 가장 효율적이라고 믿고 익혀왔기 때문이다. 그래서 보고를 받을 때도 자신이 늘 보던 형태를 원한다. 익숙한 틀이 곧 안정감이기 때문이다. 실제 보고 과정에서는 초안을 당신이 작성하더라도, 그 내용을 가지고 최종 보고를 하는 사람은 상급자다. 그렇기 때문에 상급자는 자신의 판단과 표현 방식에 맞게 보고서를 수정해 윗선에 전달한다. 결국 상급자는 어떻게든 '자기가 보고하기 편한 양식'을 선호할 수밖에 없는 것이다. 따라서 보고서가 조직 안에서 통과되기 위해서는 상급자가 평소에 봐오던 형식, 익숙한 틀을 존중하는 것이 중요하다. 보고서의 양식이 왜 중요한지, 그리고 왜 처음부터 형식을 바로 잡아야 하는지에 대한 이유가 바로 이것이다.

| 효율적인 성장을 위해

짧은 기간 안에 보고서 작성 능력을 완벽하게 끌어올린다는 것은 현실적으로 쉽지 않다. 보고서는 단순한 글쓰기와는 다르게 양식, 구성, 내용, 표현 방식 등 여러 요소가 함께 맞물려 있기 때문이다. 그래서 나는 빨리 성장하고 싶다면 우선순위를 명확하게 정하는 것이 중요하다고 생각한다. 그중에서도 가장 먼저 갖춰야 할 요소가 바로 양식이다. 짧은 기간 안에 모든 능력을 균형 있게 키우는 것은 어렵기 때문에, 최소한 첫 관문인 '양식'부터 확실히 익히는 것이 맞다고 생각한다. 구성과 내용은 '양식'을 익힌 후 학습과 실전 경험을 통해 충분히 개선하고 발전시킬 수 있다. 양식에 집중하는 것은 단기간에 보고서를 안정감 있게 만들 수 있는 가장 현실적인 방법이다.

| 빠르게 만들기 위해

양식을 다룰 줄 모르면 머릿속에 아무리 많은 내용이 있어도 그것을 문서로 옮기는 데 지나치게 많은 시간이 걸린다. 좋은 아이디어가 있어도 형태를 갖춘 문서로 전환되지 못하면 보고는 시작조차 되지 않는다. 간단히 말해, 생각하고 있는 내용을 가능한 한 빨리 문서 형태로 바꾸지 못하면 보고 과정 전체가 지연된다.

실제로 상급자에게 보고서를 드리고 나면 곧바로 수정을 지시하는 경우가 대부분이다. "이 부분 수정해 보자", "여기는 이렇게 바꾸자", 지시에 따라 빠르게 문서를 수정해야 한다. 그런데 수정을 시작한지 몇 분 지나지 않아 상급자가 묻는다. "아직 수정 안 됐어?" 이때부터 심리적 압박이 시작된다. 상급자는 자신이 지적하거나, 수정한 사항이, 정확하게 반영되기를 원한다. 그리고 다듬어진 보고서를 빨리 보고 받기를 기대하고 있다.

하지만 현실은 그렇게 단순하지 않다. 내용 정리와 구성만 해도 신경 쓸 것이 많은데, 여기에 오타 수정, 줄 맞춤, 문단 배열, 구성 변경, 순서 재배열, 자료 추가까지 더해지면 손봐야 할 부분은 끝없이 늘어난다. 그래서 초안을 만드는 데 걸리는 시간만큼이나 수정에 시간이 많이 들어간다. 결국 수정 속도를 높이는 방법은 단순하다. 사용하는 보고서 양식을 정확히 이해하고, 수정작업을 몸에 익혀 두는 것이다. 기준이 통일되어 있을수록 수정은 빠르고 수월해진다.

보고서 양식의 중요성이 바로 이 지점에서 더욱 빛을 발한다. 단순히 보기 좋은 틀을 갖추는 것이 아니라, 상급자의 요구에 신속하게 대응할 수 있는 능력까지 만들어주는 기반이기 때문이다.

| 실전편 _ 보고서 작성 전 세팅

보고서를 작성하려고 한글 프로그램을 열었지만, 어떤 양식을 사용해야 할지 몰라 막막해지는 경우가 많다. 이런 상황이라면 새로 만들려고 애쓰기보다, 이미 조직에서 사용되고 있는 기존 양식을 그대로 활용하는 것이 훨씬 효율적이다. 이런 문서를 활용하면 처음부터 새롭게 만들 필요도 없고, 기본적인 양식을 미리 참고할 수 있으며, 무엇보다 그 문서는 상급자가 직접 검토하며 다듬어 온 양식이기 때문에, 상급자의 취향과 요구에 가장 잘 맞는 형태로 활용할 수 있다.

하지만 이때 반드시 해야 할 것이 있다. 바로 '리셋'이다. 리셋이라는 말 안에는 여러 의미가 있다. 누군가의 보고서를 받아보면 글자 크기가 부분마다 다르고, 통일감이 없으며, 줄 간격이나 자간도 뒤죽박죽인 문서들을 쉽게 발견할 수 있다. 어떤 문서는 숨겨진 양식이 함께 딸려 와 수정하면 할수록 문서가 더 복잡해지고 틀어져 버리는 경우도 있다. 이런 문서들은 나중에 수정하는 데 훨씬 더 많은 시간이 걸리게 된다. 따라서 보고서 양식을 리셋하지 않고 그대로 사용하면 수정 작업이 배로 늘어날 수 있다. 그러므로 양식을 원점으로 돌려놓는 과정이 반드시 필요하다.

용지 설정

리셋의 첫 단계는 'F7'을 눌러 용지 설정을 확인하는 것이다. 부대에서 사용하는 기본 양식에 맞추어 용지 여백을 세팅하는 것부터 시작해야 한다. 이 단계가 전체 틀을 결정한다. 용지 여백은 마지막 수정 단계에서 건드릴수록 위험하다. 한 번만 잘못 손대도 전체 양식이 틀어져, 처음부터 다시 작업해야 할 수 있다. 그래서 여백 설정을 최우선으로 맞춰야 한다. 부대마다 사용하는 양식은 조금씩 다르므로 해당 양식에 맞게 세팅하는 것이 중요하다.

줄 간격

다음은 전체 선택, 즉 'Ctrl + A'를 누른 뒤 문단 모양에서 줄 간격을 130%로 설정하는 작업이다. 이후 모든 문단과 수정이 이 기준을 중심으로 이루어진다. 그리고, 문서를 다 만든 뒤 다시 줄 간격을 별도로 조절할 수도 있다. 줄 간격을 조절하는 방법은 줄마다 직접 조절할 수도 있고, 문장 사이에 엔터를 적절히 넣어 전체 간격을 통일하는 방식도 가능하다. 어떤 방법을 쓰든 중요한 것은 전체가 동일한 기준으로 정리되어야 한다는 것이다.

문단 여백

세 번째는 전체 선택 후 'Alt + T'를 눌러, 문단 간격과 여백을 '0'으로 맞추는 것이다. 여백이 제각각이면 문단 간 간격이 흐트러지고 보고서의 균형이 깨진다. 들여쓰기를 과도하게 사용하는 사람들도 있는데, 들여쓰기는 편할 수 있지만 수정 작업 시 손이 많이 간다. 나는 스페이스바를 활용하여 앞줄을 맞추는 방식을 사용한다. 특히 'Alt + 스페이스바'로 '반 칸 띄우기'를 사용하면 줄 맞춤이 더 편해진다. 기본적인 업무 보고에서는 문단 위아래 간격, 여백을 모두 '0'으로 맞추는 것이 효율적이다.

글자 모양

네 번째는 장평과 자간 설정이다. 전체 선택 후 'Alt + L'을 눌러 장평을 100%, 자간을 0%로 맞춘다. 장평은 글자 너비 자체를 줄이는 기능인데 최대 95% 이하로 내리면 글자가 지나치게 좁아져 보기 좋지 않다. 자간은 글자 간 간격을 뜻하며, 비율이 크면 글자가 겹쳐 보여 가독성이 나빠진다. 그래서 이 두 가지 설정은 최소화하는 것이 좋다.

글머리 기호 (꼭지) 정렬

다섯 번째는 글머리 기호의 정렬이다. 문장의 서열을 구분하기 위해 글 가장 앞에 표시하는 '□, ○, -, •, *'기호를 글머리 기호라고 하며, 군에서는 '꼭지'라고 부른다. 여기서는 군에서 사용하는 꼭지라고 칭하겠다. 같은 꼭지들은 보고서에서 같은 줄에 맞춰져야 한다. 즉, 족보에서 항렬을 세우는 것처럼 할아버지는 할아버지 세대끼리, 아버지는 아버지 세대끼리 줄을 맞춰 세우는 것으로 생각하면 된다.

글자 통일

여섯 번째는 글꼴과 글자 크기의 통일이다. 한 보고서 안에서 같은 꼭지의 항목은 모두 동일한 글꼴과 글자 크기를 써야 한다. 네모는 네모끼리, 동그라미는 동그라미끼리, 점은 점끼리 통일해야 문서가 안정감을 갖는다.

꼭지 당 1~2줄

일곱 번째는 한 꼭지는 최대 두 줄까지만 쓰는 것이다. 한 줄로 요약하는 것이 가장 좋지만, 설명이 필요한 경우 두 줄까지는 허용된다. 그러나 세 줄이 넘어가면 가독성이 크게 떨어진다. 이를 피하려고 글자를 억지로 좁히는 것은 절대 금물이다.

표 통일

여덟 번째, 보고서마다 붙는 표가 한두 개쯤은 있는데, 표마다 색과 선이 다르고 글꼴과 크기까지 제각각이면 짜깁기한 것 같은 문서로 보인다. 따라서 표 역시 하나의 문서라는 인식으로 통일감을 유지해야 한다.

기본

아홉 번째는 기본 중의 기본이다. 오타 금지, 띄어쓰기, 그리고 맞춤법. 이것은 보고서의 질을 떠나 기본적인 예의에 해당한다.

공문과 내부보고 양식

열 번째로 공문서 양식과 내부 보고 양식은 다르다는 점도 기억해야 한다. 온나라 체계로 공문을 만들 때는 1. 가. (1) ① 순으로 진행되지만, 내부 보고에서는 '□, ○, -, •, *'순으로 구성된다. 요즘에는 이를 엄격히 따지는 사람은 줄었지만, 나는 여전히 이 체계를 준용한다.

꼭지의 세부 구분

열한 번째, 보고서가 한 장짜리일 때 너무 많은 하위 항목을 만들면 공간이 부족해진다. 일반 사항 아래 세부 항목이 많다면 이를 줄여 한 줄을 아껴야 한다. 하지만 세부 구분이 꼭 필요하다면면, '□'와 'ㅇ' 사이에 '네모1' 또는, 'ㅇ'와 '-' 사이에 '①'을 넣어 구분을 세분화하는 방법도 있다. 글자 크기를 조금 줄이고, 글꼴은 위 항목과 비슷하게 유지하면 보다 효과적으로 꼭지를 구분할 수 있다. 이 방법은 실제 실무에서도 매우 유용하게 쓰인다.

| 실전편 _ 단축키

보고서를 만들 때 가장 큰 힘이 되어주는 요소 중 또 하나는 '단축키'다. 많은 사람들이 단축키를 알고 있다고 생각하지만, 실제로 작업을 하다 보면 자주 사용하는 핵심 단축키조차 익숙하지 않아 마우스에 의존하는 경우가 많다. 단축키는 종류가 정말 많지만, 그중에서도 실무에서 가장 자주 쓰이고 문서 작업 속도를 크게 높이는 단축키만 제대로 익혀도 충분하다. 처음에는 다소 어렵고 어색할 수 있지만 손에 익기만 하면 문서를 만드는 속도는 눈에 띄게 빨라질 것이다.

Alt + C

특히 양식을 통일할 때 사용하는 'Alt + C'는 여러 단축키 중에서도 가장 효율적인 키라고 생각한다. 원하는 양식이 적용된 부분에 커서를 가져다 놓고 'Alt + C'를 누르면 그 양식이 복사된다. 그리고 변경하려는 영역을 드래그한 뒤 다시 한번 'Alt + C'를 누르면 양식이 그대로 적용된다. 마우스를 사용해 글꼴과 크기, 간격을 일일이 고칠 필요 없이 단 한 번의 동작으로 통일할 수 있는 강력한 기능이다. 실무에서 이 단축키 하나만 제대로 활용해도 문서 편집 시간이 절반 이상 줄어든다.

Ctrl + M + (K, B, R, G, W)

또 하나 기억해 둘 만한 단축키는 글자 색 바꾸기다. 내가 가장 많이 사용하는 기능이다. 의외로 이 기능을 아는 사람은 많이 없다. 그러나 알아두면 정말 유용한 기능이다. 특히, 군대 보고서에서는 강조를 위해 파란색, 빨간색, 녹색 등 다양한 색을 사용해야 하는 경우가 많다. 단축키를 모르면 글자를 선택하고 상단 버튼을 눌러 색을 바꿔야 한다. 하지만 단축키를 알고 있다면 마우스를 잡지 않아도 키보드만으로 글자 색을 바꿀 수 있다. 또한 문서 작업 속도를 크게 향상시킨다.

이렇게 보면 주요 단축키의 기준은 결국 '얼마나 자주 쓰이느냐'에 달려 있다. 단축키는 무수히 많지만 모두 외울 필요가 없다. 또한 작은 차이처럼 보이지만, 단축키를 알고 쓰느냐, 모르고 쓰느냐의 차이는 보고서 작성 효율을 크게 가른다. 꼭 기억해 두길 바란다.

기능	단축키	기능	단축키
자간 늘리기	Shift + Alt + W	표 높이를 같게	표 드래그+H
자간 줄이기	Shift + Alt + N		
장평 늘리기	Shift + Alt + K	표 너비를 같게	표 드래그+W
장평 줄이기	Shift + Alt + J		
줄간격 넓히기	Shift + Alt + Z	글자 색 바꾸기	Ctrl + M + (K: 검정, R: 빨강, Y: 노랑, G: 초록, B: 파랑)
줄간격 줄이기	Shift + Alt + A		
표 선	F5, L		
셀 나누기	F5, S		
모양복사	Alt + C		
모양붙여넣기	Alt + V		
용지크기	F7	글자모양	Alt + L
특수문자	Ctrl + F10	문단모양	Alt + T

〈자주 사용하는 단축키〉

3강 : 보고서의 구성과 소재

세 번째 시간은 보고서의 구성과 소재에 대한 내용이다. 지금까지는 양식에 대한 이야기를 중심으로 다뤘다면, 지금부터는 본격적으로 보고서의 '내용'에 대한 이야기다. 보고서를 작성할 때 목차는 어떤 구성으로 할지, 그 안에 담길 내용은 무엇으로 채워야 하는지를 알아보려 한다.

보고서는 단순히 문장을 나열하는 것이 아니다. 어떤 순서로 말을 꺼내고, 어떤 구조로 문제를 설명하며, 무엇을 강조하여 정리하느냐에 따라 완전히 다른 문서가 된다. 그래서 구성과 목차는 보고서의 뼈대이자 전체 내용을 지탱하는 중심축이 된다. 이 부분을 어떻게 세우느냐에 따라 보고서의 방향과 흐름이 달라진다.

| 보고서의 목적과 의도

보고서의 목적과 의도는 양식만큼이나 중요하다. 아무리 형식을 완벽하게 맞춘 보고서라도, 그 안에 담긴 방향이 상급자의 생각과 어긋나 있다면 그 보고서는 사실상 빵점이나 다름없다. 보고서가 평가받는 기준은 단지 글을 잘 썼는지가 아니라, 상급자가 가지고 있는 문제 인식과 의사결정의 방향에 얼마나 맞게 설계되었느냐에 달려 있다.

| 생각과 방향을 읽는 방법

그렇다면 어떻게 상급자의 생각과 방향을 읽어낼 수 있을까. 나는 그 출발점을 '지시를 받는 순간'에서 찾는다. 상급자가 처음 지시를 내리는 그때가 가장 중요하다. 그 순간 상급자의 의도와 말투, 뉘앙스를 최대한 정확하게 파악해야 한다. 또한 지시가 전반적으로 긍정적인 결과를 기대하는 것인지, 아니면 부정적인 문제를 드러내고 싶어 하는 것인지, 그리고 보고서의 내용으로 반드시 포함되기를 원하는 핵심 내용은 무엇인지 귀를 기울여 들어야 한다.

| 메모는 필수

이때 반드시 함께 따라가야 하는 것이 바로 '메모'다. 메모는 선택이 아니라 필수다. 지시를 받는 순간에는 모든 말이 또렷하게 이해되고, 마치 그대로 옮겨 적기만 하면 될 것처럼 느껴진다. 하지만 시간이 조금만 지나도 기억에는 왜곡이 생기기 시작하고, 세부 내용이 흐려지며, 결국 방향이 어긋난 보고서를 만들어 버리기 쉽다. 그래서 나는 상급자가 호출하면 늘 메모장을 챙겨 간다. 그리고 지시를 듣는 동안 핵심 키워드 위주로, 낙서하듯 편하게 기록한다.

여기서 중요한 점은, 상급자의 지시를 A부터 Z까지 한 글자도 틀리지 않고 받아 적겠다는 부담을 가질 필요는 없다는 것이다. 그렇게 적을 시간도 없고, 실제로 그렇게 할 수도 없다. 중요한 것은 남에게 보여줄 예쁜 노트를 만드는 것이 아니라, '나만 알아볼 수 있으면 되는' 나만의 메모를 남기는 일이다. 다시 말하지만, 메모를 잘 쓰려고 애쓸 필요는 없다. 이쁘게 정리할 시간에 한 단어라도 더, 한 개념이라도 더 정리하는 편이 훨씬 도움이 된다.

| Read Back

그리고 여기서 가장 중요한 단계가 하나 더 남아 있다. 바로 기록한 메모를 참고 종합해서 다시 상급자에게 확인받는 것이다. 이 방법은 생각보다 훨씬 유용하다. 내가 들은 지시를 내가 이해한 대로 정리해서 상급자에게 다시 말해보는 것이다. 그 순간 내 해석이 정확한지, 방향이 맞는지를 자연스럽게 검증받을 수 있기 때문이다. 상급자의 계급이 아무리 높더라도 이 방식은 매우 자연스럽게 사용할 수 있다.

예를 들어, 지휘관이 최근 영내 식당에서 잔반이 많이 나오는 상황에 대해 원인과 대책을 확인해 오라고 지시했다고 해 보자. 이때 나는 메모에 적어둔 내용을 바탕으로 이렇게 정리해 다시 묻는다.

"대장님, 지시 사항을 다시 한번 정리해 보겠습니다. 말씀 주신 것은 A와 B를 포함하고 C를 고려한, 최근 영내 식당 내 잔반을 줄이기 위한 대책을 강구해서 보고하라는 뜻이 맞으신지요?"

만약 이 정리가 정확하다면 상급자는 "그래, 맞아"라고 답할 것이고, 혹시라도 빠트린 내용이나 방향이 다르면 그 자리에서 다시 이야기해 줄 것이다. 이 한 번의 확인 과정으로 보고서의 방향은 훨씬 정확해진다.

여기서 스스로에게 물어볼 필요가 있다. 상급자에게 다시 확인을 요청하는 것이 부끄러운가. 괜히 겁이 나고, 두려운가. 그렇다면 의도를 충분히 확인하지 못한 채 엉뚱한 방향으로 문서를 만들어 가져갔을 때의 상황을 떠올려 보아야 한다. 그때가 과연 지금보다 나을까. 의도를 잘못 파악한 채 작성된 보고서는, 아무리 공을 들였더라도 결국 처음부터 다시 써야 하는 문서가 된다. 그래서 보고서의 목적과 의도를 정확히 읽어내고, 그 이해가 맞는지 확인하는 과정은 반드시 거쳐야 할 단계다.

| 보고서의 형식

계획보고

첫 번째, 계획 보고는 어떤 프로젝트나 업무를 시작하기 전에 전체 계획을 정리하여 상급자에게 보고드리는 문서다. 이 보고의 목적은 단순히 정보를 전달하는 데 있는 것이 아니라, 그 계획에 대한 승인을 받는 데 있다. 나아가 실행 단계에서 지휘관이 의사 결정을 할 수 있도록 돕는 참고 자료의 역할도 한다.

계획보고에서 중요한 요소는 배경, 목표, 필요성, 일정, 방법, 그리고 예상되는 결과 등 업무를 본격적으로 시작하기 전에 반드시 알고 있어야 하는 내용을 중심으로 구성된다. 계획을 이해하는데 필요한 사실과 방향성을 모두 담아주는 것이 핵심이다.

계획보고를 작성할 때 오류나 시행착오를 최소화하기 위해서는 상급자의 의도를 정확하게 파악하는 데서 출발한다. 이를 위해 목차를 먼저 정리한 뒤 상급자에게 "이러한 방향으로 작성해 보려고 합니다"와 같은 최초 보고를 하면 좋다. 이렇게 하면 작성자와 상급자 간의 생각이 일치되고, 불필요한 수정이나 재작성의 부담을 줄일 수 있다. 상급자의 의도와 내가 작성하려는 방향이 처음부터 정확히 맞물릴 때 계획보고는 훨씬 빠르게, 그리고 정확하게 완성될 수 있다.

현황보고

둘째, 현황보고는 프로젝트나 업무가 어느 정도 진행되었는지를 알리는 중간보고 형태의 문서로, 목적은 진행 과정에서의 문제점과 이슈를 파악하고 그에 대한 대응책을 마련하는 데 있다. 개인적으로는 아무런 문제가 없는 업무나 사업이라면 현황보고의 의미가 크지 않다고도 생각한다. 그런 경우에는 필요하다면 구두보고만으로도 충분히 상황을 공유할 수 있기 때문이다.

그러나 현황보고가 필요할 때가 있다. 계획 대비 현재 진행 상황, 발견된 문제점과 이슈, 그리고 그에 대한 대응책이 필요할 때다. 따라서 정상적이고 일반적인 상황에서는 진행률을 반드시 포함해서 작성해야 하고, 리스크가 존재하는 상황에서는 반드시 조치계획이 들어가야 한다. 그래야 상급자가 상황을 정확하게 파악하고, 필요한 판단을 내릴 수 있다.

이 부분은 모든 보고와 보고서에서 공통으로 적용되는 원칙이기도 하다. 단순히 '문제가 있다.'라고 던져놓고 상급자에게 해결책을 요구하는 보고는 절대 좋은 보고가 아니다. 상급자에게 '어찌하오리까'라는 식으로 문제만 넘기는 보고는 책임과 판단을 떠넘기는 보고이며, 보고서의 역할을 충실히 수행했다고 보기 어렵다. 따라서 현황보고는 그 문제를 어떻게 해결할 것인지까지 함께 담아야 의미가 있다.

결과보고

셋째는 결과보고다. 임무가 종료된 후 최종 성과, 산출물, 그리고 개선점 등을 종합하여 보고하는 문서를 말한다. 이러한 결과보고는 단순히 '끝났다'라는 사실을 알리는 것에 그치지 않고, 향후 유사한 과정이나 사업을 수행할 때 참고할 수 있는 중요한 자료로도 활용된다. 그래서 결과보고는 기록의 성격을 함께 가지고 있다.

결과보고서를 작성할 때 참고 할 점도 있다. 좋은 점과 성과만 나열하기보다, 잘되지 않았던 부분과 개선 및 보완이 필요한 내용까지 함께 담아야 보고서의 신뢰성이 높아진다. 문제를 숨기지 않고 드러내는 것이 오히려 더 정확한 보고이며, 다음 업무를 위해 의미 있는 자료가 된다.

다만 여기에는 한 가지 주의사항이 있다. 그것은 도출해 낸 개선 및 보완 사항이 추가 업무로 연결되지 않아야 한다는 것이다. 그렇지 않으면 결과보고가 또 다른 새로운 업무를 만들어내면서 일이 끝없이 이어질 수 있게 된다. 결과보고는 어디까지나 해당 업무를 마무리하기 위한 문서여야 한다.

추가적으로, 결과보고서의 초입에는 가급적 '일반사항'을 넣어 해당 사업이나 업무에 대한 전체적인 설명을 한번 더 간단히 정리해 주는 것이 좋다. 이는 지휘관이 모든 세부 내용을 기억하지 못하기 때문이다. 간단한 배경 설명과 목적을 앞부분에 넣어주면, 이후 내용을 이해하는 데 도움이 되고 보고서 전체의 흐름도 매끄러워진다.

| 보고서의 구성

보고서의 기본 구성은 개요, 일반사항, 추진경과, 현실태 및 문제점, 해결방안, 향후계획, 추진계획, 결론의 순서로 이루어진다. 이 기본 틀은 대부분의 보고서에 적용되는 구조이며, 내용이 조금씩 다르더라도 흐름은 대체로 이 순서를 따른다.

부서 내 '문서 등록대장'을 살펴보면 잘 만들어진 문서가 있다. 그 중 한두 개를 찾아 공통점이 무엇인지, 어떤 차이가 있는지를 비교해 보면 보고서를 보는 눈이 자연스럽게 높아진다. '어떤 문서가 잘 만든 문서지'라는 생각이 든다면 방법은 간단하다. 무조건 높은 사람에게 보고한 문서를 찾아보면 된다. 그것이 해당 부대나 부서에서 지향하는 보고서의 정답이자 기준이다.

보고서를 만들 때도 보고할 때와 동일하게, 보고의 순서는 스토리텔링이 가능하도록 자연스러운 흐름을 갖춰야 한다. 특히, 대면보고라면 내가 설명할 내용의 순서대로 문서에 배치하는 것이 좋다. 말을 이어가는 흐름대로 눈이 따라갈 수 있도록 구성해야 한다. 또한 보고서가 준비되어 있다면 내용을 외워갈 필요가 없다. 내가 말할 순서대로 보고서도 배열되어 있으니, 뒤죽박죽될 이유도 없다. 즉, 보고서는 구두보고를 도와주는 요약 메모 역할을 한다.

중요한 것은 이렇게 구성된 보고서를 내가 직접 끝까지 설명할 수 있어야 한다는 점이다. 보고서의 각 항목은 형식을 채우기 위해 존재하는 것이 아니라, 내가 이해한 내용을 정리해 전달하기 위한 구조다.

만약 설명하지 못하는 내용이 보고서에 들어 있다면, 그 부분은 과감히 덜어내는 것이 맞다. 반대로 내용은 중요하지만 아직 설명할 자신이 없다면, 그 항목은 반드시 다시 확인하고 정리해야 한다. 보고서의 구성은 단순한 나열이 아니라, 내가 이해한 생각을 논리적인 순서로 배열하는 과정이기 때문이다.

| 보고서의 소제목

보고서를 만들기 위해 컴퓨터 앞에 앉았지만, 어디서부터 시작해야 할지 막막하다면, 다음에 나오는 소제목들을 활용해 보자. 우선 각 요소를 모두 써두고, 그중 자신의 보고 주제와 관련 있는 항목들만 선별해서 사용하면 된다. 필요하다면 새로운 항목을 추가하는 것도 가능하다.

제목은 보고서 전체 내용을 미리 짐작할 수 있도록 핵심 키워드를 사용하는 편이 좋다. 개요는 보고서에서 말하고자 하는 주요 내용을 두 줄 이내로 정리하는 것이다. 이때 해결 방안, 기대 효과, 목적이 주로 반영되며, 일반적으로는 제목을 풀어 쓰는 방식으로 작성한다. 그래서 개요는 가끔 생략되기도 한다. 추진 배경은 보고를 하게 된 이유와 목적을 설명하는 부분으로 계기, 배경, 취지, 필요성 등이 여기에 포함된다. 보고의 출발점에서 '왜 이 보고를 하게 되었는가.'라는 의문을 해소하는 좋은 기회이다. 추진 경과는 장기 프로젝트나 연혁이 있는 업무를 보고할 때 지금까지 어떻게 진행되었는지를 간략하게 정리하는 데 유용한 소재다. 형식은 날짜별 주요 이벤트들만 간단하게 정리하면 된다.

본론에서는 일반현황과 세부계획이 기본적으로 포함된다. 이때 일시, 장소, 주관, 대상, 참석자 등의 필요한 정보가 들어간다. 이어서 보고서의 핵심 요소 중 하나인 현실태 및 문제점을 작성한다. 이 단계에서는 현재 상태가 어떠한지, 문제점이 무엇인지를 명확하게 밝혀야 한다. 문제점이 드러났다면 해결 방안 및 검토 의견이 반드시 뒤따라야 한다. 이는 또 하나의 핵심 요소로, 구체적이고 실현 가능한 대안이어야 한다.

결론에서 제시되는 기대 효과는 의사결정권자의 결제를 이끌어내는 데 중요한 역할을 한다. 이어서 포함되는 향후 계획과 조치 사항은, 본론에서 제시한 해결 방안과 검토 의견을 실제 실행 단계로 옮기기 위한 구체적인 계획이다. 예를 들어 향후 진행될 회의 일정이나 후속 조치 내용이 여기에 해당한다.

여기서 주의해야 할 점은 향후 계획 및 조치 사항이 추가적인 업무로 이어지지 않도록 신경 써야 한다는 것이다. 보고서를 작성하는 사람이 무심코 적어 넣은 한 줄이, 실제로 큰 업무로 번져 더 많은 업무를 만드는 경우가 더러 있기 때문이다.

| 제목 쓰는 방법

제목은 보고서를 대표하는 중요한 요소다. 가급적 한 줄 안에 말하고자 하는 내용과 의미가 드러나야 한다. 핵심은 메인 키워드를 정확하게 뽑는 것이다. 그리고 내가 이 보고서를 통해 전달하고 싶은 메시지를 문장으로 줄이는 연습을 하다 보면 점점 더 쉽게 제목을 만들 수 있다. 보통 '무엇을 위해', '무엇으로 인해', '~의 도입에 따른', '~를 추진하여' 등의 '왜(Why)'와 '무엇(What)'이 포함된 표현이 많이 사용되니 참고하면 좋다.

만약 제목이 길어질 수밖에 없다면 두 줄로 작성해도 된다. 두 가지 방법이 있다. 첫째, 주요 키워드를 위로 올린 다음 올린 단어의 글자 크기를 작게 한다.

군인들의 건강한 자산 증식을 위한

미국 ETF 장기 투자 방법 및 노하우

〈예시 1〉

둘째, 주요 키워드를 아래로 배치하고 싶다면 '-무엇을 중심으로-'는 표현을 사용하고, 글자 크기를 작게하여, 가운데 정렬을 하면 된다.

군인들의 자산 증식을 위한 발전 방안

– 서울 부동산 투자를 중심으로 –

〈예시 2〉

제목에도 지켜야 할 기준이 있다. 자간은 -5% 이내, 장평은 최대 95%까지만 사용하길 권고한다. 이 기준을 넘어서 줄이면 가독성이 떨어지고 문서가 깔끔해지지 않는다. 제목은 보고서의 첫 인상이기 때문에 시각적인 안정감도 중요하다.

| 보고서의 소재

보고서에 무엇을 써야 하는지 막막해하는 사람들이 많다. 그러나 의외로 간단하다. 앞에서 설명한 소제목들을 먼저 적어두고, 그 중 채울 수 있는 항목들을 차근차근 채워나가면 된다. 그다음 핵심은 계속 질문을 던지는 것이다. 마치 자신이 보고를 받는 입장이라고 생각하고, 스스로에게 계속 묻는다.

우선 배경을 이해해야 한다. 왜 이런 일을 시킨 것인지, 상급자의 의도가 무엇인지 스스로에게 질문한다. 그다음, 문제가 무엇인지, 내가 무엇을 알아야 하는지 문제를 찾는다. 그리고 무엇을, 어떻게 해야 하는지 방법을 찾기 위해 꼬리에 꼬리를 무는 질문을 반복하며 답을 찾아가야 한다. 이 과정이 바로 보고서 작성의 핵심이다.

여기서 중요한 팁이 있다. 조사는 충분하게 하되, 보고서에는 적당한 수준까지만 포함하자. 문서의 분량은 한정되어 있기 때문에, 보고서를 지나치게 자세하게 만들 수는 없는 일이다. 따라서 보고서에 담지 못한 내용은 별도의 백업 자료로 준비해 두자. 특히 해당 문제를 충분히 고민한 상급자라면, 보고를 받으면서 양파 껍질을 벗기듯 질문을 계속 던질 것이다. 그 순간 백업 자료가 큰 도움이 된다. 이를 바탕으로 차분하고 적절하게 응대하면 된다. 경우에 따라서는 오히려 전문가처럼 보일 수도 있다.

가끔 초안을 만들었는데 어딘가 허술해 보인다. 아무리 내용을 채우려고 해도 부족해 보인다. 충분히 그렇게 생각할 수 있다. 하지만 나는 초안을 만든 당신은 정말 대단한 사람이라고 말하고 싶다. 아무나 초안을 만들 수 있는 것이 아니다. 당신은 무(無)에서 유(有)를 만들어낸 것이다. 그것이 빠르든 느리든, 내용이 많든 적든 상관없다. 단지 초안을 만들었다는 사실 하나만으로도 이미 큰 의미가 있다.

4강 : 표현의 기술과 좋은 보고서

네 번째 시간은 '표현의 기술'이다. '동가홍상'이라는 말이 있다. 같은 값이면 붉은 치마를 고른다는 뜻으로, 같은 조건의 선택지라면 더 나은 것을 고른다는 의미다. 내용이 동일하더라도 그것을 어떻게 표현하느냐, 얼마나 간결하게, 얼마나 명확하게, 전달력 있게 쓰느냐에 따라 보고서의 질이 크게 달라진다.

보고서는 정보만 담는 문서가 아니다. 표현은 그 정보를 상대에게 가장 잘 전달하기 위한 기술이며, 같은 사실이라도 어떤 방식으로 구성하고 다듬느냐에 따라 전혀 다른 보고서가 된다. 따라서 표현의 기술은 보고서 작성에서 중요한 부분을 차지한다.

| 왜 그렇게 줄여 쓸까?

군대에서는 왜 그렇게 말을 줄여 쓰는 것일까. 왜 이렇게 압축된 문장을 선호하는지 궁금해하는 사람이 많다. 아마도 보고서의 양을 줄이고, 한정된 공간 안에 최대한 많은 내용을 요약해 넣으려는 목적 때문일 것이다. 짧은 문장 안에 핵심을 담아내는 것은 군 조직에서 오래전부터 당연하게 요구되는 문화이기도 하다. 하지만 여기서 조심해야 할 부분이 있다. 말을 줄이겠다는 목적만으로 무작정 조사를 빼는 사람들이 종종 있다. 조사를 뺀다고 문장이 자연스럽게 줄어드는 것이 아니다. 오히려 그 과정에서 문장의 의미가 달라지거나, 의미 전달이 제대로 되지 않는 문제가 생길 수 있다. 보고서는 오해 없이 정확하게 전달되어야 하므로, 이러한 방식은 오히려 위험하다. 따라서 이를 해결하기 위해서는 여러 번 읽어보는 과정이 필요하다. 문장을 줄일 때마다 다시 읽어보며 의미가 변하지 않았는지, 전달에 왜곡은 없는지를 확인해야 한다.

| 어떻게 써야 할까?

문장을 어떻게 써야 할까. 문장을 줄이는 것 자체도 하나의 능력이다. 지금부터 문장을 어떻게 줄여 나가는지 그 과정에 대해 알아보자.

처음부터 줄여 쓰는 사람들이 가끔 있는데, 이는 완전한 고수이거나 완전한 하수일 때 발생하는 모습이다. 즉, 한 번에 내가 말하고 싶은 내용과 의미를 한 문장에 모두 넣을 수 있는가 없는가로 고수와 하수를 나뉜다. 하지만 우리는 고수가 아니다. 그러니 처음부터 억지로 줄이려고 하지 않는 것이 좋다.

우선 하고 싶은 말을 있는 그대로 모두 쓴다. 몇 줄이 되든 상관없다. 온전한 문장으로 작성한 뒤, 읽어보면서 하나씩 줄여 나가면 된다.

문장을 줄일 때 주어와 목적어가 명확해야 한다. 그리고 사족은 빼야 한다. 사족이란 의미 전달에 문제가 없는 군더더기 단어. 즉, 반복되는 표현, 불필요한 부사나 수식어 등을 말한다. 이런 요소들은 문장을 길게 만들 뿐만 아니라 흐름도 방해한다. 내용이 많아 2줄 이상의 문장이 나올 수 있다면, 별도 소제목을 만들어 뽑아내어 하나로 묶으면 된다. 내용은 길지만 부연 설명이 많다면 별표(*)를 사용하여 핵심을 정리하는 것이 오히려 줄도 아끼고 깔끔하게 쓸 수 있다.

따라서 보고서의 소제목를 잘 나누는 것이 중요하다. 유사한 내용, 동일한 목적의 문장들을 정확히 묶어 정리해야 한다. 다만 무작정 소제목을 세분화하면 페이지가 불필요하게 길어지고, 빈 공간이 많아져 보고서가 오히려 허전하게 느껴질 수 있다.

문장은 결론부터 언급하는 것이 좋다. 상위 소제목에서 결론이 먼저 나오고, 하위 소제목에서 그에 대한 설명·사유·방안 등을 제시하는 방식이 가장 깔끔하다. 어떤 보고서를 보면 진행은 되고 있지만 핵심에서 벗어나 산만해지는 경우가 가끔 있다. 이를 방지하기 위해 단순한 현상 설명보다 분석, 대안, 조치 계획을 중심으로 표현하는 것이 좋다.

마지막으로 수치와 데이터를 함께 사용하면 표현이 더욱 구체화되고, 보고서의 신뢰도도 크게 향상된다. 즉, 일반적인 표현보다 명확하고, 이해하기 쉬워 상급자가 판단하는 것을 도와준다.

이제 예시를 통해 표현을 어떻게 줄이고 정리할 수 있는지 살펴보겠다.

> 이에 따라 한국토지주택공사(이하 LH) 등 공공주택사업자가 신탁사기 피해주택을 매입하기 위해서는 소유권을 가진 신탁회사등과 가격·계약조건 등개별적인 협의가 필요했으며, 최근 대구시 북구 내 신탁사기 피해주택 16호에 대해 계약을 체결하여 소유권 이전 등 매입 절차를 마무리할 수 있었다.

〈첫 번째_원문〉

첫 번째 예시는 국토부 보도자료로, 신탁사기 피해주택 최초 매입 절차 완료에 대한 내용이다.

이 글에서 사족을 어떻게 제거할 수 있을까. 조사를 빼고 사족을 제거한 뒤, 보고서의 한 꼭지로 만든다고 가정하면 나는 이렇게 문장을 요약하고 싶다.

한국토지주택공사가 신탁사기 피해주택 매입을 위해서는 소유권을 가진 신탁회사 등과 개별적인 협의(가격 계약조건 등)가 필요
* 최근 대구시 북구 내 피해주택 16호에 대한 소유권 이전 등 매입절차를 마무리 함

〈첫 번째_수정〉

우선 주어는 '한국토지주택공사'가 되고, 목적은 '신탁사기 피해 주택 매입'이다. 누구와 무엇을 하는지에 대한 핵심은 '소유권을 가진 신탁회사와의 개별적인 협의가 필요하다'라는 점이다. 이 세 가지가 주요 내용이라고 판단했다. 그리고 기존의 16호에 대한 설명은 예시 자료라고 보고 별표(*)로 부가 설명을 붙였다. 이렇게 정리하니 훨씬 이해가 쉬워진다.

<전세사기 피해자법>개정 이전에는 매입할 수 없었던 신탁사기 피해주택을 최초로 매입하는 성과가 나타난 만큼 사각지대 없는 전세사기 피해주택 매입이 지속적으로 확대될 것으로 기대하며, 전세사기 피해자의 주거 안정을 적극 지원하기 위해 노력해 나갈 계획이다.

〈두 번째_원문〉

두 번째 예시에서는 주어와 서술어를 명확하게 만드는 방법을 보자. 원문을 읽어 보면, 한 번에 이해가 되지 않아 여러 번 읽어야 했다. 이는 주어와 서술어가 명확하게 매칭되어 있지 않기 때문이다. 이 문장 역시 줄여 보았다. 이번에도 주어와 서술어의 일치에 가장 신경을 썼다.

신탁사기 피해주택을 최초로 매입함으로서 '전세사기 피해 주택 매입' 확대가 예상되며, 국토부는 전세사기 피해자의 주거 안정 지원을 위해 적극 노력 예정

〈두 번째_수정〉

'신탁사기 피해주택'과 '매입'이 '국토부'와 '노력 예정'이 함께 묶인다. 문장 안에서도 주어와 서술어가 자연스럽게 연결되도록 정리한 것이다.

마지막으로 수치와 데이터의 중요성을 보자.

많은 인원들이 인간관계에 있어 다소 문제를 겪고 있음.

〈세 번째_원문〉

원문에서는 문제가 있다고 단순하게 표현되어 있다. 하지만 다음 문장과 비교해 보자.

총원 10명 중 7명이 인간관계 문항에서 낮은 점수(30점 이하)를 받아 대인관계에 문제가 있는 것으로 판단됨.

〈세 번째_수정〉

어떤가? 훨씬 구체적이고 신뢰도가 높아 보이지 않는가. 수치의 활용만으로도 보고서의 질은 크게 달라진다. 단순히 "여러 명이 문제가 있다"라고 표현한 문장과 "10명 중 7명"이라고 표현한 문장은 완전히 다른 전달력을 갖는다.

끝맺음 술어 정리

문장을 줄일 때 가장 많이 수정되는 부분은 술어다. 하지만 막상 어떤 의미로 줄이고 싶은데 적절한 단어가 떠오르지 않을 때가 많다. 그래서 자주 사용되는 술어들을 정리해 보았다.

먼저 상태와 관련된 술어들이다. 부정적 상태를 표현하는 술어에는 '결여', '미흡', '부족', '약화', '취약', '악순환' 등이 있다. 반대로 긍정적 상태를 표현하는 술어에는 '발전', '성장', '증가', '증대', '지속', '향상' 등이 있다.

다음은 행위와 관련된 술어들이다. 부정적 행위를 표현하는 술어에는 '금지', '제한', '최소화', '중단', '저해' 등이 있다. 긍정적 행위에 대한 술어들은 '개선', '강화', '구체화', '달성', '도모', '내실화', '활성화' 등이 대표적이다. 이런 단어들은 군 보고서에서 매우 자주 사용되기 때문에 알고 있으면 문장을 줄일 때 큰 도움이 된다.

쉬운 단어 사용

전문 용어, 어려운 단어를 그대로 쓰면, 보고받는 사람이 이해하지 못하는 경우가 많다. 특히 전문 용어가 많고, 원어를 그대로 사용하는 것이 더 유리한 항공, 통신 등의 전문 기술 분야가 대표적인 예이다. 그래서 내가 권고하는 방법은 '비유'다. 어려운 내용을 비유로 풀어내면 듣는 사람이 훨씬 쉽게 이해할 수 있다. 전문적인 개념을 단순한 말로 바꾸는 것이 표현의 기술이며, 보고서의 전달력을 높이는 가장 확실한 방법이다.

예를 들어. 'TACAN'이라고 불리는 장비가 있다. TACtical Air Navigation, 즉, '전술 항법 장비'를 의미한다. 이 장비는 항공기가 공항을 찾을 수 있도록 도와주는 역할을 한다. 마치 배가 등대를 보고 항구를 찾아가듯, 지상 장비가 전파를 쏘고, 항공기가 그 전파를 수신해 방향을 안내받는 방식이다. 처음 들어 보는 장비일지라도, 이런 비유를 통해 설명하면 이해가 훨씬 쉬워진다.

5강 : 보고를 대하는 마음가짐

마지막 다섯 번째 시간은 '보고를 대하는 마음가짐'이다. 좋은 보고서란 무엇인지, 그리고 보고서를 마주하는 우리는 어떤 마음을 가져야 하는지 함께 살펴보려 한다. 보고서는 단순히 형식과 내용만으로 완성되는 것이 아니라, 작성하는 사람의 태도와 마음가짐에서도 큰 차이가 나타난다.

| 상사가 원하는 보고서

상사가 원하는 보고서는 무엇일까. 좋은 보고서가 되기 위해서는 여덟 가지 핵심 조건이 있다.

첫 번째, '요점만 간단히'다.

그렇다고 칸이 허전해서도 안 되고, 사족이 있어도 안 된다. 이미 했던 말을 또 하는 것도 사족이며, 같은 단어를 반복해서 사용하는 것 또한 바람직하지 않다. 결국 '과유불급'이라는 말을 명심하자.

두 번째, '적절한 시점에 보고했는가'이다.

초안을 빨리 만들어 지침을 받아야 한다. 처음 보고서 작성 업무를 맡게 되면 잘하고 싶은 마음과 책임감으로 정말 열심히 조사하고 문서를 꾸며 한참 뒤에 들고 가는 경우가 많다. 하지만 문제는 바로 여기서 시작된다. 부서장이나 지휘관, 참모의 생각은 전혀 반영하지 않고, 나의 생각만 잔뜩 담긴 문서를 가져가게 되는 것이다. 그러면 아무리 열심히 노력했더라도 좋은 이야기를 듣지 못하는 경우가 많다. 보고서는 상급자의 경험과 판단에 따라 수정된다. 내 기준으로는 100% 완벽하다고 생각한 문서라도, 그들의 시선에서는 부족하게 보일 수 있다. 따라서 초안이 어느 정도 완성되면 지체하지 말고 보고하자. 그 다음부터는 상사와의 소통을 통해 문서를 다듬으며 완성해 나가면 된다.

다만 이 모든 과정은 반드시 나의 계획과 시간에 맞추어 진행해야 한다. 1강에서 이야기했던 '일정 짜는 요령'이 기억날 것이다. 그 방식대로 진행하면 된다. 보고서 작성은 시간과 타이밍, 그리고 상급자와의 소통이 핵심이라는 사실을 다시 한번 강조하고 싶다.

세 번째, '어쩌란 거냐'가 있어야 한다.

이는 모든 보고와 보고서에는 지휘관이 무엇을, 어떻게 행동하고 대처해야 하는지가 명확하게 담겨 있어야 한다는 의미다. 그리고 그 대안들은 반드시 실현 가능한 것으로 구성되어야 한다. 실현 불가능한 보고서를 제출할 경우, 보고 이후 예상치 못한 문제로 이어질 수 있으므로 각별한 주의가 필요하다.

네 번째, '관련 근거는 뭐야'이다.

수치와 데이터, 관련 근거, 객관적 자료, 사진, 비밀, 교범 등을 적극적으로 활용해야 한다. 인터넷 사이트 '국가법령정보센터www.law.go.kr'에는 대한민국의 모든 법령과 국방부를 비롯한 각 정부 부처의 훈령, 규정, 지침 등이 포함되어 있다. 인트라넷에서도 사용할 수 있으니, 보고서 작성 시 반드시 활용해 보기를 권장한다.

다섯 번째, '상급자와의 지속적인 소통'이다.

다소 어렵고 불편할 수 있지만 이것이 가장 빠르고 확실한 방법이다. 소통 없이 시작된 문서 작업은 열심히 삽질하는 것과 다르지 않다. 시간은 시간대로 들고, 노력은 노력대로 들지만, 방향이 틀릴 수 있다. 그러니 정확한 지침을 계속 확인해 가며 작성해야 한다. 상급자의 의도를 지속적으로 확인하자.

여섯 번째, '내용은 정확하고, 거짓은 없어야 한다'는 점이다. 당연한 이야기이지만 기본적으로 허위 보고는 절대 해서는 안 된다. 또한 '~ 같다', '~ 라더라'와 같은 애매한 표현 역시 사용하지 않기를 바란다. 어렴풋이 아는 내용을 가지고 추측성으로 답하는 것도 금물이다. 그런 표현이 거짓으로 밝혀지는 순간, 그 뒤에 어떤 폭풍이 몰아칠지는 누구도 장담할 수 없기 때문이다.

일곱 번째, '이해하기 쉬운가'이다.

문장을 줄일 때도 이해가 잘 되도록 해야 하고, 단어를 선택할 때에도 전문 용어보다는 상대를 고려해 쉬운 단어를 사용해야 한다. 전문 용어를 꼭 써야 한다면 기억해야 한다. 바로 '비유'를 사용하라는 것이다. 어찌 보면 쉽게 표현하는 것이 오히려 더 어렵다.

여덟 번째, '완결성'이다.

궁금증이나 의문점을 남겨서는 안 된다. 그러려면 보고서를 작성하는 과정에서 끊임없이 '무엇을?, 왜?, 어떻게?'라는 질문을 스스로에게 던져야 한다. 그 질문에 답하는 과정에서

본인이 충분히 확인하고 이해해, 설명할 수 있는 수준까지 만들

어야 한다. 그래야 흐름이 자연스럽고 단단한 보고서가 완성된다. 만약 잘 모르는 내용이 생겼는데, 그것이 보고서의 흐름에서 크게 중요하지 않다고 판단된다면, 굳이 보고서에 넣지 않아도 된다. 억지로 채우는 문장은 오히려 보고서의 질을 해칠 수 있다. 중요한 것은 완결성과 정확성, 그리고 설명할 수 있는 자신감이다.

| 보고자의 마음가짐

보고서를 만들고 보고를 한다는 것 자체가 쉬운 일이 아니다. 준비하는 과정에서 보고자가 마음가짐을 단단히 해두지 않으면 무너지거나 힘이 든다. 그래서 보고자가 가져야 할 마음가짐 중에서 특히 중요하다고 생각하는 다섯 가지를 뽑아 설명하고자 한다.

고객을 만족시키자

우리에게 월급을 주는 주체가 바로 보고의 대상이다. 일반 회사에서는 사장 혼자서 일을 할 수 없기 때문에 부서장을 두고, 직원을 두고, 그에 따른 월급을 지급한다. 군대 역시 마찬가지다. 한 명의 지휘관이 모든 부대를 지휘할 수 없다. 때문에 각급 부대 지휘관들에게 권한을 위임한다. 부하들을 편성하여 부대가 맡은 임무를 완수할 수 있도록 하고 있다. 이러한 상황과 관계를 보면 우리의 고객은 바로 직속 상관이다. 그렇기 때문에 그들이 원하는 답을 주어야 한다.

한 번에 통과 안 된다.

한 번에 통과하려는 마음을 버리자. 한 번에 통과되는 보고서는 절대 있을 수 없다. 그러니 처음부터 그런 기대는 하지 않는 것이 좋다. 나와 상급자는 전혀 다른 사람이기 때문에 내 의견은 100% 그대로 통과되지 않는다. 그렇기 때문에 초안이 보고 될 때까지 불필요하게 시간을 끌지 말자. 그래도 가급적 빨리 끝내고 싶다면, 보고서 작성 시작 전에 상관의 의도를 최대한 빠르고 정확하게 파악하는 것이 중요하다. 상급자가 원하는 방향을 이해하면, 수정 횟수도 줄어들고, 보고서의 완성 속도도 훨씬 빨라진다.

수백 번 수정해야 한다.

대대적인 수정 작업이 반드시 있을 것이다. 겁먹을 필요는 없다. 그것을 미리 감안하고 마음의 준비만 해두면 된다. 생각보다 길고 지루하고 힘든 여정이 될 수 있다. '이런 것까지도 바꿔야 하나', '나를 괴롭히는 건가', 때로는 내가 무능력해 보일지도 모른다. 문제는 상대방의 의도를 알 수 없다는 것이다. 정말 당신을 그냥 괴롭히고 싶은 마음일 수도 있다. 혹은 좋은 의도로 당신을 훈련시키기 위해서 그렇게 했을 수도 있다. 간단하게 생각해 보자. 그 사람이 내 인생에 얼마나 소중한 사람일까. 아마도 잠시 스쳐 지나가는 사람일 것이다. 그러니 사람에게 집중하기보다는 일에 자체에 집중하자. 이 순간을 배움의 기회로 받아들이자.

욕먹는 것도 월급에 들어 있다.

물론 실제로 월급 항목에 욕먹는 비용이 포함된 것은 아니다. 다만 그렇게 생각해야 마음이 편해진다는 의미다.

3년 전 어느 행사에서 안내 임무를 맡은 적이 있었다. 마지막 날 최종 점검이 있었다. 당연히 많은 상급자들과 그 아래 수많은 사람들이 함께 이동했다. 그 행사에서 담당 팀장은 최고 책임자에게 크게 꾸중을 들었다. 이유가 무엇이었을까. 손님들의 취향을 고려한 '좋은 커피'를 내놓지 않았다는 사소한 이유 때문이었다. 어떤 단체에는 스타벅스 커피를 준비해 대접하는데 우리는 그렇지 못했다는 이유였다. 심지어 말단 부하까지 있는 공개된 자리에서 팀장님은 최고 책임자에게 엄청난 질책을 받았다. 그것도 인정사정없이. 보고 있던 나도 민망할 정도로 최고 책임자는 심하게 화를 냈다. 그렇게 그분이 떠나고 나서, 팀장님은 아무렇지 않은 표정으로 이렇게 말했다.

"다들 잘 들었지? 그렇게 준비하자."

그 말만 남기고 아무 일도 없었다는 듯 덤덤하게 자리를 떠났다.

손해 볼 것 없다.

모든 건 내가 성장하는 과정'이라는 마음가짐이다. 보고서를 여러 번 고치고 지적을 받을 때면 부끄럽고 자존심도 상할 수 있다. 그러나 팀장조차 질책을 받는 상황에서, 당신에게 그것이 무슨 큰 문제가 될까? 차라리 잘 됐다. 보고서를 수백 번 고치다 보면 단축키를 자연스럽게 몸에 익힐 수 있다. 문장을 한 번 더 다듬으면 더 자연스럽고 간결해진다. 오타를 빨리 찾는 능력이 생길지도 모른다. 어차피 상급자가 선호하는 문서 형식으로 수정되는 과정이므로, 이번 기회에 한 번 정확히 살펴보고 눈과 손에 익혀 두자. 그러면 다음 보고서는 이를 근간으로 더 빠르고 정확하게 작성할 수 있다. 결국 이처럼 모든 것은 우리가 성장하는 과정이다. 그러니 걱정할 필요 없다.

| 느림, 멈추지 않음을 뜻한다.

마지막으로 '보고서 작성법' 스터디에서 말하고 싶은 핵심은 다음과 같다. 당신이 하는 일에는 하찮은 일이란 없다. 보고서를 만들기 위해 수십 번 도전하고, 수백 번 깨지고, 수천 번 수정하는 그 모든 과정이 당신에게는 소중한 경험이 되고 재산이 될 것이다. 그렇게 작은 실천들이 쌓이면 결국 더 큰 성과로 이어진다. 단 한 번, 딱 한 번의 성공만 경험해도 충분하다. 경험의 축적은 자연스럽게 자신감으로 이어진다. 그러므로 지금 막연하게 두려워하거나 주저할 필요 없다. 포기하지만 않으면, 당신은 충분히 할 수 있다.

자녀를 성공시키는 진정한 교육

자녀를 잘 교육하고 싶은 마음은 누구나 같습니다. 특히 자녀교육에 있어서 입시는 누구나 관심이 있고 중요한 일입니다. 그렇기에 많은 사람이 큰 돈을 들여가며 사교육을 하고 입시에 힘을 쓰지만, 입시에 성공하는 사람이 별로 없습니다. 그리고 만약 입시에 성공하더라도, 인성이 바르고 정서가 건강한 사람은 더욱 찾기 어렵습니다.

이런 시대 상황 속에서, '이순신 교육'은 돈을 들이지 않더라도 입시에 성공하고, 단순히 입시 뿐 아니라 신체도 건강하고 마음도 건강한, 마치 '이순신'같은 자녀로 교육하는 방법을 제시합니다.

이 교육은 다양한 학문을 기반으로 하며, 가장 핵심적인 근간은 카이스트에서 만든 '국가미래교육전략', 심리학에서 배운 '뇌과학', 유대인들의 교육방법인 '하브루타'입니다.

공부도 잘하고 운동도 잘하고 마음도 건강하게 만드는 것이, 과연 가능한 교육인가 하고 의구심이 드는 분이 계실수도 있지만, 이 방법은 이미 수십에서 수백년간 전 세계에서 수만명이 넘는 사람들을 통해 입증한 교육이고, 그 교육들을 통합하여 요즘 시대의 실정에 맞게 정리한 방법입니다. 그리고 무엇보다 현재도 저자인 제가 중·고등학생들을 가르치면서 실제 성과를 거두고 있는 방법입니다.

자, 그럼 우리 자녀들을 '이순신'으로 만들기 위한 교육을 시작해 보겠습니다.

저의 이야기

저는 육군사관학교를 졸업하고, 고려대에서 심리학 석사를 했으며, 의무복무를 마치고 소령으로 전역했습니다. 교육 경력으로는 심리학 석사를 하며 고려대생들을 대상으로 2년간 상담을 했고, 육군사관학교에서 훈육장교와 군사훈련처 교관을 하며 육군사관학교 생도들을 3년간 가르쳤습니다. 그리고 전역 후에는 충남 당진에 있는 중고등 대안학교에서 총괄업무를 하며 학생들을 가르치고 있습니다.

저는 어릴 때부터 책읽기와 운동을 중심으로 살았으며, 중학교 때 좋은 선생님을 만나서 마음이 변하면서 고1부터 공부를 시작했고, 고1 당시에는 수학과 영어가 20~30점대일 정도로 기초가 없었지만, 중1과정부터 공부를 시작하여서 수능때에는 국어 97, 수학 97, 영어 96으로 좋은 성과를 거뒀고, 고려대 경영 4년 장학생과 육군사관학교를 합격한 후 육군사관학교에 입학했습니다.

그리고 육군사관학교에 입학한 후에는 인성평가, 체육평가 등에서 항상 최상위에 있었으며 졸업 때 상을 받고 임관을 했습니다. 그리고 임관 후에도 남들보다 교육이나 업무 등을 쉽게 하면서 좋은 성과를 거두는 과정 속에서, 내가 운이 좋고 원래 머리가 좋게 태어났다고 생각했다가, 심리학 석사 과정 동안 '뇌과학'과 카이스트의 '국가미래교육전략'의 핵심인 원동연 박사님의 '5차원 교육'등을 공부하며 내가 해왔던 삶의 과정들이 나를 이렇게 만들 수 밖에 없었다는 것을 깨달았습니다.

그 이후 여러 가지 교육에 대한 공부를 하면서 사람을 온전하게 성장시키려면 어떻게 해야 하나 통합된 정리를 하게 되었고, 최종적으로는 세계최고의 보육원을 하면서 좋은 사람들을 많이 기르고 싶다는 꿈을 꾸고 전역을 하게 되었습니다.

현재는 그 방법으로 제 자녀를 키우면서 실제 그렇게 성장하는 것을 보고있고, 중고등 대안학교에서 적용해 보며 실제 학생들이 그렇게 자라나는 것을 확인하며, 군 가족의 자녀들도 잘 자라게 도와주면 좋겠다는 생각으로 이 클래스를 하게 되었습니다.

이순신 교육은 4주 과정으로 구성되어 있습니다.

1주차: 현재 교육의 문제점, 이순신교육의 해결책

2주차: 지혜

3주차: 체력

4주차: 마음

지혜

| 지혜의 정의

지혜를 정의하는 말은 다양합니다. 어떤 곳에서는 단순하게 똑똑함으로 표현하기도 하고, 어떤 곳에서는 사고력을 말하기도 하며, 삶의 연륜이라고도 말합니다.

'이순신 교육'에서의 지혜는 '제대로 알고 활용하는 것'이라고 정의합니다.

먼저 제대로 안다는 것은, 우리만의 지적 편견을 버리고 바르게 아는 것을 말합니다. 예를 들어, 빌 게이츠가 추천해 준 책인 '팩트풀니스'라는 책을 보면 우리가 잘못알고 있는 상식이 너무 많습니다. 대표적인 것으로 세상은 '선진국'과 '개도국'으로 양극화가 크게 나누어져 있다고 많은 사람들이 생각하지만, 실제 나라들의 소득은 4가지 단계로 나눌 수 있으며, 대부분의 나라는 중간수준에 속해 있습니다. 우리가 많다고 생각하는 극빈층 국가에 사는 인구 비율은 9%에 불과합니다. 또한 세상이 기아나 질병, 재난, 폭력 등으로 점점 나빠지고 있다는 상식도, 실제로는 세계의 건강이 늘어나며 기대수명이 늘고 있고, 자연재해 사망자 수 또한 매년 줄어들고 있습니다.

이처럼, 우리는 올바로된 정보를 받아들이기 보다는 뉴스나 유튜브, 주변 사람들이 하는 단편적인 이야기들을 취사선택하여 자신이 받아들이고 싶은 정보를 받아들이고 자신에 맞게 해석하는 경향이 있습니다. 이는 제대로 아는 것이 아닌, 나만의 색안경으로 잘못 아는 것입니다. 실제 학생들을 가르쳐 봐도 이 현상이 극명하게 나타납니다. 분명 같은 것을 가르쳤지만, 수업 이후 확인해 보면 각자가 다른 이야기를 합니다.

그러나 제대로 아는 것을 연습하는 사람은 저자나 화자가 말하고자 하는 바를 분명히 파악하고 자신만의 편견으로 곡해하는 것 없이 바르게 받아들입니다. 그리고 이런 훈련이 되고 '제대로 아는 힘'을 기른 사람은 입시 또한 쉽게 잘 합니다. 국어나 영어의 대부분은 결국 중심내용을 찾고, 거기에 맞춰 사고하는 것이기 때문입니다.

그 다음은, '잘 활용하는 것'입니다. 우리는 보통 지식을 받아들일 때 받아들이고 끝이 나는 경우가 많습니다. 예를 들어 단어를 외우더라도 'fact'라는 단어를 외우게 된다면 '사실'이라는 뜻까지만 받아들이고 끝납니다. 그러나 이렇게 단어를 외우게 된다면, 몇일이 되지 않아서 그 뜻을 까먹습니다. 그러나 이걸 사고하는 단계와 표현하는 단계까지 이어간다면 그 기억은 계속되어 가고, 이 단어를 단순히 외우는 걸 넘어서 상황에 맞춰서 활용할 수 있게 됩니다.

쉽게 설명하자면, 'fact'라는 단어를 가지고 사고하는 단계는, 이 뜻이 사실이며 내가 사실인 줄 알았던 것이 거짓이었던 적도 있어서 사실을 바로 아는 것은 중요하구나 라고 생각하는 것입니다. 단순히 그 뜻에 머무는 것이 아닌, 그 것을 가지고 나의 경험이나 나의 다른 지식과 연계를 하는 일입니다.

그 다음 표현하는 것은, 이를 말을 하거나 글로 쓰거나 그림을 그리는 것입니다. 내가 머리로 아는 것을 말을 하거나 글을 쓰거나 그림을 그린다는 것은 쉬워 보이지만 실제 해보면 잘 되지가 않습니다. 이는 지혜의 마지막 단계의 일이며, 이를 할 수 있을 때 내가 받아들인 지식이나 정보가 온전하게 나의 것이 되었다는 증거이기 때문입니다.

석사나 박사과정 때 쓰는 논문이 표현의 수준까지 지혜가 다다랐을 때 가능한 지혜의 표출이기도 합니다. 그리고 이 정도 수준의 연습이 잘 되는 자녀는, 수능은 쉽게하고 논술이나 면접까지 수월하게 합니다. 수능은 지혜의 단계로 치자면 잘 받아들이는 것만 잘해도 1-2등급이 나오고, 사고하는 수준까지만 되어도 1등급이 충분히 나오기 때문입니다. 표현하기까지 되는 자녀는 사실 수능공부같은 경우는 쉽게 합니다.

대다수의 수능만점자들이 어릴 때부터 책을 많이 읽고, 학원없이 공부해서 잘했다는 것은 어릴 때부터 책을 많이 읽으며 제대로 받아들이고 사고하는 힘을 길렀기 때문입니다. 그리고 지혜의 3가지 단계는 '뇌과학'에서 나오는 우리의 뇌가 기억을 하는 원리와, '하브루타'에서 유대인들이 대화를 통해 학습효과를 향상시키는 원리들과도 맞닿아 있습니다.

| 지혜가 부족할 때 나타나는 일들

그렇다면, 이렇게 지혜를 기르지 못한 사람이 잘못된 방법으로 공부를 하게 되면 어떻게 될까요?

먼저, 아무리 열심히 공부해도 잘할 수가 없습니다. 많은 사람들이 공부는 엉덩이 싸움이라고 하며 누가 열심히 오랜기간 공부를 하느냐가 중요하다고 말합니다. 그러나 이는 '팩트풀니스'의 책처럼 단편적인 것만 보고 잘못 알고 있는 내용입니다. 앉아 있는 시간으로 한다면, 우리나라에 1등급이 나올 수 있는 학생수는 훨씬 많습니다. 많은 학생들이 어릴 때부터 저녁 늦게까지 공부를 하고 있기 때문이지요. 그러나 실제 결과는 그렇지 않습니다. 아무리 오랜시간 열심히 해도 안되는 사람은 안됩니다. 반면에, 그렇게 오랜시간을 하지 않더라도 제대로된 방법으로 하는 사람은 공부를 잘 합니다.

이는 수영으로 비유하자면, 평생을 개헤엄만 연습한 사람이, 단지 몇개월만이라도 자유형을 연습한 사람을 이길 수 없는 것과 같습니다. 자동차로 비유하자면, 티코가 아무리 열심히 달려도 슈퍼카를 이길 수 없는 것과 같습니다. 엔진 자체가 다르기 때문입니다.

그리고 이는 단순히 공부에만 국한되는 게 아닌, 우리의 자녀가 성장해서 직장이나 사업을 할 때에도, 경제적인 부를 쌓을 때도 마찬가지입니다. 아무리 열심히 해도 직장에서 별다른 성과가 없이 늦게 퇴근하고, 열심히 일을하고 돈을 벌어도 실제 부자가 되지 않습니다. '지혜'가 부족하고 올바른 방법으로 하지 않기 때문입니다.

| 지혜를 성장시키기 위한 방법

자, 그렇다면 마지막으로 우리 자녀의 지혜를 성장시키려면 어떻게 해야 할까요?

첫 번째 중요한 것은 우리의 엔진인 두뇌를 발달 시켜야 합니다. 그렇게 하기 위해서는 독서와 운동, 미술이나 음악을 해야 합니다. 이는 뇌과학적으로 우리의 두뇌의 기본 세포인 '뉴런'을 생성하고, 뉴런을 이어주는 '시냅스'들을 활성화 시키는 역할을 합니다. 이 방법들을 통해서 뉴런이 더 많아지고 잘 연결되어 있는 두뇌는, 마치 CPU가 여러개 있는 PC처럼 두뇌를 활용하게 됩니다. 그러나 이 작업을 하지 않고 공부를 하는 자녀는, 마치 옛날 시대의 PC 1대를 가지고 일을 하는 것과 마찬가지가 됩니다. 그렇기에 오랜시간 공부를 하더라도 우리의 엔진이라 할 수 있는 두뇌가 성능이 낮기 때문에 잘 안되는 것이지요.

두 번째로는, 앞서 설명한 지혜의 3가지 단계를 연습하는 것입니다. 먼저 제대로 받아들이는 연습을 하기 위해서는 사선을 치면서 글을 읽는 연습을 하는게 좋습니다. 문법 또는 의미 단위로 사선을 치며 읽는 연습을 하게 되면, 내가 어느 부분까지 이해를 했고 어디서 이해가 안되는지와, 잘못 이해하는 부분 등을 세밀하게 볼 수 있고 작은 단위부터 제대로 이해하는 연습을 할 수 있어서 좋습니다. 그 다음은 생각하는 연습입니다. 공부한 부분을 책의 목차와 같이 큰 단위부터 세부단위로 정리해 보거나, 마인드맵을 그려보는 등 자신이 받아들인 정보를 정리하는 연습을 합니다. 마지막으로는 표현하는 연습입니다. 이렇게 받아들이고 정리된 정보를 글로 써보거나, 그림으로 그려보거나, 수학적 기호로 표현하는 연습을 하면 지혜의 3가지 단계를 연습하여 성장시킬 수 있습니다.

마지막으로 이를 실생활에서 자녀와 간단하게 연습할 수 있는 방법을 설명드리겠습니다. 먼저 자녀와 책을 읽습니다. 그리고 자녀에게 이 책의 내용이 무엇인지, 책을 쓴 사람이 무엇을 말하고 싶은 것인지 물어봅니다. 이 과정을 통해서 내 자녀가 책을 올바르게 이해하는지 확인할 수 있습니다. 그다음은 그 내용에 대한 자녀의 생각을 물어봅니다. 그러면 자녀가 받아들인 정보를 토대로 사고하는 힘을 기를 수 있습니다. 마지막으로 지금까지 이야기한 내용을 글로 정리해 보게 합니다. 그러면 마지막 표현까지 하며 자녀의 지혜를 무럭무럭 자라게 할 수 있습니다. 여기까지 하면 금상첨화지만, 꼭 글쓰기까지 하지 않더라도 이미 대화를 하면서 말로 표현하는 단계를 계속 거쳐왔기 때문에 자녀가 너무 어리거나 글쓰기를 싫어한다면, 위 방식으로 대화를 하는 것만 해도 충분합니다.

지금까지 우리는 자녀를 '이순신'과 같이 키우기 위해 필요한 덕목 중 하나인 '지혜'가 무엇인지와, 그 지혜를 잘못 알고 살게 되었을 때 어떤 점이 문제인지, 그렇다면 지혜를 키우기 위해서는 어떻게 해야할지에 대해서 나눴습니다. 이 내용들을 잘 이해 하시면서 우리 자녀가 단순히 공부만 열심히 하면서 성과없는 삶을 살지 않고, 올바른 지혜를 가지고 세상을 바로보고, 무엇을 하든지 쉽게 하면서 성과를 거두는 자녀로 잘 자라게 교육하길 응원합니다.

체력

| 체력의 정의와 효과

우리가 보통 생각하는 신체의 힘은 튼튼한 몸이나 강력한 근육이라 생각하지만, '이순신 교육'에서 체력이란 인격의 근육이라 할 수 있으며, 게으름을 이기고 실천하는 힘을 뜻합니다.

물론, 신체적인 건강도 중요하지만 이순신 교육에서 신체를 통해 얻고자 하는 힘은 신체적인 건강을 넘어섭니다. 가장 중요한 것은 게으름을 이겨내는 힘입니다. 우리 몸은 참 게으릅니다. 무언가 하려고 해도 몇일하면 그만두는 게 일상입니다.

공부, 운동, 사업 등 무엇이든 꾸준하게 계속 하기만 한다면 누구나 성공할 수 있습니다. 그러나 그 꾸준하게 하는 것이 너무도 어렵고 잘 안됩니다. 제가 학생들을 가르치고 있지만, 한 달 이상 무언가를 꾸준하게 성공하는 학생이 거의 없습니다. 이는 어른도 마찬가지입니다.

그 이유 중 가장 큰 것은 신체가 유연하지 않거나 밸런스가 무너져 있기 때문입니다. 신체가 균형이 잡히고 유연하면, 침대에서 일어나는 것부터 책읽거나 공부를 하는 것까지 무엇을 하든지 게으름을 쉽게 이겨낼 수 있습니다.

그다음은 두뇌발달입니다. 보통 운동을 하면 공부와는 거리가 멀고, 운동하는 사람은 머리가 나쁘다는 인식이 많지만, 실제는 그렇지 않습니다. 연구결과에 따르면 유산소 운동을 30분이상 할 때에 BDNF라는 마법의 신경인자가 활성화되고 뇌세포인 뉴런이 생성됩니다. 그로인해 사실 유산소 운동을 할수록 두뇌가 더 발달하고 공부를 더 잘할 수 있습니다. 그렇기에 운동하면서 공부도 했을 때 더욱 잘하는 사람을 볼 수 있는 것입니다.

그리고 스트레스를 건강하게 해소하면서 정서가 좋아집니다. 만병의 근원인 스트레스는 모두가 느끼지만 제대로 해소하는 방법을 모릅니다. 흔히 사람들이 많이하는 음주나 잠, 게임 등은 그 순간 잠깐 잊어버리는 정도지 스트레스가 없어지지는 않습니다. 그러나 유산소 운동을 하게되면 건강하게 스트레스가 해소되어서 건강한 정서를 유지할 수 있게 됩니다. 우울증 환자들이 달리기를 통해 호전되고 건강해 지는 것도 이와같은 원리 중 하나입니다.

그리고 중독을 이기는 효과가 있습니다. 결국 중독은 도파민을 통해 우리에게 쾌락을 주는 것이 핵심인데, 문제는 대부분의 게임이나 마약 등을 통한 쾌락은 도파민을 일으키지만, 우리 몸의 항상성으로 인해 도파민이 생기면 다시 우리 몸이 원 상태로 돌아오기 위한 고통이 없기 때문에, 더욱 더 강한 도파민을 추구하게 되고 중독에서 헤어 나오기가 어렵습니다. 그러나 달리기와 같은 운동을 통한 도파민은 적정수준의 고통이 수반되어서 중독의 문제도 없고, 신체도 건강해지며 두뇌도 발달하면서 건강한 도파민을 얻게 됩니다.

마지막으로 운동을 통해 사람간의 관계를 증진시킬 수 있습니다. 대부분의 단체운동은 혼자만 잘해서는 안됩니다. 모두가 힘을 합쳐 팀워크를 이뤄야 합니다. 그런 운동과정을 통해 세상은 나 혼자 사는 것이 아님을 깨닫고, 점차 협력하는 방법을 배우게 되고, 운동을 통해 낯선 사람과도 쉽게 친해지면서 다양한 인간관계를 증진시킵니다.

이처럼 체력은 단순히 신체의 힘을 넘어서 두뇌도 성장 시키고, 스트레스를 감소시켜 정서를 건강하게 만들며, 좋은 도파민을 얻게하며, 인간관계도 증진시키는 효과들을 지닌 중요한 힘입니다. 그리고 가장 중요한, 게으름을 이기는 힘을 가지게 해줍니다.

| 체력을 기르기 위한 방법

그럼, 이런 체력을 기르기 위해서는 어떻게 해야할까요?

가장 중요한 것은 매일 꾸준한 스트레칭을 통해서 몸을 유연하게 만드는 것입니다. 이것만 꾸준히 해도 우리 몸이 유연해지고 밸런스가 잡혀가며 점차 반응이 빠른 신체를 갖게 됩니다. 그 다음은 다양한 유산소 운동입니다.

유산소 운동을 할 때 자녀들에게 추천하는 것은 수영이나 달리기, 축구, 농구 등 다양한 운동을 경험하게 해본 후 자녀가 즐거워하는 운동을 하게 해주는 것이 좋습니다. 억지로 하는 운동은 잠깐하고 멈추게 되지만, 즐기는 운동은 알아서 오랫동안 꾸준히 할 수 있기 때문입니다.

마지막으로 체력을 키우기 위해서는 숙면과 휴식, 식사도 중요합니다. 보통 무리하게 열심히 살다보면 잠을 잘 안자면서 공부를 하거나 사업을 하는 경우가 많은데, 그렇게 되면 오히려 집중력이 떨어지고 업무의 효율이 떨어진 상태로 잠을 많이 자고 일을 하는 것보다 더 안좋은 성과로 오랫동안 일을 하게 됩니다. 그리고 식사도 탄수화물, 지방, 단백질 등이 골고루 섞인 식사를 해야 체력을 극대화하고 두뇌도 발달시킬 수 있습니다.

마음

| 마음의 정의

마지막 강의는 가장 중요한 마음에 대한 이야기입니다. 마음 또한 수많은 정의가 있지만, '이순신 교육'에서는 모든 것의 원천이자 힘이라고 정의 합니다. 영화에 나오는 아이언맨으로 비유하자면, 마음은 아이언맨의 아크 원자로와 같습니다. 아무리 좋은 무기를 가지고 있고, AI 두뇌가 있더라도 아크 원자로가 없다면 아이언맨은 움직이질 못합니다. 이와 같이 마음은 우리 인간의 모든 원천이자 힘입니다.

| 마음이 약할 때 생기는 일들

학생들을 가르치면 이렇게 마음이 무너진 경우를 종종 봅니다. 성인들을 보면 더욱 많습니다. 아무리 똑똑하고 체력이 좋더라도, 마음이 무너지면 아무것도 할 수 없습니다. 그리고 뉴스에 자주 나오는 마약을 하거나 자살을 하는 등 대부분의 사건들은 마음이 무너지면서 나오게 되는 일입니다.

마음이 약하거나 무너진 사람들이 대표적으로 보이는 증상은 피곤해 하고 뭔가를 잘 하지 못하고, 정서를 조절하지 못하고 너무 슬

펴하거나 화를 내기도 하고, 무기력해지거나 우울증상, 공황장애 등 다양한 증상들이 나타납니다.

반면에 마음이 강한 사람은 역경 속에서 다시 일어서기도 하고, 어려운 상황 속에서 성공하기도 하고, 사랑으로 남을 회복시키기도 하고, 이순신처럼 어려운 환경 속에서 나라를 구하기도 합니다.

| 마음을 키우는 방법

그렇다면, 이렇게 중요한 마음을 키우는 방법은 무엇일까요?

먼저, 바다위의 등대같이 목표를 정해야 합니다. 내 삶의 이유를 정하고 내가 살고자 하는 삶의 목표를 정해야 합니다. 그게 정해지면, 중간중간 우리가 힘들기도 하고 무너지는 일이 있더라도, 다시 일어나서 목표를 향해 결국에는 갈 수 있게 됩니다.

두 번째는, 충분히 나의 감정을 인식하고 표현해야 합니다. 영화 '인사이드 아웃'에 나온 것처럼 우리에게는 다양한 감정들이 있습니다. 우리가 감정을 인식하고 표현하는 것은 우리 마음의 건강을 위해 너무도 중요한 일입니다. 그러나 그것을 제대로 하지 못하게 되면 점차 감정을 느끼고 표현하는 시스템이 고장나고 마음이 무너지게 됩니다.

다음은 낙관성입니다. 긍정과 낙관성이 가장 큰 차이는, 긍정은 무엇이든 된다고 생각하는 것이고, 낙관성은 되는 것과 안되는 것의 현실을 파악한 상태에서 나의 삶을 더 성공적으로 살 수 있도록 생각하고 선택하는 것을 말합니다. 과도한 긍정은 되지 않는 일에 너무 큰 노력을 하고 큰 낙담을 불러일으키기도 하지만, 낙관성을 가진 사람은 어떤 상황에서든 더 나은 상황을 만들어 가고 삶을 더욱 풍성하게 이끌어 나갑니다.

다음은 다양한 역경과 도전을 하면서 스트레스나 고통을 이겨내는 연습입니다. 요즘은 너무 자녀들을 위한다면서 자녀들이 무언가를 도전하고 실패를 겪거나 고생을 하는 일을 많이 안하게 됩니다. 그렇게 크다보니 부모님과 함께 있을 때는 괜찮아 보이지만, 그런 자녀가 군대를 가거나 직장을 가게되면 작은 스트레스나 어려움에 쉽게 무너져 내리게 됩니다. 요즘 사회 초년생 중에 우울증이나 공황장애가 많은 이유도 그 때문입니다. 그렇기에 어릴 때부터 충분히 여러 역경을 겪고 이겨내는 연습을 하는 것도 마음의 근육을 키우는데 중요합니다.

마지막으로 가장 중요한 것은 사랑입니다. 우리 마음의 연료 중 가장 핵심적이고 중요한 것은 사랑입니다. 사랑이 없이는 우리 마음은 살아갈 수 없고, 제대로 작동할 수 없습니다. 하지만, 사랑을 많이 받은 사람은 마음이 건강해 지고 어떤 역경이 있더라도 그 사랑으로 이겨내며 다시 일어서고, 오히려 어려운 상황 속에서도 남을 도울 수 있습니다.

대표적인 예로는 설리번 선생님과 헬렌켈러의 이야기입니다. 설리번 선생님은 어린 시절에 어머니가 일찍 돌아가시고, 알코올 중독인 아버지에게 학대를 받다가 동생과 함께 보호소로 가게 됩니다.

안타깝게도 그 보호소에서 동생이 죽게 되고, 설리번은 충격에 눈이 멀고 정신적으로 문제가 생겨 정신병원에 입원하게 됩니다. 정신병원에서 설리번은 아무것도 하지 않고 멍하니 누워만 있었습니다. 그러던 중 나이가 많은 간호사 한 분이 설리번의 이야기를 듣고 매일 찾아와서 기도를 해주고 초콜렛을 놔주고 이야기를 해주게 됩니다.

오랜기간 동안 반응이 없던 설리번은 어느 순간 초콜렛을 하나씩 먹게 되었고, 결국에는 간호사의 사랑으로 인해 힘을 얻게 되어 자리에서 일어나 공부를 하게 되어 좋은 성과를 거두게 되었고, 그것을 본 어느 후원자를 통해 눈도 수술해서 눈도 잘 보이게 됩니다.

그렇게 다시 건강한 마음으로 행복하게 살게 된 순간, 운명처럼 신문에서 헬렌켈러의 보호자를 구한다는 기사를 보게 되었고, 설리번은 헬렌켈러를 찾아가서 자신이 받았던 사랑으로 헬렌켈러를 보살피고 하버드를 보내게 됩니다.

우리의 마음을 키우는 일은 정말 어렵습니다. 우리 마음의 가장 중요한 것은 무의식인데, 무의식이 너무 꽁꽁 숨어있고 건들기가 어려운 곳이기도 하고, 사람마다 그 무의식을 열 수 있는 열쇠가 다르기 때문에 무엇을 건드려야 열 수 있는지도 어렵기 때문입니다.

그러나 학생들을 가르치고 자녀들을 교육하면서 가장 중요한 것은 마음이고, 그 마음이 열려졌을 때 우리가 상상할 수 없는 일들이 일어납니다. 그렇기에 가장 어렵고 힘들지만 저도 매일 저희 학생들 마음의 문을 열기 위해 노력하고, 그로 인해서 마음이 성장한 학생들을 보며 너무도 큰 보람과 행복을 느낍니다.

이처럼, 여러분들도 자녀들을 어린 시절부터 마음을 잘 성장시키고, 마음 뿐만 아니라, 그동안 배워왔던 것처럼 신체와 지혜도 건강한, 무엇이든 할 수 있고 성공하는 자녀로 잘 키우길 바랍니다.

지금까지 글을 읽어 주셔서 감사하고, 이 글을 읽고 자녀교육에 대한 관심이 생기신 분은, 언제든지 이순신 교육 클래스를 통해서 자녀교육에 대한 통찰력과 실제적인 도움을 받아가시길 바랍니다.

유튜브 쇼츠로 시작하는 크리에이터

유튜브 쇼츠는 지금 이 순간에도 수많은 영상이 올라오고 사라지는 공간이지만, 그 안에서 초보자에게만큼은 유난히 공평한 기회를 제공합니다. 구독자가 0명이어도 괜찮고, 전문적인 장비가 없어도 문제가 되지 않습니다. 큰 자본이나 특별한 배경이 없어도 누구나 같은 출발선에 설 수 있습니다. 이 점이 쇼츠를 특별하게 만듭니다. 필요한 것은 조건이 아니라, 시작하려는 마음 하나뿐입니다.

많은 사람들이 시작을 미루는 이유는 늘 비슷합니다. 아직 준비가 덜 됐다고 생각하거나, 더 공부한 뒤에 해야겠다고 말합니다. 장비를 갖추고, 실력을 키우고, 완벽한 계획이 생기면 그때 시작하겠다고 다짐합니다. 하지만 현실에서는 그 '완벽한 순간'이 오지 않는 경우가 대부분입니다. 쇼츠의 세계에서는 준비보다 실행이 훨씬 중요합니다. 직접 만들어보고, 올려보고, 반응을 보면서 배우는 것이 가장 빠른 성장 방법입니다.

완벽하지 않아도 괜찮습니다. 첫 영상의 완성도가 낮아도 괜찮고, 편집이 어설퍼도 괜찮습니다. 조회수가 10에 그쳐도 전혀 문제되지 않습니다. 그 숫자는 실패의 증거가 아니라, 시작했다는 증거입니다. 아무것도 올리지 않은 사람은 조회수조차 생기지 않습니다.

첫 영상은 결과를 내기 위한 것이 아니라, 경험을 쌓기 위한 과정입니다.

처음에는 누구나 어색합니다. 문장 하나를 고르는 데도 오래 걸리고, 이 표현이 맞는지 계속 고민하게 됩니다. 하지만 그 과정 자체가 성장입니다. 하나를 만들고 나면 다음은 조금 더 빨라지고, 조금 더 명확해집니다. 그렇게 쌓인 작은 경험들이 어느 순간 눈에 보이는 차이를 만들어냅니다. 시작했기 때문에 가능한 변화입니다.

당신의 첫 번째 카드 쇼츠는 작고 조용하게 시작될지도 모릅니다. 하지만 그 영상이 누군가의 하루를 조금 바꿀 수 있습니다. 지친 마음에 잠시 멈춰 서게 만들 수도 있고, 다시 한 번 힘을 내게 하는 계기가 될 수도 있습니다. 우리는 종종 조회수와 숫자에만 집중하지만, 콘텐츠의 진짜 가치는 그 이면에 있습니다. 단 한 사람에게라도 위로가 된다면, 그 영상은 이미 충분한 역할을 한 것입니다.

쇼츠는 빠른 세상 속에서 잠깐 멈추게 하는 힘을 가지고 있습니다. 짧은 문장 하나, 한 장의 카드가 누군가에게는 긴 여운으로 남을 수 있습니다. 그 가능성을 믿는 순간, 콘텐츠를 만드는 태도도 달라집니다. 숫자에 흔들리기보다, 메시지에 집중하게 됩니다. 그리고 그 진심은 결국 화면 너머로 전달됩니다.

지금 이 글을 읽고 있다는 것은 이미 마음속에 작은 시작의 불씨가 있다는 뜻입니다. 그 불씨를 더 키우는 데 거창한 준비는 필요하지 않습니다. 오늘 한 영상을 만들어보고, 내일 한 영상을 만들어보는 것만으로도 충분합니다. 완벽한 계획보다, 불완전한 첫 발걸음이 훨씬 더 큰 의미를 가집니다.

이제 선택은 당신의 몫입니다. 계속 고민하며 머무를 것인지, 아니면 작게라도 시작해볼 것인지. 유튜브 쇼츠는 언제나 열려 있고, 내일도, 다음 주도 새로운 시작을 기다리고 있습니다. 당신의 이야기가, 당신의 문장이 누군가에게 닿을 수 있다는 가능성을 믿고 함께 시작해봅시다. 그 첫걸음은 생각보다 훨씬 가볍고, 그 이후의 길은 상상보다 훨씬 넓을 것입니다.

쇼츠 트렌드로 변화

요즘 유튜브에 접속하면 가장 먼저 무엇을 하게 되나요? 많은 사람들은 의식하지도 못한 채 자연스럽게 쇼츠 탭을 누르고 화면을 위로 넘기기 시작합니다. 처음에는 잠깐만 보겠다는 생각이었지만, 어느 순간 10분, 20분이 훌쩍 지나 있는 자신을 발견하게 됩니다. 이것이 바로 쇼츠가 가진 강력한 힘이며, 지금의 유튜브 생태계를 움직이는 핵심입니다.

시대의 흐름은 이미 롱폼 중심에서 숏폼 중심으로 넘어왔습니다. 사람들의 생활 패턴이 바뀌었고, 콘텐츠를 소비하는 방식 또한 달라졌습니다. 현대인의 집중력은 점점 짧아지고 있고, 하루는 늘 바쁘게 흘러갑니다. 긴 영상을 처음부터 끝까지 집중해서 본다는 것은 이제 선택받은 시간에만 가능한 일이 되었습니다.

출퇴근길 지하철 안에서, 점심시간의 짧은 휴식 동안, 혹은 잠들기 전 침대에 누워서 우리는 무겁지 않은 콘텐츠를 찾습니다. 그 순간 필요한 것은 긴 설명이나 복잡한 서사가 아니라, 짧은 시간 안에 핵심을 전달해 주는 영상입니다. 쇼츠는 바로 이 지점을 정확하게 파고듭니다. 짧지만 임팩트 있고, 빠르게 이해할 수 있으며, 다음 영상으로의 이동도 부담이 없습니다.

롱폼 영상은 기본적으로 시청자가 능동적으로 선택해야 합니다. 썸네일을 보고, 제목을 읽고, 시간을 투자할 가치가 있는지 고민한 뒤 재생 버튼을 누르는 구조입니다. 반면 쇼츠는 이런 고민의 과정을 최소화합니다. 위로 한 번 넘기면 바로 다음 영상이 나오고, 마음에 들지 않으면 또 한 번 넘기면 됩니다. 소비의 흐름이 빠르고, 반복되며, 자연스럽게 이어집니다.

이 구조는 초보 크리에이터에게도 큰 기회를 제공합니다. 구독자가 많지 않아도, 채널이 알려지지 않았어도 콘텐츠 자체의 힘만 있다면 노출될 수 있기 때문입니다. 특히 쇼츠는 알고리즘의 추천을 통해 새로운 크리에이터를 발견하는 데 훨씬 개방적입니다. 시작 단계에서 가장 큰 장벽인 '아무도 보지 않는 상태'를 상대적으로 쉽게 넘을 수 있습니다.

이러한 환경 속에서 카드 쇼츠는 초보자가 가장 부담 없이 도전할 수 있는 콘텐츠 형식입니다. 얼굴 노출이나 복잡한 촬영 장비 없이도 시작할 수 있고, 이미 검증된 정보나 이야기를 시각적으로 재

구성하는 방식이기 때문에 실패 확률도 낮습니다. 중요한 것은 완전히 새로운 것을 만들어내는 것이 아니라, 기존의 콘텐츠를 자신만의 방식으로 재해석하는 데 있습니다.

우리는 이 검증된 콘텐츠를 단순히 따라 하는 것이 아니라, 카드 형식이라는 틀 안에서 시청자가 이해하기 쉽고 끝까지 보게 만드는 구조로 다시 만들어냅니다. 그렇게 쌓인 작은 성과들이 모여 크리에이터로서의 첫 발걸음이 되고, 쇼츠라는 무대는 그 출발을 가장 빠르게 도와주는 길이 됩니다.

쇼츠가 초보자에게 유리한 이유

유튜브 쇼츠는 이제 하나의 유행을 넘어, 새로운 크리에이터가 탄생하는 주요 통로가 되었습니다. 특히 이제 막 유튜브를 시작하려는 초보자에게 쇼츠는 매우 현실적인 선택지입니다. 그 가장 큰 이유는 제작에 대한 부담이 낮고, 실패했을 때 감당해야 할 리스크가 거의 없기 때문입니다. 시작 단계에서 가장 중요한 것은 완벽함이 아니라 지속 가능성인데, 쇼츠는 이 조건을 가장 잘 충족시켜 줍니다.

첫 번째 이유는 시간과 비용 부담이 압도적으로 적다는 점입니다.

롱폼 영상 하나를 만들기 위해서는 기획 단계부터 많은 에너지가 필요합니다. 어떤 주제로 할지 고민하고, 대본을 작성하고, 촬영 환경을 세팅한 뒤 편집까지 거치려면 하루로는 부족한 경우가 많습니다. 직장인이나 학생이라면 이 과정 자체가 큰 장벽으로 느껴질 수 있습니다. 반면 쇼츠는 구조가 단순합니다. 전달하고 싶은 핵심 메시지를 하나 정하고, 그 메시지를 60초 안에 담아내면 됩니다. 이 과정에 익숙해지면 하나의 영상을 만드는 데 30분도 채 걸리지 않습니다.

여기서 중요한 것은 효율입니다. 롱폼 영상 하나에 일주일을 쏟아부었는데 조회수가 100도 나오지 않는다면, 그 허탈감은 생각보다 큽니다. 많은 초보자들이 이 지점에서 포기합니다. 하지만 쇼츠는 같은 시간 동안 여러 개의 영상을 만들 수 있습니다. 3시간이 있다면 롱폼 하나 대신 쇼츠 6개, 10개를 제작할 수 있습니다. 그중 단 하나만 반응이 와도 성과를 체감할 수 있습니다. 이 작은 성공 경험이 계속해서 다음 영상을 만들게 하는 힘이 됩니다.

두 번째 이유는 노출 기회가 훨씬 많다는 점입니다.

롱폼 영상의 추천 구조는 이미 자리 잡은 대형 채널에 매우 유리합니다. 구독자가 적은 채널의 영상은 아무리 잘 만들어도 추천 피드에 올라가기까지 시간이 오래 걸립니다. 반면 쇼츠는 출발선이 다릅니다. 쇼츠 피드에서는 구독자 수가 거의 영향을 미치지 않습니다. 유튜브는 새로운 쇼츠 영상이 업로드되면 먼저 소수의 시청자에게 영상을 노출시킵니다. 이 단계에서 시청 지속 시간, 반복 재생, 좋아요 같은 반응이 좋으면 다음 단계로 넘어갑니다.

이 과정은 매우 빠르게 이루어집니다. 반응이 좋을수록 더 많은 사람에게 노출되고, 또 반응이 좋으면 그 범위는 기하급수적으로 커집니다. 이때 중요한 기준은 채널의 규모가 아니라 영상 자체의 매력입니다. 즉, 구독자 10명인 채널도 충분히 수만, 수십만 조회수를 얻을 수 있는 구조입니다. 초보자에게 이만큼 공정한 환경은 흔치 않습니다.

세 번째 이유는 빠른 성장이 가능하다는 점입니다.

쇼츠에서는 하나의 영상이 채널 전체를 바꿔놓을 수 있습니다. 실제로 유튜브를 시작한 지 몇 주 되지 않은 채널이 쇼츠 하나로 수십만, 수백만 조회수를 기록하는 사례는 이제 더 이상 특별하지 않습니다. 이런 경험은 단순히 숫자 이상의 의미를 가집니다. 내가 만든 콘텐츠가 많은 사람에게 도달할 수 있다는 확신을 주기 때문입니다.

롱폼에서는 이런 성장을 기대하기 어렵습니다. 구독자 수가 쌓이고, 신뢰가 형성되기까지 시간이 필요합니다. 하지만 쇼츠는 그 과정을 단축시켜 줍니다. 짧은 시간 안에 큰 반응을 경험할 수 있고, 이는 초보 크리에이터에게 강력한 동기부여로 작용합니다. 이 동기부여는 다시 새로운 시도를 하게 만들고, 채널의 방향성을 빠르게 잡게 도와줍니다.

네 번째 이유는 진입 장벽이 거의 없다는 점입니다.

특히 카드 쇼츠는 비용이 사실상 들지 않습니다. 고가의 카메라, 조명, 마이크 같은 장비가 필요 없습니다. 촬영을 위한 공간이나 배경도 중요하지 않습니다. 스마트폰 하나와 무료 편집 앱만 있으면 바로 시작할 수 있습니다. 자본이 부족하다는 이유로 미루거나 포기할 필요가 없습니다.

이러한 낮은 진입 장벽은 심리적인 부담도 줄여줍니다. 실패했을 때 잃을 것이 거의 없기 때문입니다. 돈이 들지 않았고, 많은 시간을 투자하지 않았기 때문에 다시 도전하는 것이 어렵지 않습니다. 이 점은 초보자에게 매우 중요합니다. 실패를 감당할 수 있어야 시도할 수 있고, 시도해야 성장할 수 있기 때문입니다.

결국 쇼츠는 초보 크리에이터에게 가장 현실적인 출발점입니다. 빠르게 만들 수 있고, 자주 시도할 수 있으며, 공정한 노출 기회를 제공합니다. 완벽하지 않아도 괜찮고, 실패해도 다시 시작할 수 있는 구조입니다. 이 환경 속에서 경험을 쌓고, 감각을 익히는 것이 크리에이터로 성장하는 가장 빠른 길이 됩니다.

조회수 폭발의 원리

유튜브 쇼츠에서 어떤 영상은 순식간에 수만, 수십만 조회수를 기록하는 반면, 어떤 영상은 거의 노출조차 되지 않은 채 묻혀버립니다. 이 차이는 운이 아니라 구조의 이해에서 비롯됩니다. 쇼츠 알고리즘이 어떻게 작동하는지 이해하면, 조회수가 터지는 영상과 그렇지 않은 영상의 차이를 명확하게 구분할 수 있습니다. 쇼츠의 세계에서는 영상이 길게 살아남느냐, 아니면 초반에 사라지느냐가 거의 처음 60초 안에 결정됩니다.

쇼츠 알고리즘이 가장 중요하게 보는 것은 시청자의 초반 반응입니다. 시청자가 영상을 보자마자 어떤 행동을 하는지가 모든 판단의 기준이 됩니다. 이 구조에서는 영상의 길이가 짧을수록 더 냉정한 평가를 받습니다. 10분짜리 영상은 중간에 흥미를 잃어도 어느 정도 시간이 지나간 뒤에 판단되지만, 쇼츠는 몇 초 안에 결과가 갈립니다. 말 그대로 60초 안에 승부가 나는 구조입니다.

이 알고리즘의 핵심은 크게 두 가지로 정리할 수 있습니다.

첫 번째는 시청자가 얼마나 끝까지 영상을 보는가입니다.

예를 들어 60초짜리 쇼츠 영상이 있는데, 평균 시청 시간이 10초에 불과하다면 유튜브는 이 영상을 재미없는 콘텐츠로 판단합니다. 시청자들이 초반에 흥미를 느끼지 못하고 바로 이탈했다는 의미이기 때문입니다. 반대로 평균 시청 시간이 40초, 50초에 가깝다면 이야기는 완전히 달라집니다. 이는 대부분의 시청자가 영상을 끝까지 보거나 거의 끝까지 봤다는 뜻이고, 알고리즘은 이 영상을 가치 있는 콘텐츠로 인식합니다.

특히 중요한 지표는 시청 완료율입니다. 시청 완료율은 영상을 끝까지 본 사람의 비율을 의미합니다. 이 수치가 높을수록 알고리즘은 해당 영상을 적극적으로 밀어줍니다. 쇼츠에서는 영상 길이가 짧기 때문에, 끝까지 본다는 행동 자체가 강한 긍정 신호로 작용합니다. 시청자가 마지막 장면까지 도달했다는 것은 영상이 지루하지 않았고, 계속 볼 이유가 있었다는 명확한 증거이기 때문입니다.

두 번째 핵심은 시청자가 화면을 넘기지 않고 머무르는가입니다.

쇼츠 피드에서는 시청자의 손가락이 모든 것을 말해줍니다. 영상을 보자마자 바로 위로 스와이프해 버린다면, 이것은 알고리즘에게 매우 강한 부정적 신호로 전달됩니다. 이 행동은 '이 영상은 나에게 전혀 흥미를 주지 못했다'라는 평가와 같습니다. 반대로 영상을 끝까지 보고, 다시 한 번 반복해서 보거나, 좋아요를 누르고 댓글을 남긴다면 이는 매우 강력한 긍정 신호가 됩니다.

이러한 반응들이 쌓이면 알고리즘은 다음 단계를 실행합니다. 처음에는 소수의 사용자에게만 영상을 노출합니다. 이 작은 테스트 그

룹에서 반응이 좋으면, 그 다음에는 더 넓은 그룹으로 확장합니다. 다시 반응이 좋으면 또다시 확장합니다. 이 과정이 반복되면서 조회수는 눈덩이처럼 불어나게 됩니다. 이를 흔히 스노우볼 효과라고 부릅니다. 처음에는 100명에게 보여주던 영상이, 1,000명에게 노출되고, 그 다음에는 10,000명, 100,000명으로 커지는 구조입니다.

이 과정에서 중요한 점은 한 번의 폭발이 아니라, 연속적인 긍정 반응입니다. 알고리즘은 단발성 반응보다 일관된 반응을 더 신뢰합니다. 초반 반응이 좋고, 그 반응이 다음 단계에서도 유지될 때 비로소 조회수는 본격적으로 폭발합니다. 따라서 초보 크리에이터일수록 초반 시청자 반응을 극대화하는 데 집중해야 합니다.

카드 쇼츠는 이 알고리즘 구조에 매우 잘 맞는 형식입니다. 카드 쇼츠의 핵심은 간결함과 집중도입니다. 불필요한 설명을 줄이고, 하나의 메시지에만 집중하기 때문에 시청자가 영상을 끝까지 볼 확률이 높아집니다. 글과 이미지, 색상을 통해 메시지를 직관적으로 전달할 수 있어 이해에 드는 시간도 짧습니다. 이는 자연스럽게 시청 유지율을 높이는 결과로 이어집니다.

특히 카드 쇼츠에서는 첫 1초에서 2초가 모든 것을 결정합니다. 이 짧은 순간에 시청자의 손가락을 멈추지 못하면, 영상은 그대로 지나쳐집니다. 그래서 첫 장면에는 강렬한 문장이나 시선을 끄는 요소가 반드시 필요합니다. 예상과 다른 질문, 직설적인 표현, 눈에 띄는 색상 대비는 시청자의 호기심을 자극하는 데 효과적입니다.

이 첫 장면에서 시청자가 멈추게 되면, 그 다음부터는 흐름을 놓치지 않도록 구성해야 합니다. 카드 하나하나가 자연스럽게 다음 내용을 궁금하게 만들고, 마지막까지 가야 완성되는 구조를 만들어야 합니다. 이렇게 설계된 카드 쇼츠는 알고리즘이 좋아할 수밖에 없는 조건을 갖추게 됩니다.

결국 조회수 폭발은 우연이 아니라 설계의 결과입니다. 쇼츠 알고리즘의 원리를 이해하고, 그 원리에 맞게 콘텐츠를 제작하면 초보자도 충분히 폭발적인 성과를 만들 수 있습니다. 카드 쇼츠는 그 출발점으로서 가장 효율적인 도구이며, 이 구조를 이해하는 순간 조회수는 더 이상 미지의 영역이 아닙니다.

초보자를 위한 성장 전략

유튜브 쇼츠를 만들기 시작하면 많은 초보자들이 가장 먼저 장비부터 고민합니다. 카메라는 어떤 걸 써야 할지, 마이크는 꼭 필요한지, 조명까지 갖춰야 하는지에 대한 질문이 따라옵니다. 하지만 쇼츠 제작의 핵심은 장비가 아니라 콘텐츠 기획력입니다. 어떤 장비로 찍었느냐보다, 무엇을 어떻게 전달하느냐가 조회수를 결정합니다. 비싼 장비로 만든 지루한 영상보다, 스마트폰으로 만든 재미있는 영상이 훨씬 더 많은 사람에게 도달합니다.

좋은 아이디어는 장비의 한계를 단숨에 뛰어넘습니다. 특히 쇼츠는 화면의 완성도보다 메시지의 힘이 더 크게 작용합니다. 시청자는 영상의 화질이 아니라, 자신에게 의미 있는지, 끝까지 보고 싶은지를 기준으로 반응합니다. 따라서 초보자일수록 장비에 투자하기보다 콘텐츠를 기획하는 데 에너지를 써야 합니다. 이 관점을 갖는 순간, 시작에 대한 부담은 크게 줄어듭니다.

첫 번째 성장 전략은 완벽함보다 빈도를 우선하는 것입니다.

많은 초보 크리에이터들이 첫 영상부터 완벽해야 한다는 압박에 시달립니다. 그래서 기획에만 며칠을 쓰고, 촬영과 편집을 반복하다가 결국 업로드조차 하지 못하는 경우도 많습니다. 하지만 유튜브 쇼츠에서는 이런 완벽주의가 오히려 성장을 막습니다. 쇼츠는 빠른 실험의 장입니다. 100개의 영상 중 10개가 반응을 얻는다고 생각하는 것이 훨씬 현실적입니다.

우리가 통제할 수 있는 것은 결과가 아니라 시도 횟수입니다. 많이 만들어야 확률이 올라갑니다. 조회수가 나오지 않은 영상은 실패가 아니라 데이터입니다. 어떤 부분에서 시청자가 이탈했는지, 어떤 문장이 약했는지를 알려주는 기록입니다. 하루에 하나씩만 올려도 한 달이면 30개의 영상이 쌓이고, 1년이면 365개의 콘텐츠가 만들어집니다. 이 중 10퍼센트만 반응해도 36개의 영상이 계속해서 조회수를 만들어내는 자산이 됩니다.

두 번째 전략은 매일 1분 영상 아이디어를 구상하는 습관을 만드는 것입니다.

하루에 긴 시간을 투자할 필요는 없습니다. 딱 10분이면 충분합니다. 오늘 내가 짧은 영상 하나를 만든다면 어떤 주제가 좋을지, 어떤 문장으로 시작하면 좋을지를 가볍게 떠올려보는 것입니다. 중요한 것은 완성된 기획이 아니라, 콘텐츠 감각을 매일 유지하는 데 있습니다.

이때 메모장을 적극적으로 활용하는 것이 좋습니다. 스마트폰 메모 앱이나 노트에 떠오른 아이디어를 짧게라도 기록해 두면, 나중에 영상을 만들 때 큰 도움이 됩니다. 막상 편집을 하려고 앉았을 때 아이디어가 떠오르지 않는 경우가 많은데, 이때 아이디어 목록이 있다면 고민할 필요 없이 하나를 골라 바로 제작할 수 있습니다. 이 작은 습관이 쌓이면 콘텐츠 생산 속도는 눈에 띄게 빨라집니다.

세 번째 전략은 다른 유튜버의 영상을 꾸준히 분석하는 습관입니다.

매일 하나씩만 해도 충분합니다. 나와 비슷한 주제의 유튜버를 선택해서 썸네일, 제목, 오프닝 구성, 편집 포인트를 유심히 살펴보는 것입니다. 단순히 잘 만든 영상이라고 느끼는 데서 끝나면 안 됩니다. 왜 이 영상이 끝까지 보게 만드는지, 어떤 부분에서 시선을 잡는지를 스스로에게 질문해야 합니다.

이 분석의 목적은 그대로 베끼는 것이 아니라, 구조와 흐름을 이해하고 내 콘텐츠에 맞게 적용하는 것이 중요합니다. 이런 과정을 반복하다 보면 자연스럽게 유튜브 감이 생깁니다. 어떤 문장이 강한지, 어떤 속도가 지루함을 만드는지에 대한 감각은 이론이 아니라 관찰을 통해 빠르게 발전합니다.

네 번째 전략은 트렌드를 적극적으로 활용하는 것입니다.

많은 사람들이 트렌드는 특정 주제나 음악에만 있다고 생각하지만, 명언이나 메시지에도 분명한 흐름이 존재합니다. 연초에는 새해 다짐이나 목표 설정과 관련된 메시지가 큰 공감을 얻습니다. 시험 시즌에는 노력, 인내, 성장과 관련된 콘텐츠가 주목받습니다. 연말이 되면 한 해를 돌아보는 성찰과 위로의 메시지가 사람들의 마음을 움직입니다.

이런 흐름을 이해하고 콘텐츠에 반영하면, 같은 메시지라도 더 많은 사람에게 도달할 수 있습니다. 트렌드를 따른다는 것은 유행에 휘둘린다는 뜻이 아니라, 사람들이 지금 어떤 감정과 상황에 있는지를 이해하는 과정입니다. 카드 쇼츠는 이런 감정을 짧고 명확하게 담아내기에 매우 적합한 형식입니다.

다섯 번째 전략은 콘텐츠를 시리즈로 만드는 것입니다.

단발성 영상은 순간적인 조회수를 만들 수는 있지만, 채널의 성장을 이끌기에는 한계가 있습니다. 반면 시리즈는 다음 영상을 기대하게 만들고, 자연스럽게 구독으로 이어지게 합니다. 또한 제작자 입장에서도 주제와 형식이 정해져 있기 때문에 제작이 훨씬 수월해집니다.

시리즈가 쌓이면 채널의 정체성도 분명해집니다. 이 채널은 어떤 이야기를 하는 곳인지, 어떤 메시지를 전달하는 곳인지 시청자가 쉽게 인식하게 됩니다. 이는 알고리즘뿐 아니라 사람의 기억에도 긍정적인 영향을 미칩니다. 결국 초보자를 위한 성장 전략의 핵심은 꾸준함과 방향성입니다. 작은 시도들이 쌓여 하나의 흐름을 만들 때, 채널은 자연스럽게 성장의 단계로 들어서게 됩니다.

흔한 실수와 해결법

유튜브 쇼츠를 시작하면 누구나 비슷한 실수를 겪습니다. 이것은 능력이 부족해서가 아니라, 쇼츠라는 형식에 아직 익숙하지 않기 때문입니다. 중요한 것은 실수를 하지 않는 것이 아니라, 같은 실수를 반복하지 않는 것입니다. 미리 자주 발생하는 문제들을 알고 있다면 시행착오를 크게 줄일 수 있고, 성장 속도도 훨씬 빨라집니다.

첫 번째로 카드 쇼츠를 만들면서 가장 흔한 실수는 한 영상에 너무 많은 문장을 담으려는 것입니다. 쇼츠는 읽는 콘텐츠가 아니라 보는 콘텐츠입니다. 특히 20초 정도의 짧은 영상에 200자에 가까운 문장을 넣으면 시청자는 읽기도 전에 피로를 느낍니다. 글씨는 작아지고, 화면은 복잡해지며, 결국 전달하고 싶은 메시지도 흐려집니다. 시청자는 이해하기 위해 노력하지 않습니다. 이해가 안 되면 바로 넘깁니다.

카드 쇼츠에서 문장은 짧을수록 강력합니다. 한 문장으로 끝내도 충분하고, 많아야 두 문장이 적당합니다. 중요한 것은 정보의 양이 아니라 여운입니다. 모든 설명을 다 하려고 하기보다, 핵심만 던지고 시청자가 스스로 생각하게 만드는 것이 훨씬 효과적입니다. 문장을 줄이는 것은 표현력을 줄이는 것이 아니라, 오히려 메시지를 더 선명하게 만드는 과정입니다.

두 번째 실수는 첫 화면을 가볍게 넘기는 것입니다. 쇼츠에서는 첫 1초에서 2초가 사실상 전부라고 해도 과언이 아닙니다. 이 짧은 순간에 시청자의 손가락을 멈추게 하지 못하면, 영상은 존재하지 않는 것과 같습니다. 첫 화면이 평범하거나 애매하면 시청자는 고민 없이 넘겨버립니다. 다시 돌아와 주는 일은 거의 없습니다.

첫 화면에는 영상에서 가장 강렬한 문구나 이미지를 배치해야 합니다. 호기심을 자극하는 질문, 예상과 다른 표현, 강한 감정을 건드리는 문장은 시청자의 시선을 붙잡는 데 효과적입니다. 이 단계에서는 친절함보다 명확함이 중요합니다. 한눈에 무슨 이야기인지 알 수 있어야 합니다.

세 번째 실수는 영상 길이를 어중간하게 설정하는 것입니다. 너무 짧으면 메시지가 충분히 전달되지 않고, 너무 길면 시청자가 중간에 이탈합니다. 특히 명언이나 메시지 중심의 카드 쇼츠에서는 이 균형이 중요합니다. 경험적으로 20초 내외가 가장 안정적인 길이입니다. 이 정도 길이는 시청자가 부담 없이 끝까지 볼 수 있으면서도, 메시지를 충분히 전달할 수 있는 시간입니다.

영상 길이는 콘텐츠의 밀도와도 연결됩니다. 불필요한 여백이나 반복되는 장면이 있다면, 길이는 자연스럽게 늘어나고 시청 유지율은 떨어집니다. 반대로 꼭 필요한 장면만 남기면 영상은 짧아지고, 집중도는 높아집니다. 쇼츠에서는 짧게 만드는 것보다, 불필요한 것을 제거하는 것이 더 중요합니다.

네 번째 실수는 업로드 시간을 전혀 고려하지 않는 것입니다. 아무리 좋은 콘텐츠라도 시청자가 없는 시간에 올라가면 반응을 얻기 어렵습니다. 쇼츠는 특히 초반 반응이 중요하기 때문에, 타겟 시청자가 활발하게 활동하는 시간대에 업로드하는 것이 유리합니다. 일반적으로 퇴근 후 저녁 7시에서 10시 사이, 그리고 점심시간인 12시에서 1시 사이는 많은 사람들이 쇼츠를 소비하는 시간대입니다.

물론 모든 채널에 정답인 시간은 없습니다. 채널의 주제와 타겟에 따라 다를 수 있습니다. 하지만 초보자라면 사람들이 가장 많이 접속하는 시간대를 기준으로 시작하는 것이 안전합니다. 이후에 데이터가 쌓이면, 내 채널에 맞는 최적의 업로드 시간을 찾아 조정하면 됩니다.

다섯 번째 실수는 썸네일과 제목을 신경 쓰지 않는 것입니다. 많은 사람들이 쇼츠는 피드에서 자동으로 재생되기 때문에 썸네일과 제목이 중요하지 않다고 생각합니다. 하지만 이는 절반만 맞는 이야기입니다. 쇼츠도 검색을 통해 유입될 수 있고, 채널 페이지에서 선택되어 재생되기도 합니다. 이때 썸네일과 제목은 여전히 중요한 역할을 합니다.

제목에는 명언, 동기부여, 인생, 성공 같은 핵심 키워드를 자연스럽게 포함시키는 것이 좋습니다. 설명란에도 관련 키워드를 적절히 배치하고, 해시태그를 적극적으로 활용하면 검색 노출 가능성이 높아집니다. 썸네일 역시 너무 복잡하게 만들기보다, 핵심 문장 하나가 눈에 들어오도록 구성하는 것이 효과적입니다.

결국 흔한 실수들의 공통점은 과하거나, 놓치거나, 대충 넘기는 데서 발생합니다. 쇼츠는 단순해 보이지만, 기본을 지키는 것이 무엇보다 중요합니다. 문장은 짧게, 첫 화면은 강하게, 길이는 적절하게, 업로드는 전략적으로, 그리고 제목과 썸네일까지 신경 쓰는 것. 이 기본만 지켜도 초보자가 피해야 할 대부분의 함정은 자연스럽게 피해 갈 수 있습니다.

카드 쇼츠의 기본 공식

카드 쇼츠에서는 첫 문장이 가장 중요합니다. 이 첫 문장은 정보를 전달하기 위한 문장이 아닙니다. 설명을 시작하는 문장도 아닙니다. 이 문장의 역할은 오직 하나입니다. 보는 사람을 멈추게 만드는 것입니다. "이건 내 얘기일지도 모르겠다"라는 생각을 들게 만드는 것이 목적입니다.

예를 들어 '물을 많이 마시면 좋은 이유'라는 주제가 있다고 가정해 보겠습니다. 많은 초보자들은 이 주제를 이렇게 시작합니다. "물은 우리 몸에 매우 중요합니다." 이 문장은 틀린 말은 아닙니다. 하지만 쇼츠에서는 효과적인 문장이 아닙니다. 이미 알고 있는 이야기처럼 느껴지기 때문입니다. 궁금증이 생기지 않고, 멈출 이유도 생기지 않습니다.

같은 주제라도 이렇게 시작하면 상황이 달라집니다. "물 하루에 얼마나 마시세요?"라는 문장입니다. 이 문장은 설명이 아니라 질문입니다. 질문은 사람의 뇌를 즉시 작동하게 만듭니다. 자신도 모르게 답을 떠올리게 됩니다. 그래서 손가락이 멈춥니다. 카드 쇼츠의 시작은 항상 이런 방식이어야 합니다.

사람을 멈추게 했다면, 그다음에는 이해시켜야 합니다. 이 구간이 카드 쇼츠의 중간 부분입니다. 많은 사람들이 여기서 실수를 합니다. 한 번에 너무 많은 정보를 넣으려고 합니다. 한 문장 안에 모든 설명을 담으려고 합니다. 하지만 카드 쇼츠는 그렇게 작동하지 않습니다.

카드 쇼츠에서 설명은 잘게 나눠져야 합니다. 한 카드에는 하나의 메시지만 담겨야 합니다. 예를 들어 물에 대한 설명을 할 때 "물은 몸의 70%를 차지합니다"라는 문장은 충분히 하나의 카드가 됩니다. 그리고 다음 카드에서 "피로, 피부, 집중력에 영향을 줍니다"라고 이어가는 것이 좋습니다. 이렇게 나누면 보는 사람은 부담 없이 따라올 수 있습니다.

여기서 중요한 점은 설명을 잘하는 것이 아니라, 이해하기 쉽게 만드는 것입니다. 전문적인 표현이나 어려운 단어는 카드 쇼츠에 어울리지 않습니다. 카드 쇼츠는 읽는 순간 바로 이해되어야 합니다. 초등학생도 이해할 수 있는 문장이 가장 좋은 문장입니다.

설명이 끝났다고 해서 영상이 끝나서는 안 됩니다. 카드 쇼츠는 마지막 한 줄에서 완성됩니다. 마지막 카드의 역할은 내용을 정리하거나, 질문을 던지거나, 행동을 유도하는 것입니다. 이 단계가 없으면 영상은 그냥 흘러가 버립니다.

예를 들어 "오늘 물 몇 컵 마셨나요?"라는 문장은 단순해 보이지만 매우 중요한 역할을 합니다. 이 문장은 방금 본 내용을 다시 떠올리게 합니다. 동시에 자신의 일상을 돌아보게 만듭니다. 그리고 댓글을 달거나 저장을 하게 만들 가능성을 높입니다. 카드 쇼츠는 이렇게 생각을 남기는 콘텐츠입니다.

지금까지의 내용을 처음부터 끝까지 하나로 연결해 보면 구조는 매우 단순합니다. 먼저 질문으로 시작합니다. 그다음 짧은 설명을 나눠서 전달합니다. 마지막에는 생각하게 만드는 문장으로 마무리합니다. 이것이 카드 쇼츠의 기본 구조입니다.

이 구조는 특정 주제에만 적용되는 것이 아닙니다. 건강, 인테리어, 공부, 다이어트, 자기계발, 생활 정보 등 거의 모든 정보형 콘텐츠에 적용할 수 있습니다. 주제만 바뀔 뿐, 사람의 생각이 움직이는 순서는 바뀌지 않습니다.

카드 쇼츠를 잘 만드는 사람들은 이 구조를 자연스럽게 사용하고 있습니다. 반대로 카드 쇼츠가 어려운 사람들은 이 구조를 알지 못한 채 감으로 만들고 있습니다. 그래서 결과가 들쭉날쭉합니다. 카드 쇼츠는 센스의 문제가 아닙니다. 구조를 알고 있느냐의 문제입니다.

이 글을 여기까지 읽었다면 카드 쇼츠의 절반은 이미 이해한 상태입니다. 이제 필요한 것은 완벽한 준비가 아닙니다. 이 구조를 그대로 사용해 하나를 만들어보는 것입니다. 처음부터 잘할 필요는 없습니다. 올려보는 순간부터 감이 쌓이기 시작합니다.

카드 쇼츠는 많이 고민할수록 어려워집니다. 대신 구조를 믿고 반복할수록 쉬워집니다. 질문으로 시작하고, 나눠서 설명하고, 생각으로 끝내는 이 흐름을 기억한다면 누구나 카드 쇼츠를 만들 수 있습니다. 이것이 카드 쇼츠의 본질입니다.

성공적인 유튜브 채널 기획

| 채널 기획의 출발점: 채널명 전략

유튜브 채널을 기획할 때 가장 먼저 던져야 할 질문은 단순히 무엇을 올릴 것인가가 아니라, 이 채널이 사람들의 머릿속에 어떤 이미지로 기억되길 원하는가입니다. 유튜브는 이미 수많은 채널과 콘텐츠로 가득 찬 공간이기 때문에, 단순히 영상을 업로드하는 것만으로는 시청자의 선택을 받기 어렵습니다. 결국 채널을 운영한다는 것은 하나의 브랜드를 만들어가는 과정이며, 이 브랜드가 얼마나 명확하고 일관되게 전달되느냐에 따라 채널의 성장 속도와 방향이 크게 달라집니다. 채널명 선정부터 시각적 요소의 통일성, 그리고 콘텐츠 자체의 차별화 전략까지 차근차근 고민해야 하는 이유가 여기에 있습니다.

유튜브 채널 기획의 출발점은 채널명입니다. 채널명은 단순한 이름이 아니라, 시청자와 처음으로 만나는 접점이자 검색 결과에서 노출을 좌우하는 중요한 요소입니다. 많은 사람들이 유튜브를 이용할 때 검색을 통해 콘텐츠를 찾는다는 점을 고려하면, 채널명에 검색 키워드를 자연스럽게 포함하는 전략은 매우 효과적입니다. 사람들이 실제로 입력할 법한 단어가 채널명에 들어가 있으면 알고리즘 측면에서도 유리할 뿐 아니라, 처음 보는 시청자도 이 채널이 어떤 주제를 다루는지 직관적으로 이해할 수 있습니다. 여기에 더해 중요한 것은 독창성입니다. 검색 키워드만 나열한 이름은 기능적으로는 도움이 될 수 있지만, 감정적으로는 쉽게 잊히기 마련입니다. 반대로 다소 추상적이지만 개성이 살아 있는 단어를 결합하면, 채널은 정보성과 감성을 동시에 갖춘 이름을 가질 수 있습니다.

채널명을 정할 때는 운영자의 입장이 아니라 철저히 시청자의 입장에서 생각해 보는 과정이 필요합니다. 이름을 처음 들었을 때 발음하기 어렵지 않은지, 한 번 듣고 나서 기억에 남을 수 있는지, 그리고 다른 사람에게 추천하거나 이야기할 때 자연스럽게 말로 꺼낼 수 있는지를 점검해야 합니다. 지나치게 길거나 복잡한 이름은 검색과 구전 모두에서 불리하게 작용합니다. 또한 특정 연령대나 소수만 이해할 수 있는 표현보다는, 보다 보편적이고 직관적인 언어를 사용하는 것이 채널 확장성 측면에서 도움이 됩니다. 최종 후보를 몇 개로 압축했다면, 주변 사람들에게 실제로 불러보게 하거나 의견을 묻는 것도 객관적인 판단에 큰 도움이 됩니다.

| 시각적 브랜딩 설계: 프로필·배너·썸네일

채널명이 정해졌다면 이제 시각적 브랜딩을 통해 채널의 분위기와 정체성을 구체화할 차례입니다. 시각적 요소는 글이나 말보다 훨씬 빠르게 인상을 남기기 때문에, 채널의 성격을 단번에 전달하는 역할을 합니다.

프로필 사진은 채널을 대표하는 상징과도 같은 요소로, 작은 이미지 하나가 채널의 전반적인 이미지를 좌우할 수 있습니다. 반드시 얼굴 사진을 사용해야 하는 것은 아니며, 오히려 채널의 주제나 감성을 상징적으로 보여주는 이미지가 더 효과적인 경우도 많습니다. 중요한 것은 이 이미지가 채널의 콘텐츠와 어울리고, 장기적으로 보아도 어색하지 않은지입니다.

배너 디자인 역시 간과해서는 안 되는 요소입니다. 배너는 채널 페이지에 방문했을 때 가장 먼저 눈에 들어오는 공간으로, 이 채널이 어떤 이야기를 다루고 어떤 가치를 제공하는지 간단명료하게 설명해 주는 역할을 합니다. 채널의 핵심 주제나 방향성을 한 문장으로 정리해 넣으면, 처음 방문한 시청자도 이 채널을 구독할지 말지 판단하기가 쉬워집니다. 여기에 업로드 일정이나 콘텐츠의 주기성을 함께 보여주면, 채널이 체계적으로 운영되고 있다는 신뢰를 줄 수 있습니다. 이러한 작은 정보들이 쌓여 시청자에게 안정감과 기대감을 동시에 전달하게 됩니다.

썸네일은 시각적 브랜딩에서 가장 실질적인 성과를 좌우하는 요소라고 해도 과언이 아닙니다. 아무리 좋은 내용의 영상이라도 썸네일이 눈길을 끌지 못하면 클릭으로 이어지지 않습니다. 따라서 썸네일은 단순히 예쁜 이미지를 만드는 것을 넘어, 채널의 정체성을 반복적으로 각인시키는 도구로 활용해야 합니다. 일정한 색감, 글꼴, 구도 등을 유지한 템플릿을 만들어 두면, 시청자들은 영상 제목을 읽기 전부터 해당 채널의 콘텐츠임을 인식하게 됩니다. 이러한 반복적인 시각 경험은 채널을 하나의 브랜드로 인식하게 만드는 데 큰 역할을 합니다.

브랜딩이 외형적인 통일성을 의미한다면, 콘텐츠 차별화는 채널의 내적인 경쟁력을 결정짓는 요소입니다. 유튜브에는 이미 비슷한 주제를 다루는 수많은 채널이 존재하기 때문에, 단순히 유행하는 콘텐츠를 따라가는 것만으로는 지속적인 성장을 기대하기 어렵습니다. 이때 중요한 전략이 바로 주제의 구체화입니다. 너무 넓은 범위의 주제를 다루기보다는, 하나의 주제를 자신만의 시각으로 깊이 있게 파고드는 것이 오히려 더 많은 관심을 끌 수 있습니다. 주제가 명확할수록 시청자는 이 채널을 어떤 목적으로 구독해야 하는지 분명히 알 수 있고, 그만큼 충성도 높은 구독자로 이어질 가능성도 높아집니다.

| 콘텐츠 차별화 전략: 주제 구체화와 형식 설계

콘텐츠 형식의 차별화 역시 중요한 포인트입니다. 같은 주제라도 전달 방식에 따라 전혀 다른 인상을 줄 수 있습니다. 단순한 정보 전달에서 한 걸음 더 나아가 스토리텔링을 강화하거나, 시청자의 참여를 유도하는 장치를 추가하면 콘텐츠의 몰입도가 크게 높아집니다. 댓글을 통해 의견을 묻거나, 다음 영상의 주제를 시청자 선택에 맡기는 방식은 채널과 시청자 사이의 거리를 좁혀줍니다. 이러한 상호작용은 알고리즘 측면에서도 긍정적인 신호로 작용하며, 채널의 활성도를 자연스럽게 높여줍니다.

결국 성공적인 유튜브 채널은 단기간에 완성되는 결과물이 아니라, 기획과 브랜딩, 콘텐츠 실험이 반복되며 점차 다듬어지는 과정의 산물입니다. 처음부터 완벽한 전략을 세우기보다는, 명확한 방향성을 가지고 꾸준히 시도하고 수정해 나가는 태도가 중요합니다. 채널명과 시각적 요소로 첫인상을 만들고, 차별화된 콘텐츠로 신뢰를 쌓아간다면, 시간이 지날수록 채널은 하나의 확실한 브랜드로 자리잡게 될 것입니다. 이러한 과정 자체를 즐기며 운영하는 것이야말로 장기적으로 성공하는 유튜브 채널을 만드는 가장 현실적인 전략이라 할 수 있습니다.

| 좋은 결과를 만드는 AI 프롬프트 설계법

AI를 활용한 스크립트 작성은 이제 더 이상 전문가만의 영역이 아니라 누구나 도전할 수 있는 제작 방식이 되었습니다. 많은 사람들이 글쓰기에서 가장 큰 장벽으로 느끼는 것은 '처음 문장을 어떻게 시작해야 할지 모르겠다'는 점인데, 이 막막한 출발선을 AI가 대신 끊어준다고 생각하면 접근이 훨씬 쉬워집니다. 챗GPT나 제미나이 같은 인공지능 도구는 사용자가 원하는 방향과 조건만 비교적 명확하게 제시해 주면, 그에 맞는 스크립트 초안을 빠르게 만들어 줍니다. 이 초안은 완성본이 아니라 뼈대에 가깝지만, 아무것도 없는 상태에서 시작하는 것과는 비교할 수 없을 정도로 큰 도움을 줍니다.

AI에게 글을 요청할 때 가장 중요한 것은 바로 프롬프트, 즉 명령문장입니다. 프롬프트는 AI가 어떤 역할을 수행해야 하는지, 누구를 대상으로 어떤 분위기와 분량의 글을 써야 하는지를 알려주는 설계도와 같습니다. 기본적인 구조는 비교적 단순합니다. 당신은 어떤 역할을 맡고 있는지, 이 글이 누구를 위한 것인지, 어느 정도 길이로 어떤 톤을 유지하며 어떤 주제를 다룰 것인지를 한 문장 안에 담아주면 됩니다. 예를 들어 감성적인 이야기를 원한다면 스토리 작가의 역할을 부여하고, 정보 전달이 목적이라면 설명 전문가나 강사의 역할을 부여하는 식입니다. 이렇게 설정된 프롬프트를 기반으로 AI는 그에 맞는 문체와 전개 방식을 선택해 초안을 만들어 줍니다.

AI를 활용한 스크립트 작성은 효율적인 도구이지만, 최종적인 완성도는 결국 사람의 손에서 결정됩니다. AI가 만들어 준 틀 위에 경험과 감정, 디테일을 하나씩 더해 나가는 과정이 바로 콘텐츠의 질을 높이는 핵심입니다. 이 과정을 반복하다 보면 점점 더 자연스럽게 자신만의 스타일이 만들어지고, AI는 그 스타일을 보조하는 든든한 도구로 자리 잡게 될 것입니다.

채널 운영 전략

| 구독자를 팬으로 만드는 소통 전략

영상을 올린 후에는 소통이 중요합니다. 유튜브는 시청자와 대화하는 곳이며, 소통을 잘하면 구독자가 팬이 되고, 팬이 되면 영상을 꾸준히 시청합니다.

댓글 활성화 전략을 사용해 보세요. 구체적인 질문에 사람들은 더 답하고 싶어 하므로 댓글 참여율이 크게 높아집니다.

답글 작성 원칙도 중요합니다. 댓글이 달리면 꼭 답글을 달아주되, 단순히 “감사합니다”에 그치지 말고 두 가지를 포함하세요. 첫째, 먼저 공감을 표현합니다. 둘째, 다음 영상 예고를 살짝 넣어주세요. “다음 주에는 생활 꿀팁 이야기를 준비했는데, 꼭 봐주세요”와 같이 다음 콘텐츠에 대한 기대감을 심어주면 다음 영상 시청을 유도할 수 있습니다.

커뮤니티 탭도 활용해 보세요. 구독자가 500명이 넘으면 커뮤니티 탭을 사용할 수 있는데, 여기에 투표를 올려 다음 영상 주제를 묻거나 다음 영상 주제로 뭐가 좋을까요? 영상 제작 비하인드 사진이나 일상 사진을 공유하면 시청자들이 채널 운영자를 더 친근하게 느끼고 채널에 애정이 생깁니다.

| 유튜브 성공의 핵심, 일관성 있는 업로드

유튜브 성공의 핵심은 화려한 편집이나 좋은 장비가 아니라 바로 일관성입니다. 아무리 좋은 영상이라도 한 달에 한 번만 올린다면 구독자 증가에 어려움이 있습니다. 평범한 영상이라도 꾸준히 올리면 구독자가 쌓입니다.

업로드 주기는 최소 주 2회 이상을 추천합니다. 그리고 같은 요일, 같은 시간을 유지하는 것이 중요합니다. “매주 월요일, 목요일 저녁 7시”처럼 일정을 유지하면 구독자들이 영상을 찾아오게 됩니다. 채널 배너에 일정을 공지하거나, 영상 마지막에 다음 영상을 예고하는 것도 좋습니다.

최적의 업로드 시간은 다음과 같습니다. 일반적인 긴 영상인 롱폼 영상은 사람들이 퇴근하고 저녁 식사 후 유튜브를 보는 시간인 평일 오후 6시에서 8시가 좋습니다. 짧은 영상인 쇼츠는 출근길, 점심시간 후, 저녁 휴식 시간에 많이 보므로 매일 오전 9시, 저녁 8시가 좋습니다.

| 데이터를 통한 채널 성장

유튜브를 운영하다 보면 어느 순간부터 '데이터 분석'이라는 단어가 부담스럽게 느껴질 수 있습니다. 숫자에 익숙하지 않다면 더더욱 그렇습니다. 조회수, 유지율, 전환율 같은 용어들이 한꺼번에 등장하면 괜히 전문가의 영역처럼 느껴지기도 합니다. 하지만 실제로 데이터는 어렵거나 차가운 존재가 아닙니다. 오히려 내 채널의 상태를 솔직하게 알려주는 가장 친절한 안내서에 가깝습니다.

유튜브에서 제공하는 유튜브 스튜디오는 내 채널의 성적표입니다. 어디가 잘 작동하고 있는지, 어디가 약한지를 숫자로 보여줍니다. 중요한 점은 모든 숫자를 다 이해하려고 애쓸 필요가 없다는 것입니다. 수십 개의 지표를 매일 들여다보는 것보다, 매달 핵심적인 몇 가지만 꾸준히 확인하는 습관이 훨씬 더 큰 힘을 발휘합니다. 데이터 분석은 공부가 아니라 관찰에 가깝습니다.

처음에는 숫자를 해석하려고 하기보다, 변화의 흐름을 보는 것부터 시작하면 됩니다. 지난달과 이번 달이 어떻게 달라졌는지, 어떤 영상에서 반응이 좋았는지를 비교해 보는 것만으로도 충분합니다. 이렇게 데이터와 친해지기 시작하면, 막연했던 채널 운영이 점점 구체적인 방향을 갖게 됩니다.

가장 먼저 살펴봐야 할 지표는 시청자 유지율입니다.

시청자 유지율은 말 그대로 사람들이 내 영상을 얼마나 끝까지 시청했는지를 보여주는 숫자입니다. 예를 들어 10분짜리 영상이 평균 5분 정도 시청되고 있다면 유지율은 50%가 됩니다. 이 숫자는 영상의 몰입도를 가장 직관적으로 보여주는 지표입니다. 우리가 최소한으로 목표로 삼아야 할 유지율은 50% 이상입니다. 절반 이상을 본다는 것은 시청자가 중간에 흥미를 잃지 않았다는 의미이기 때문입니다.

만약 유지율이 기대보다 낮게 나온다면, 이는 영상 전체가 문제라기보다 초반 구조에 문제가 있을 가능성이 큽니다. 많은 시청자들이 초반 몇 초 혹은 몇 분 안에 이탈했다는 뜻이기 때문입니다. 이럴 때는 영상의 인트로를 다시 점검해볼 필요가 있습니다. 불필요하게 긴 자기소개나 본론과 관계없는 이야기로 시작하고 있지는 않은지, 시청자가 가장 궁금해할 핵심을 너무 늦게 꺼내고 있지는 않은지 돌아봐야 합니다.

시청자 유지율은 단순히 숫자로만 볼 것이 아니라, 개선의 힌트로 활용해야 합니다. 초반을 더 빠르게 구성하거나, 결론을 앞부분에 살짝 보여주는 방식만으로도 유지율은 눈에 띄게 달라질 수 있습니다. 이런 작은 변화들이 쌓이면 영상 전체의 평가도 자연스럽게 좋아집니다.

두 번째로 중요한 지표는 댓글 참여율입니다.

댓글 참여율은 조회수 대비 댓글이 얼마나 달렸는지를 보여주는 수치입니다. 예를 들어 조회수 1,000회에 댓글이 10개라면 참여율은 1%입니다. 이 수치는 시청자가 단순히 영상을 소비하는 데서 그치지 않고, 콘텐츠에 반응하고 있다는 신호입니다. 일반적으로 1% 정도면 무난한 수준이고, 2%에서 3% 이상이라면 시청자와의 소통이 매우 활발한 채널이라고 볼 수 있습니다.

댓글이 많다는 것은 영상이 사람들의 생각을 건드렸다는 뜻입니다. 공감하거나, 반대하거나, 자신의 경험을 나누고 싶을 때 사람들은 댓글을 남깁니다. 만약 댓글 참여율이 낮다면, 시청자에게 말을 걸 기회를 주지 않았을 가능성이 큽니다. 영상이 끝날 때 자연스럽게 질문을 던져보는 것만으로도 상황은 달라질 수 있습니다.

“여러분은 이 상황에 대해 어떻게 생각하시나요?” 또는 “비슷한 경험이 있으신 분들은 댓글로 남겨주세요” 같은 한 문장은 시청자와의 거리감을 크게 줄여줍니다. 댓글은 단순한 숫자가 아니라, 채널과 시청자를 연결하는 다리라는 점을 기억해야 합니다.

세 번째로 확인해야 할 지표는 구독 전환율입니다.

이는 영상을 본 사람들 중 실제로 구독 버튼을 누른 사람의 비율을 의미합니다. 건강하게 성장하는 채널이라면 구독 전환율 2% 이상을 목표로 삼는 것이 좋습니다. 100명이 영상을 시청했을 때 최소 2명 이상이 구독을 선택해야 한다는 뜻입니다.

구독 전환율은 채널의 미래를 보여주는 숫자입니다. 조회수는 순간적인 관심일 수 있지만, 구독은 지속적인 관계를 의미합니다. 이 수치가 낮다면 콘텐츠의 방향성이나 채널 정체성이 명확하지 않을 가능성이 있습니다. 또는 시청자에게 구독을 해야 할 이유를 충분히 전달하지 못했을 수도 있습니다.

이럴 때는 영상 중간이나 끝부분에 부드러운 구독 유도 멘트를 한 번쯤 넣어보는 것이 좋습니다. 중요한 것은 강요하지 않는 태도입니다. "이런 이야기가 도움이 되셨다면 구독으로 함께해 주세요"처럼 자연스럽게 권유하는 방식이 가장 효과적입니다. 한 번의 멘트가 구독 전환율을 눈에 띄게 바꾸는 경우도 많습니다.

이 세 가지 핵심 지표 외에도 유튜브 스튜디오에는 매우 유용한 기능이 하나 더 있습니다. 바로 검색어 분석입니다. 이 기능을 통해 시청자들이 어떤 검색어를 통해 내 영상을 발견했는지를 확인할 수 있습니다. 이는 다음 콘텐츠를 기획하는 데 있어 훌륭한 힌트가 됩니다. 특정 키워드로 유입이 많다면, 그와 관련된 주제를 더 깊이 다루는 영상을 만들어볼 수 있습니다.

데이터 분석은 매일 해야 하는 일이 아닙니다. 오히려 너무 자주 보면 숫자에 휘둘리기 쉽습니다. 한 달에 한 번, 혹은 두 번 정도면 충분합니다. 커피 한 잔을 앞에 두고 유튜브 스튜디오에 들어가 이 세 가지 숫자만 차분히 살펴보는 시간을 가져보세요. 지난달보다 조금이라도 나아졌다면, 그 방향은 틀리지 않았다는 뜻입니다.

데이터는 채널을 평가하는 도구가 아니라, 채널을 성장시키는 나침반입니다. 숫자를 두려워하지 않고 친구처럼 대하는 순간, 유튜브 운영은 훨씬 명확하고 안정적인 과정이 됩니다. 꾸준히 관찰하고, 조금씩 조정해 나간다면 채널은 반드시 그에 맞는 속도로 성장하게 될 것입니다.

| 번아웃 예방법

유튜브를 시작할 때 많은 사람들은 성장을 이야기하지만, 정작 오래 지속하는 방법에 대해서는 깊이 고민하지 않습니다. 하지만 실제로 유튜브 여정에서 가장 중요한 요소 중 하나는 바로 번아웃을 어떻게 관리하느냐입니다. 번아웃은 단순히 피곤한 상태가 아니라, 더 이상 만들고 싶지 않고, 생각만 해도 지치는 상태를 의미합니다. 이 단계에 들어서면 의욕만으로는 버티기 어렵고, 결국 채널을 멈추게 되는 경우가 많습니다.

실제로 유튜브를 시작한 사람들 중 상당수가 초기 3개월을 넘기지 못합니다. 처음에는 설렘과 의욕으로 가득 차 있지만, 생각보다 더딘 구독자 증가와 기대만큼 나오지 않는 조회수, 반복되는 제작 과정의 부담이 겹치면서 점점 지쳐갑니다. 이때 번아웃이 찾아옵니다. 그래서 번아웃은 어느 순간 갑자기 찾아오는 문제가 아니라, 준비 없이 달려온 결과라고 볼 수 있습니다.

따라서 번아웃은 생긴 뒤에 해결하려 하기보다, 시작 단계부터 예방하는 것이 훨씬 중요합니다. 지속 가능한 채널 운영을 위해서는 반드시 기억해야 할 몇 가지 원칙이 있습니다. 이 원칙들은 특별한 재능이나 강한 의지가 있어야만 가능한 것이 아니라, 누구나 실천할 수 있는 현실적인 방법들입니다.

첫 번째 방법은 콘텐츠 뱅크를 구축하는 것입니다.

콘텐츠 뱅크란 미리 제작해 둔 영상의 저장소를 의미합니다. 은행에 돈을 저축해 두면 예상치 못한 상황에서도 마음이 편해지는 것처럼, 영상을 미리 만들어 두면 정신적인 부담이 크게 줄어듭니다. 한 달 치 분량으로 약 8개 정도의 영상을 미리 준비해 두는 것만으로도 채널 운영의 안정감은 완전히 달라집니다.

갑자기 몸이 아프거나, 회사 일이 몰리거나, 개인적인 일정이 생겼을 때 "오늘은 꼭 영상을 만들어야 한다"는 압박에서 벗어날 수 있습니다. 이미 준비된 영상이 있다는 사실만으로도 마음의 여유가 생기고, 이 여유가 번아웃을 막아주는 역할을 합니다. 특히 주말이나 비교적 시간이 있는 날을 활용해 2~3개의 영상을 몰아서 만드는 습관을 들이면, 평일의 부담은 눈에 띄게 줄어듭니다.

두 번째 방법은 AI를 적극적으로 활용하여 반복 작업을 자동화하는 것입니다.

영상 제작 과정에는 생각보다 많은 반복 작업이 포함되어 있습니다. 스크립트 작성, 자막 정리, 썸네일 문구 구성 등은 매번 새롭게 해야 하지만, 동시에 비슷한 패턴을 반복하는 작업이기도 합니다. 이러한 부분을 AI 도구의 도움을 받아 자동화하면 체력 소모를 크게 줄일 수 있습니다.

처음에는 AI 도구를 익히는 데 시간이 조금 필요할 수 있습니다. 하지만 한 번 익숙해지면 작업 속도는 확연히 빨라집니다. 예전에는 한 영상에 몇 시간이 걸리던 작업이 절반 이하로 줄어들기도 합니다. 이렇게 절약된 시간은 휴식이나 아이디어 구상에 사용할 수 있고, 결과적으로 제작에 대한 부담이 줄어들면서 번아웃을 예방하는 데 큰 도움이 됩니다.

세 번째 방법은 참여형 콘텐츠를 통해 아이디어 고갈을 막는 것입니다.

많은 크리에이터들이 어느 순간 가장 힘들어하는 부분은 바로 주제 선정입니다. 매번 새로운 이야기를 만들어야 한다는 압박은 생각보다 큰 스트레스로 다가옵니다. 이럴 때 시청자의 힘을 빌리는 것이 매우 효과적인 해결책이 됩니다.

댓글이나 커뮤니티 탭을 통해 시청자들에게 직접 요청해 보세요. 시청자들이 보내준 이야기에는 실제 경험과 감정이 담겨 있기 때문에 콘텐츠로 만들기에도 훨씬 자연스럽습니다. 또한 자신의 사연이 영상으로 만들어진 시청자는 채널에 강한 애착을 느끼게 됩니다. 이는 콘텐츠 아이디어를 얻는 동시에 충성도 높은 시청자를 만드는 일석이조의 효과를 가져옵니다.

네 번째 방법은 휴식이 필요할 때 솔직하게 쉬는 것입니다.

어쩌면 가장 중요하지만 가장 실천하기 어려운 원칙일 수도 있습니다. 몸이 아프거나, 마음이 지쳤거나, 단순히 아무것도 하고 싶지 않을 때는 반드시 쉬어야 합니다. 억지로 영상을 만들면 퀄리티는 떨어지고, 스스로에 대한 실망감은 더 커집니다. 이는 장기적으로 채널 운영에 전혀 도움이 되지 않습니다.

휴식을 취할 때 중요한 것은 시청자와의 소통입니다. 커뮤니티 탭이나 영상의 마지막 부분을 통해 "다음 주는 개인 사정으로 잠시 쉬어갑니다. 그다음 주에 더 좋은 영상으로 찾아뵙겠습니다"라고 솔직하게 알리는 것만으로도 충분합니다. 대부분의 시청자들은 이런 공지에 대해 "푹 쉬세요", "건강이 먼저입니다"라는 따뜻한 반응을 보여줍니다.

유튜브는 단거리 달리기가 아니라 마라톤입니다. 잠깐 앞서 나가는 것보다, 오래 꾸준히 걷는 것이 훨씬 중요합니다. 중간중간 숨을 고르고, 속도를 조절하는 지혜가 있어야 끝까지 갈 수 있습니다. 번아웃을 관리하는 것은 약함의 증거가 아니라, 오래 가기 위한 전략입니다. 이 사실을 기억하는 순간, 유튜브 여정은 훨씬 편안하고 지속 가능한 방향으로 나아가게 될 것입니다.

| 성장을 위한 핵심 원칙 3가지

유튜브를 오래 그리고 안정적으로 성장시키기 위해 반드시 기억해야 할 세 가지 핵심 원칙을 정리하고자 합니다. 이 원칙들은 화려한 기술이나 특별한 재능보다 훨씬 강력한 힘을 가지고 있습니다. 수많은 채널이 생겼다 사라지는 이유는 이 세 가지를 끝까지 지키지 못했기 때문이라고 해도 과언이 아닙니다. 복잡하게 생각할 필요는 없습니다. 이 세 가지만 마음에 새기고 꾸준히 실천한다면, 채널의 방향은 자연스럽게 올바른 곳으로 향하게 됩니다.

첫 번째 원칙은 일관성입니다.

유튜브 성공의 상당 부분은 일관성에서 나옵니다. 사람들은 흔히 성공한 채널을 보면 편집 기술이나 특별한 아이디어만 떠올리지만, 그 이면에는 지루할 정도로 반복된 꾸준함이 있습니다. 화려한 영상 하나보다, 규칙적으로 올라오는 평범한 영상들이 더 큰 신뢰를 만듭니다.

일관성은 단순히 영상을 자주 올린다는 의미를 넘어섭니다. 주 2회라면 주 2회, 같은 요일과 같은 시간에 업로드하는 규칙을 정하고 지키는 것이 중요합니다. 이 일정은 알고리즘뿐 아니라 시청자에게도 신호를 줍니다. "이 채널은 언제 들어와도 새로운 영상이 있다"라는 인식이 쌓이면, 채널은 점점 신뢰받는 공간이 됩니다.

또한 댓글에 답글을 달고, 시청자와 꾸준히 소통하는 태도 역시 일관성의 일부입니다. 한 번 답해주고 끝내는 것이 아니라, 계속해서 반응해 주는 모습이 쌓일 때 시청자는 채널과 관계를 맺고 있다고 느끼게 됩니다. 초기에는 조회수가 10회, 20회에 불과할 수 있습니다. 하지만 3개월, 6개월 동안 이 일관성을 유지하면 유튜브 알고리즘은 이 채널을 신뢰할 만한 채널로 인식하기 시작합니다. 그리고 그때부터 추천이라는 선물이 조금씩 주어집니다.

두 번째 원칙은 진정성입니다.

기술보다 중요한 것은 콘텐츠에 담긴 마음입니다. 시청자는 생각보다 훨씬 예민합니다. 자극적인 제목이나 겉만 번지르르한 영상, 진심 없는 콘텐츠는 금방 간파됩니다. 반대로 완벽하지 않더라도 진심이 담긴 콘텐츠는 오래 기억에 남습니다.

진정성은 거창한 이야기를 해야만 생기는 것이 아닙니다. 시청자를 존중하는 말투, 억지로 과장하지 않는 표현, 자신의 경험을 솔직하게 나누는 태도에서 자연스럽게 드러납니다. 그리고 이 신뢰가 쌓이면, 단순한 조회수가 아닌 팬이 만들어집니다.

팬이 생긴 채널은 강합니다. 영상이 올라오면 기다렸다는 듯이 찾아오고, 알림을 켜두며, 댓글로 응원합니다. 장기적인 성장에서는 무엇보다 중요한 자산입니다. 진정성은 느리지만 가장 확실한 성장 방식입니다.

세 번째 원칙은 개선입니다.

처음부터 완벽한 채널은 세상에 존재하지 않습니다. 지금 성공한 모든 유튜버들도 처음 영상을 보면 어색하고 부족한 부분이 많습니다. 중요한 것은 완벽함이 아니라 변화입니다. 조금씩 나아지고 있는지, 같은 실수를 반복하고 있지는 않은지를 점검하는 자세가 필요합니다.

데이터 분석은 이 개선을 돕는 도구입니다. “이 영상은 왜 반응이 좋았을까”, “여기서 시청자들이 많이 나갔네, 다음에는 구조를 바꿔볼까”라는 질문을 던지며 하나씩 수정해 나가는 과정이 중요합니다. 이때 비교 대상은 다른 유튜버가 아니라 어제의 나여야 합니다. 남과 비교하면 쉽게 지치지만, 어제보다 나아진 나를 보면 계속 갈 힘이 생깁니다.

실수해도 괜찮습니다. 영상이 어색해도 괜찮습니다. 중요한 것은 그 상태로 멈추지 않는 것입니다. 완벽해질 때까지 기다리다 보면 시작조차 하지 못합니다. 일단 영상을 올리고, 다음 영상에서 하나라도 개선하겠다는 마음가짐이 채널을 성장시킵니다.

여러분의 영상을 통해 삶의 힌트를 얻을 사람은 분명히 존재합니다. 아직 만나지 못했을 뿐입니다. 유튜브는 그런 사람들을 만날 수 있는 무대입니다. 처음에는 어색하고, 반응이 없어서 외로울 수 있습니다. 하지만 한 걸음씩 꾸준히 나아가다 보면, 여러분의 경험과 생각은 누군가에게 꼭 필요한 메시지가 됩니다.

지금까지 유튜브 채널을 기획하고 운영하는 데 필요한 핵심 전략들을 함께 살펴보았습니다. 채널명 선정부터 AI를 활용한 스크립트 제작, 시청자와의 진정성 있는 소통, 그리고 데이터를 통한 개선까지, 이 모든 과정은 결국 일관된 노력으로 이어집니다. 방법은 달라도 방향은 하나입니다.

가장 중요한 것은 지금 이 순간 시작할 용기와, 그 다음 날에도 계속할 수 있는 힘입니다. 완벽하게 준비된 상태를 기다리기보다, 먼저 시작하고 그 안에서 배우는 실행이 필요합니다. 이 원칙들을 마음에 새기고 꾸준히 실천한다면, 여러분의 채널은 언젠가 많은 사람들에게 잠시 쉬어갈 수 있는 공간으로 성장해 있을 것입니다.

'르레브' 이야기

저는 12년간 군인 가족으로 지냈습니다. 그러나 남편의 전역으로 인해 상황이 달라졌습니다. 경제적 안정감을 주던 군에서 벗어나니 현실이 막막했습니다. 벼랑 끝에 몰리는 상황에서 무엇을 할까 고민했습니다. 그래서 저는 현금흐름을 만들기 위해 새로운 일들을 도전했습니다. 단기임대, 온라인쇼핑몰, 브랜딩, 정부지원사업 등 이후 1년 만에 월매출 4천만 원의 이커머스 사업자가 되었고, 1인 사업가로 지내고 있습니다. 군인가족들을 위한 도서를 출판했습니다. 현재는 리치군인 클래스에서 '유튜브 함께해요' 챌린지를 진행하고 있습니다. 군인 가족들에게 온라인에서 유튜브 채널을 운영하는 방법을 공유하고 있습니다.

단기임대, 왜 삼삼엠투(33m2)를 선택해야 하는가?

| 내가 삼삼엠투를 선택한 이유

저는 약 15년간의 군생활을 끝으로 전역하였습니다. 세상물정 하나도 모르는 사회 신생아가 사업이란걸 해보기 위해 단기임대 사업이라는 것에 도전하였습니다.

태어나서 처음 해보는 사업, 시작할때에는 막막하기만 했었습니다. 시행착오도 많이 겪었고 힘든일도 있었습니다.

하지만 지나고 돌이켜보니, 아주 값진 경험이였고 또 다른 도전을 할 수 있게 해주는 밑거름이 되었습니다.

부수입원이 가져다주는 경제적인 안정감.

이 글을 읽는 당신도 느끼시길 바라겠습니다.

그리고 여기서 설명드리는 단기임대 사업은, 내 명의의 부동산이 없어도 임대사업을 할 수 있는 방법에 대해 설명 하고 있습니다.

다양한 단기임대 플랫폼이 있지만 삼삼엠투 플랫폼을 활용하여 단기임대 사업을 하는 것은 다른 단기임대 플랫폼에 비해 매력적인 구조를 가지고 있기 때문입니다.

단기임대 사업은 소비자 마인드에서 생산자의 마인드로 전환하고 싶다면 한번쯤 도전해볼만한 사업입니다.

하지만 여기서 설명하는 단기임대 사업은 일확천금을 가져다주는 사업은 아닙니다. 부수입인 만큼 은행이자보다 소소하게 더 많이 받고 안정적인 사업을 생각하고 있다면 한번쯤은 도전해보시길 추천드립니다. 단기 임대 사업을 시작할 때, 플랫폼 선택은 초기 안정성을 확보하는 핵심 단계입니다. 수많은 플랫폼 중에서도 우리가 삼삼엠투(33m2)를 선택하고 집중해야 하는 명확한 이유, 즉 사업적 이점을 알려드리겠습니다.

| 왜 삼삼엠투(33m2) 인가?

삼삼엠투는 자동화 수익을 구조적으로 만들 수 있는 가장 최적의 플랫폼이라 볼 수 있습니다..

예비 게스트 수요

삼삼엠투는 단기임대를 원하는 잠재적 게스트들이 가장 많이 검색하고 유입되는 대표적인 플랫폼입니다. 많이 찾는 다는 것은 트래픽이 높고, 안정적이라고 볼 수 있고 이는 매출로 이어진다는 뜻이기도 합니다.

또한, 대부분의 절차가 비대면(앱 또는 인터넷)으로 진행됩니다. 이러한 시스템 덕분에 운영 시간과 노력이 최소화 됩니다. 그렇기 때문에 부업 형태로 운영하기에 부담이 적다고 볼 수 있습니다.

보증금

33만원은 보증금 개념으로 금액이 고정되어 있기 때문에 매출 및 마진 계산에 수월합니다.

비대면 계약 시스템

계약 체결부터 퇴실까지 대부분의 절차가 비대면(앱 또는 인터넷)으로 진행됩니다. 이러한 시스템 덕분에 운영 시간과 노력이 최소화 될 수 있습니다. 부업 형태로 운영

하기에도 부담이 적습니다.

매물 선정 원칙 3가지

단기임대 사업의 성공은 매물을 선정하는 단계에서 이미 80% 이상 결정된다고 볼 수 있습니다. 다음의 세 가지 원칙을 통해 매출의 잠재력을 높일 수 있습니다.

건물의 형태는 "오피스텔"로 한정하여 진행합니다.

| 원칙 1: 입지 선정 전략

단기임대 수요가 많은 수도권(서울, 인천, 경기)에서 운영을 하는

게 좋습니다. 그 이유는 다양한 잠재적 게스트들이 모여있는 곳이 수도권이기 때문이기도 합니다.

체크 포인트

- 역세권 : 매물은 지하철역에서 최단거리에 위치해야 좋습니다. 서울은 지하철 이용률이 높기 때문에 지하철 역과의 접근성이 가장 중요합니다. 더블 역세권, 트리플 역세권 주변의 오피스텔이 좋은 매물물이라 볼 수 있습니다.

- 다양한 수요를 고려 : 대형 병원 인근(장기 외래 환자 수요), 주요 대학교, 학원가 주변, 교통망(KTX/공항철도) 주변의 매물들은 위치적 이점을 통해예약할 가능성이 높다고 볼 수 있습니다.

- 주차 가능 여부 : 지하철 뿐만 아니라 차량을 이용하는 잠재적 게스트들도 많기 때문에, 주차가 편리한 매물은 다른 단기임대 사업자보다 경쟁력을 갖게 되어 더 높은 예약률를 받을 수 있는 요소가 될 수 있습니다.

| 원칙 2: 수익성 기준

- 월세 설정 : 월세는 최대 100만원으로 시작 하는것이 좋습니다. 이유는, 월세가 낮을수록 순이익의 폭이 커지기 때문입니다.

| 원칙 3: 물건 형태

- 풀옵션의 중요성 : 냉장고, 세탁기, 에어컨 등 주요 가전제품을 직접 구매하여 설치하려면 수백만원의 불필요한 초기 비용이 발생합니다. 그렇기 때문에 비용과 설치 노력을 절감하기 위해서는 가전이 완비된 '풀옵션 오피스텔'을 선택하는 이유입니다.

본격적인 임대사업 구축하기

매물을 분석하기 위해 삼삼엠투, 네이버 부동산, 카카오 지도 사이트를 활용하여 교차 확인합니다.

| 매물 리서치 환경 구축

- 삼삼엠투(33m2): 예약 현황 및 예상 월 매출 정보 확인
- 네이버 부동산: 정확한 임대 보즈금 / 월세 조건 확인
- 카카오 맵: 정확한 위치, 주변 환경 확인 등

| 삼삼엠투 수요 및 매출 검증 (1차 필터링)

먼저 삼삼엠투 페이지에서 매물을 발견하면 다음의 두 가지 핵심

지표를 확인하여 수요를 검증합니다.

- 지표 1: 예약률 확인 (최소 2주 연속 충족): 해당 매물의 캘린더를 열어 현재 예약 상태를 확인합니다. 최소한 2주 이상 예약이 차 있거나, 꾸준히 예약이 들어오고 있는 매물이어야 합니다. 예약률은 해당 매물이 시장에서 검증되었다는 확실한 증거이기 때문입니다.

- 지표 2: 이용 후기 및 평점 (5개 이상, 고평점 유지): 이용 후기가 5개 이상 쌓여 있고 평점이 높은지 확인합니다. 후기는 고객 만족도와 운영 신뢰도를 나타내며, 경쟁 매물의 운영 상태를 파악하는 중요한 정보입니다.

| 최종 순이익 계산 (2차 필터링)

수요가 검증된 매물을 네이버 부동산에서 찾아 실제 임대 조건을 확인하고, 다음 단계에 따라 순이익을 정확히 계산합니다.

- 임대 조건 확인: 네이버 부동산에서 해당 오피스텔을 검색하고, 현재 나와있는 매물 중 가장 저렴한 월세 조건을 기록합니다. (예: 보증금 1천만 원, 월세 75만 원)

- 순수 월 매출 계산 : 삼삼엠투의 4주 계약 금액(예: 192만 원)에서 고객이 납부하는 게스트 보증금(통상 33만 원)을 반드시 제외해야 합니다. 이 33만원은 우리의 수익이 아닌, 고객에게 퇴실 시 돌려줘야 할 금액입니다. 보증금 반환은 플랫폼에서 자체적으로 진행

됩니다.

- 월 지출 총합 계산: 매달 고정적으로 나가는 모든 지출 항목을 합산합니다. 관리비와 청소비는 초기 분석 시 지역 평균 예약을 고려하여 예상치를 대입합니다.

월 매출 = 4주 계약 (192만원) - (보증금 33만원 - 월세 75만원 + 관리비 20만원 + 청소비 15만원 + 인터넷 2만원)

(예시): 1,920,000원 - (330,000원 + 750,000원 + 200,000원 + 150,000원 + 20,000원) = 470,000원 (순이익)

| 검증된 매물 리스트 구축 (후보 목록화)

수익성이 검증된 매물은 다음과 같은 항목을 포함하는 리스트에 체계적으로 기록하여 향후 추가 단기임대 운영 장소 목록으로 활용합니다.

〈목록화 내용〉

- 기본 정보: 매물명, 주소, 평수
- 임대 조건: 보증금, 월세
- 수익성 지표: 순수 월 매출, 월 지출 총합, 최종 순이익
- 핵심 옵션: 풀옵션 여부, 주차 가능 여부 및 조건(유료/불가능)

| 고객 예약 페이지 만들기

수익성 분석 리스트를 쌓는 것만큼 중요한 것은, 예약이 많은 매물들은 어떻게 공간을 꾸미고 정보를 제공하는지 파악하는 것입니다.

- 썸네일과 사진 분석: 우리가 확인한 매물들의 썸네일 사진이 어떻게 구성되있는지 자세히 살펴봅니다. 한눈에 매력을 느낄 수 있도록 어떻게 구성되었는지, 어떤 정보를 담고 있는지 등을 분석합니다.

- 인테리어 및 스타일 파악: '아, 이런 식으로 인테리어를 했구나', '이런 색상 조합과 가구를 사용했구나', '예비 게스트들은 이런 인테리어에 관심을 같는 구나' 등을 파악하여 벤치마킹합니다. 이는 우리가 나중에 매물을 계약하고 꾸밀 때 필요한 실질적인 팁이 됩니다.

- 정보 제공 방식 습득: 경쟁 매물들이 매물 소개 글에서 어떤 정보를 강조하고 있는지 확인합니다. 고객의 시선을 끄는 방법, 핵심 장점(역과의 거리, 주변 편의시설 등)을 부각하는 방식을 참고하여 자신만의 마케팅 전략을 세웁니다.

| 지역 분석의 확장

수익성 있는 매물을 찾지 못했다고 해서 실망할 필요는 없습니다. 분석을 확장하여 확신을 얻어야 합니다.

- 수요가 적은 지역은 과감히 패스: 예를 들어, 어떤 오피스텔 매물은 예약이 2주 이상 차 있지만 후기가 3개밖에 없거나, 다른 지역은 예약은 차 있지만 후기가 2개에 불과한 경우가 있습니다.

이는 해당 지역이 단기 임대 수요가 적은 지역일 가능성이 높다는 신호입니다.

- 비 오피스텔 매물의 분석 및 한계: 삼삼엠투에는 오피스텔 외에 빌라나 주택 같은 매물도 올라옵니다. 가격이 매우 저렴한 빌라 매물(예: 4주 29만 원)이 예약이 잘 차는 경우도 있지만, 네이버 부동산에서 임대 매물을 찾기 어렵거나 정보의 접근성이 낮아 분석이 불가능한 경우가 많습니다. 이러한 매물은 안정적인 사업화가 어려우므로 포기하는 것이 현명합니다.

- 전 지역 분석을 통한 확신: 서울의 모든 구(區)를 대상으로 분석하는 것이 원칙입니다. “나는 강남, 성동, 성북 세 구만 할래”라고 제한할 수도 있지만, 가급적 모든 구를 분석해 보시길 권합니다. 분석을 반복하면 할수록 “아, 이 지역에서는 내가 100% 승산이 있고 충분히 수익을 낼 수 있다”라는 확신을 얻게 될 것입니다.

최소 비용으로 풀옵션 세팅의 기술

이제 본격적인 '세팅'의 단계입니다. 이번 핵심 키워드는 '저비용'과 '고효율' 입니다.

| 호스트로써의 준비

"게스트가 맨몸으로 와도 일주일을 살 수 있는가?"

단기임대 플랫폼인 삼삼엠투(33m2)를 이용하는 게스트들의 니즈는 명확합니다. "이사 기간이 뜬다", "출장을 왔다", "한 달 살기를 해보고 싶다" 등이죠. 이들에게 가장 큰 점수를 따는 방법은 '준비된 호스트'라는 인상을 주는 것입니다.

- 호스트의 멘탈 관리: 비치된 물건/물품 들을 게스트가 고장내면 어떡하지? 라는 걱정이 들 수도 있습니다. 퇴실전 작동 이상여부를 확인하고, 이상이 있을시에는 삼삼엠투 보증금에서 일부 제외하는 과정을 거치면 됩니다.

호스트가 이상유무를 확인하고 퇴실확정 처리를 해야 게스트가 보증금을 돌려 받습니다. 이러한 이유로 게스트는 비치된 물건을 함부로 할 수가 없습니다. 보증금이 하나의 안전장치 역할을 해주기 때문입니다.

– 수익의 관점: 게스트는 우리 공간에 비용을 지불하고 머물며 우리에게 수익을 주고 있습니다. "사장의 마인드"로 너그럽게 서비스를 제공하세요. 그것이 결과적으로 리뷰 점수를 높이고 운영 스트레스를 줄이는 길입니다.

| 예산 0원에 도전하는 가구/가전 확보 전략

가장 큰 돈이 들어가는 가구와 가전을 어떻게 준비하느냐에 따라 수익 실현 시점이 달라집니다. 다음의 4단계 루트를 권장합니다.

① 중고거래

중고 거래의 핵심은 '동선' 입니다. 침대, 식탁, 의자 같은 대형 가구는 내가 계약한 오피스텔 근처에서 찾으셔야 합니다.

이유는 용달차를 한 대 섭외해서 하루 만에 모든 짐을 실어 날라야 하기 때문입니다. 오늘은 침대, 내일은 의자... 이런 식으로 시간이 끌리면 그만큼 공실 기간이 늘어나기 때문입니다.

② 집 안의 보물찾기

지금 당장 내 집을 둘러보세요. 방치된 인테리어 소품들을 생각보다 많이 찾을수 있습니다. 이런 유휴 물건들을 활용하는 것이 진정한 '0원 세팅'의 시작입니다.

④ 온라인 쇼핑 (쿠팡 등)

부피가 커서 직접 운반이 어려운 물건 등은 인터넷 구매를 해보세요. 예를들어, 3만 원 초반대의 무료 배송 제품이라고 하면, 중고를 찾으러 다니는 시간과 노동력보다 새 제품을 집 앞(매물 주소)으로 배송시키는 것이 훨씬 이득입니다.

실패 없는 운영 가이드

주위 사람들의 조언을 구하세요

인테리어를 마쳤다면 반드시 주변 지인에게 사진을 보여주고 조언을 구하세요. 그들의 피드백 한 마디가 예약률을 2배로 만듭니다.

도저히 감이 안 온다면 '오늘의 집' 사이트에서 다른 사람들의 원룸 인테리어를 참고하세요. 어떤 제품을 어디서 샀는지 확인 할 수 있습니다.

너무 조급해하지 마세요.

처음부터 완벽할 필요는 없습니다. 조금씩 한단계 한단계 보완과 발전시키면 됩니다. 조급해 할수록 실수가 많아지기 때문입니다.

고객 후기 잘 받는 법

단기임대 사업의 마침표는 '게스트의 퇴실'이 아니라 '별 다섯 개 후기'입니다. 플랫폼 비즈니스에서 후기는 곧 매출과 직결되는 가장 강력한 자산이기 때문입니다.

| 100% 만족을 부르는 소통법

게스트가 '대접받고 있다'는 기분을 느끼게 하는 것입니다.

- T가 아닌 F의 마음으로: 게스트는 적지 않은 비용을 내고 머무는 고객입니다. 딱딱한 답변보다는 따뜻한 배려 섞인 문장을 사용하세요.

- 체크리스트와 가이드 제공: 입주 전날, 오시는 길과 가전제품 사용법을 담은 PDF 가이드를 만들어서 보내주세요. 호스트에게 일일이 묻지 않아도 된다는 편리함이 만족도로 이어집니다.

- 주기적인 '안부 묻기': 입주 당일 안전하게 입실했는지, 입주 1~2일 뒤 불편한 점은 없는지 먼저 물어보세요. 이 작은 배려가 게스트의 마음을 엽니다.

- 작은 선물 활용: 2주 이상 장기 투숙객에게는 기상등을 고려해서 날씨가 너무 더울 때 "시원한 커피 한 잔 드시고 힘내세요"라며 쿠폰을 보내보세요. 예상치 못한 선물은 큰 감동을 줍니다.

| 예상치 못한 상황 대처법'

운영을 하다 보면 난방 불량이나 층간소음 같은 예상치 못한 문제가 터지기 마련입니다. 이때가 진짜 '슈퍼 호스트'가 될 기회입니다.

- 운영사례: 한겨울 난방이 갑자기 안 된 적이 있었습니다. 즉시 사과드리고 저녁 식사로 치킨 쿠폰을 보내드렸습니다. 진심 어린 사과와 즉각적인 보상이 뒷받침되니, 게스트는 오히려 호스트의 책임감에 감동하며 더 좋은 후기를 남겨주셨습니다.

| 고객 데이터 구축하기

- 첫 후기의 힘: 아무리 방이 좋아도 후기가 0개인 방에는 선뜻 예약하기 힘듭니다. 저는 지인에게 일주일 예약을 부탁하고 인테리어 기간으로 활용하면서 정성스러운 '마중물 후기'를 부탁했습니다. 이 첫 후기가 달린 직후부터 예약 문의가 시작되었습니다.

- 피드백의 데이터화: 퇴실하는 게스트에게 네이버 폼을 활용한 설문조사를 실시해 보세요. 우리 방을 선택한 이유, 불편했던 점 등을 수집하면 다음 매물을 세팅할 때 엄청난 자산이 됩니다.

반드시 넘어야 할 산: 전대차 동의

| 전대차 동의, 왜 필수인가요?

집주인 몰래 운영하다 적발되면 계약 파기는 물론, 그동안 벌어들인 수익금을 소송을 통해 반환해야 할 수도 있습니다. 얻는 것보다 잃는 게 훨씬 많습니다. 반드시 동의를 받아야 합니다.

- 솔직함과 전문성: 부동산에 "삼삼엠투 운영 목적의 전대 동의 매물을 찾는다"고 명확히 말하세요. 중개사는 계약을 성사시켜야 수수료를 받으므로 결국은 찾아내게 되어 있습니다. 한두 군데가 안 된다고 포기하지 말고 수십 군데에 전화를 돌리세요.

- 관리 책임 약속: "일반 세입자보다 제가 더 깔끔하게 관리합니다. 매일 청소하고 유지보수하므로 집 가치가 더 올라갑니다"라고 어필하세요.

- 수익 공유(월세 상향): "전대 동의를 해주시면 원래 월세보다 5~10만 원을 더 드리겠다"고 제안해 보세요. 추가 수익 앞에서 마음이 움직일 수 있습니다.

당신의 1호점을 응원하며...

많은 사람이 '불로소득'이나 '자동 수익'을 꿈꾸며 단기임대에 발을 들입니다. 하지만 제가 경험한 단기임대는 철저하게 '주인의 발품'과 '호스트의 정성'이 응축된 사업입니다. 전대 동의를 받기 위해 수십 군데의 부동산 문을 두드리고, 게스트의 사소한 불편함에 치킨 한 마리를 보낼 줄 아는 그 '사장의 마인드'가 없으면 이 사업은 그저 스트레스 덩어리가 될 뿐입니다. 하지만 반대로 그 고비를 한 번만 넘겨보십시오. 내가 잠든 사이에도, 본업에 집중하는 사이에도 내 공간이 나를 위해 돈을 벌어다 주는 시스템의 희열은 인생의 새로운 문을 열어줄 것입니다.

"완벽보다는 시작이 우선입니다"

인테리어가 부족해서, 혹은 각종 문제가 복잡해서 시작을 망설이고 계신가요? 잊지 마십시오. 완벽한 준비란 없습니다. 저 역시 처음에는 '군대 내무반 같다'는 와이프의 핀잔을 들으며 시행착오를 겪었습니다. 부족한 부분은 게스트의 피드백을 받으며 채워나가면 됩니다. 가구가 조금 낡았다면 깨끗한 침구로 보완하고, 위치가 조금 멀다면 친절한 소통으로 승부하면 됩니다. 일단 1호점을 론칭하는 순간, 여러분의 학습 속도는 강의를 백 번 듣는 것보다 열 배는 빨라질 것입니다. 실행만이 정답입니다.

"사람의 마음을 얻는 것이 수익의 본질입니다"

우리는 방을 파는 것이 아니라 '경험'을 팔고 있습니다. "일주일 동안 편안하게 잘 쉬다 갑니다"라는 게스트의 한마디는 단순한 후기 이상의 가치를 지닙니다. 그 한마디가 쌓여 별 다섯 개가 되고, 그 별들이 모여 여러분의 매물을 플랫폼 상단에 위치시킵니다. 게스트를 수익의 수단으로만 보지 마십시오. 고마운 파트너로 대할 때, 비로소 긍정적인 에너지가 흐르고 단골 게스트가 생겨날 것입니다.

"할 수 있을까?"라는 의문을 "어떻게 하면 될까?"라는 확신으로 바꾸는 순간, 여러분은 이미 상위 1%의 실행력을 가진 예비 호스트입니다. 지금 바로 휴대폰을 들고 관심 있는 지역의 부동산에 전화를 거는 것부터 시작하십시오. 그 작은 전화 한 통이 여러분의 경제적 자유를 향한 위대한 첫걸음이 될 것입니다.

여러분의 1호점 오픈 소식을 설레는 마음으로 기다리겠습니다.

감사합니다.

미래를 위한

선택을

응원합니다

도서출판 드림벙커